高等学校智能建造应用型本科系列教材
高等学校土建类专业课程教材与教学资源专家委员会规划教材

建筑工程数字化设计

江苏省建设教育协会　组织编写
齐玉军　周安庭　主　　编
马仁伟　张富宾　副主编
　　　　汪晓敏　主　　审

中国建筑工业出版社

图书在版编目（CIP）数据

建筑工程数字化设计 / 江苏省建设教育协会组织编写；齐玉军，周安庭主编；马仁伟，张富宾副主编.
北京：中国建筑工业出版社，2025.7. ——（高等学校智能建造应用型本科系列教材）（高等学校土建类专业课程教材与教学资源专家委员会规划教材）. —— ISBN 978-7
-112-31383-9

Ⅰ. TU2

中国国家版本馆CIP数据核字第2025PM7929号

随着科技的飞速发展和计算机技术的广泛应用，建筑工程设计已逐步走向数字化、信息化和智能化。本教材旨在让学生了解和掌握建筑工程数字化设计的原理、方法和实践，为他们在未来的职业发展中打下坚实的基础。本教材突出了系统性、实用性、前沿性和易读性的特点，适用于建筑学、土木工程、工程管理、智能建造等相关专业的本科生、研究生教学，同时为广大从事建筑工程行业的读者提供有益的参考。

为了更好地支持教学，我社向采用本书作为教材的教师提供课件，有需要者可与出版社联系，索取方式如下：建工书院 https://edu.cabplink.com，邮箱 jckj@cabp.com.cn，电话（010）58337285。

策划编辑：高延伟
责任编辑：仕　帅　吉万旺
责任校对：党　蕾

高等学校智能建造应用型本科系列教材
高等学校土建类专业课程教材与教学资源专家委员会规划教材
建筑工程数字化设计
江苏省建设教育协会　组织编写
　　齐玉军　周安庭　主　　编
　　马仁伟　张富宾　副主编
　　　　　汪晓敏　主　　审
*
中国建筑工业出版社出版、发行（北京海淀三里河路9号）
各地新华书店、建筑书店经销
北京雅盈中佳图文设计公司制版
河北京平诚乾印刷有限公司印刷
*
开本：787毫米×1092毫米　1/16　印张：15　字数：336千字
2025年8月第一版　2025年8月第一次印刷
定价：**48.00元**（赠教师课件及配套数字资源）
ISBN 978-7-112-31383-9
　　（45355）

本系列教材编写委员会

顾　　问：沈元勤

主　　任：丁舜祥

副主任：姜　慧　宫长义　章小刚　高延伟

委　　员：朱　炯　刘荣桂　齐玉军　李　钢

　　　　　蔡新江　张树坤　吉万旺

秘书处：成　宁（秘书长）　王　飞　施文杰

　　　　　仕　帅

出版说明

高质量发展是全面建设社会主义现代化国家的首要任务。发展新质生产力是推动高质量发展的内在要求和重要着力点。因地制宜发展新质生产力，统筹推进传统产业升级、新兴产业壮大和未来产业培育，关键在于科技创新，在于人才支撑；培养高素质人才，关键在于教育。

建筑业作为我国传统产业，是国民经济的重要支柱。近年来，随着人工智能、大数据、云计算、5G等技术快速发展，数字化转型成为行业的重要趋势。国家及地方政府出台一系列政策，加快推动了智能建造与建筑工业化协同发展，国家发展改革委等部门发布的《绿色低碳转型产业指导目录（2024年版）》明确将"建筑工程智能建造"纳入其中，建筑智能化成为未来建筑业发展的主要方向。基于推进教育、科技、人才"三位一体"协同融合发展，培养高素质应用型人才，满足建筑行业转型升级需要，江苏省建设教育协会联合徐州工程学院、南京工业大学、苏州科技大学、扬州大学、南京工程学院、盐城工学院、东南大学成贤学院、南通理工学院八所高校及中国建筑工业出版社，组织编写了这套"高等学校智能建造应用型本科系列教材"。

根据建设项目全过程及应用型院校课程设置实际，策划了智能设计、生产、施工、运维与管理、施工设备及测绘等系列教材，包括《建筑工程数字化设计》《建筑工业化智能生产》《建筑工程智能化施工》《建筑工程智能化运维与管理》《智能化施工机械与装备》《工程智能测绘》，每本教材分别围绕智能建造一个方面展开，内容相互衔接、互为补充，共同组成一个完整的智能建造知识体系。

为确保本套教材的科学性、权威性和实用性，本系列教材采取协会协调组织、多校合作、专家指导、企业和出版单位参与的模式编写，邀请业内知名专家担任主编和审稿人，对教材大纲和内容进行严格审核把关。同时，中亿丰数字科技集团有限公司等多家企业为教材编写提供了丰富的实践素材和案例。

本系列教材编写遵循以下原则：

一是系统性。系列教材围绕项目建设过程中的数字化设计、工业化生产、智能化施工到智能化运维管理等方面，构建了完整的智能建造知识体系。

二是实用性。系列教材注重理论与实践相结合，通过具体的案例分析，使读者能够更好地理解并运用所学知识解决实际问题。

三是前沿性。系列教材紧密关注智能建造技术的最新发展动态，将BIM、GIS等前沿技术融入教材，使读者能够了解并掌握最新的智能建造技术和方法。

四是易读性。系列教材语言简练，图文并茂，并附有数字化资源，易于读者理解和掌握。

本系列教材主要适用对象为土木工程、工程管理、智能建造等相关专业的本科生、研究生以及建筑工程行业的广大从业人员。希望通过本系列教材，能够帮助相关专业学生和从业人员了解智能建造的基本原理、技术方法和发展趋势，培养他们的创新思维和实践能力。读者在使用本套教材时，可根据自身的专业背景和实际需求，选择适合自己的教材进行学习。同时，鼓励读者将所学知识应用于实践，通过实际操作加深对理论知识的理解和掌握。此外，为方便读者随时随地进行学习和交流，我们还将提供线上学习资源和交流平台。

最后，诚挚感谢参与本系列教材编写的各位专家、学者和企业界人士，正是诸位的辛勤付出和无私奉献，才使得本系列教材得以顺利付梓。

尽管竭诚努力，但由于编者的水平和能力有限，教材难免有不足之处，恳请各相关院校的师生及其他读者在使用过程中给予批评指正，并将宝贵的意见和建议及时反馈给我们，以便在将来修订完善。

江苏省建设教育协会

前　言

随着科技的飞速发展和计算机技术的广泛应用，建筑工程设计已逐步走向数字化、信息化、智能化。为了满足这一趋势的需求，我们编写了这本《建筑工程数字化设计》教材。本教材旨在让学生了解和掌握建筑工程数字化设计的原理、方法和实践，为他们在未来的职业发展中打下坚实的基础。

本书编写过程中，主要突出了以下 4 个特点：

1）系统性：本教材将理论、操作与案例相结合，内容涵盖了结构设计、深化设计、二次结构和模板脚手架数字化设计，以及数字化施工策划等。学习者既可使用本教材进行建筑工程数字化设计的系统性学习，也可作为工具书进行查阅，从而满足"非线性学习"的需要。

2）实用性：本书注重理论与实践相结合，通过具体的软件操作和案例分析，使学生能够更好地理解并运用所学知识，解决实际问题。同时，本书还提供了大量的实用技巧和建议，以帮助学生提高工作效率。

3）前沿性：本书紧密关注建筑工程数字化设计的最新发展动态，将 BIM（建筑信息模型）、装配式建筑等前沿技术融入教材，使学生能够了解并掌握最新的建筑工程数字化设计技术和方法。

4）易读性：本教材语言简练，图文并茂，具有较好的可读性。在阐述理论知识时，使用了大量的图表、实例和案例，以便学生更好地理解和掌握相关内容。

参加本书编写人员的有：南京工业大学齐玉军，负责第 1 章、第 6 章和第 7 章的编写，并负责全书统稿；徐州工程学院马仁伟，负责第 2 章和第 4 章的编写和全书统稿；中亿丰数字科技集团股份有限公司施文杰，负责总体策划与统稿；江苏省建筑设计研究院股份有限公司周安庭、赵建华和刘杰，负责第 2 章、第 4 章和第 5 章的编写；江苏大学张富宾，负责第 3 章的编写；江苏高领碳信工业互联网有限公司陈洁琼，负责第 4 章的编写。同时感谢南京云晟荟智慧科技有限公司的刘卿豪和张阳两位工程师对本教材编写的全力帮助。

本教材适用于建筑学、土木工程、工程管理、智能建造等相关专业的本科生、研究生和广大从事建筑工程行业的读者。我们希望通过本书的出版，能够为推动建筑工程行业的数字化发展做出贡献，并为培养更多的建筑工程数字化设计人才提供有力的支持。

尽管我们在编写本书过程中付出了巨大的努力，但由于时间和水平所限，书中难免存在不足之处，敬请广大读者批评指正。

编者
2025 年 1 月

目　录

第 4 章 钢结构深化设计

第 5 章 二次结构数字化设计

第 6 章　脚手架和模板工程数字化设计

第 7 章　数字化施工策划

第 1 章

绪论

1. 学习和了解建筑工程数字化设计、深化设计的概念及相关内容，并学习其数字化设计工具；
2. 理解建筑工程设计中的三个阶段并学习基于 BIM 的一体化设计；
3. 了解建筑工程深化设计要点，并学习采用数字化手段对其进行深化设计。

教学目标 🖥

1. 学习并掌握建筑工程设计以及数字化的基本概念；
2. 学习建筑工程设计的三个阶段，并结合 BIM 技术进行一体化设计；
3. 学习建筑工程深化设计的内容，并可运用专业软件进行建筑工程深化设计。

案例引入 📄

数字化设计遇见"玛丽莲·梦露"

玛丽莲·梦露大厦（图 1-1）作为异形建筑的代表，其设计存在以下难点：

1）大厦楼层简化思路；

2）幕墙竖梃定位；

3）层间旋转角度控制。

在进行建筑设计时，以 BIMBase-Python 参数化建模方法，对 Python 参数化组件建模过程进行详细拆解，在整个建模过程中，上述问题将得到有效解决。首先，我们需要

图 1-1　玛丽莲·梦露大厦设计图

构建参数化的椭圆截面。接着，以特定的层高 N 米，在 Z 轴方向上递增复制多层。然后，创建一个与椭圆集合相对应的旋转角度数据集，并将其赋予椭圆。通过椭圆集合加厚生成楼板，再通过椭圆集合放样生成外墙轮廓。接着，对外墙轮廓进行曲面划分。最后，从曲面中提取线条特征，以生成外立面柱。

建筑形体方案调整，带参数按逻辑创建建筑模型的优势在于整个过程可以记录，在方案初期阶段，将椭圆截面大小、层高、层数、旋转角度、外轮廓柱数量、外轮廓柱直径设计为可调节参数。

针对玛丽莲·梦露大厦的数字化设计值得我们思考的是：

1. 面对复杂结构建筑设计，如何更好地利用数字化的手段来完成建筑方案的设计？
2. 以数字化手段对建筑工程进行设计，如何确保其设计内容能够满足其设计要求？

1.1 建筑工程与数字化设计基本概念

建筑工程是指在特定的地点，按照一定的设计方案和工程标准，采用一定的工程技术，通过施工过程，建造出具有特定功能和使用价值的建筑物或其他工程项目的过程。建筑工程是一个综合性很强的工程建设活动，涉及建筑设计、材料选择、施工工艺、质量监控等多个方面的知识。

在建筑工程中，建筑设计是非常重要的一环，它是建筑工程的核心。建筑设计需要考虑到建筑物的使用功能、美观性、安全性等多个方面的因素。建筑工程的施工需要按照设计图纸进行，同时也需要考虑到施工现场的安全和环保等问题。

1.1.1 建筑工程基本概念

1. 建筑工程的分类

1）按照用途分类：根据其所服务的功能不同，可以将建筑工程分为住宅类、商业类、文化教育类等多种类型。

2）按照主体结构材料分类：根据主体结构所使用的主要材料的不同，可以将建筑工程分为钢结构类、混凝土结构类、木结构类等基本类型，同时也有钢混组合结构、钢木混合结构等。

3）按照规模分类：根据其占地面积大小不同，可以将建筑工程分为小型住宅楼、高层住宅楼、大型商业综合体等多种类型。

2. 建筑工程的特点

1）技术含量高：建筑工程是一项技术含量极高的工作，涉及建筑设计、结构设计、土力学、材料学等多个领域的知识。

2）工程周期长：建筑工程从规划到竣工验收需要经历多个阶段，包括设计、施工、监理和验收等过程，整个周期相对较长。

3）投资巨大：建筑工程需要大量资金投入，包括土地购置费用、建设费用以及后期维护费用等。

4）安全风险高：建筑工程涉及高空作业、重物吊装等危险操作，如果不注意安全施工，容易发生意外事故。

3. 建筑工程的实施流程

完整的建筑工程实施流程包括投资决策阶段、工程设计阶段、采购施工阶段和交付使用阶段，如图 1-2 所示。

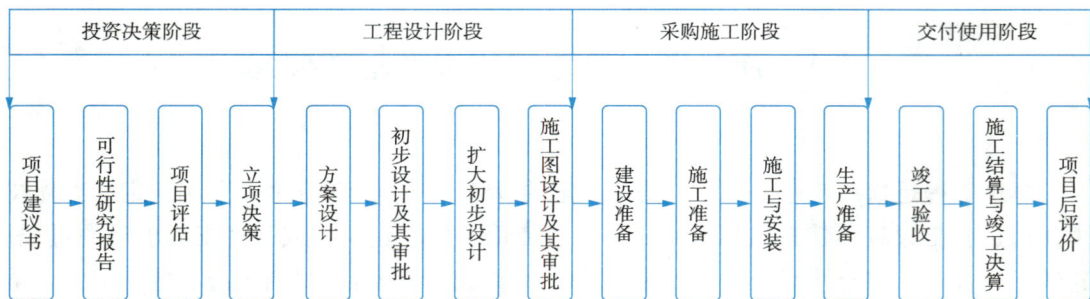

图 1-2　建筑工程实施流程图

投资决策阶段，又称为建设前期工作阶段，主要包括编报项目建议书和可行性研究报告两项工作内容。

工程设计阶段一般划分为两个阶段，即初步设计阶段和施工图设计阶段，对于大型复杂项目，可根据不同行业的特点和需要，在初步设计之后增加技术设计阶段。初步设计是设计的第一步，如果初步设计提出的总概算超过可行性研究报告投资估算的 10% 以上或其他主要指标需要变动时，要重新报批可行性研究报告。初步设计经主管部门审批后，建设项目被列入国家固定资产投资计划，方可进行下一步的施工图设计。施工图一经审查批准，不得擅自进行修改，确需修改的必须重新报请原审批部门，由原审批部门委托审查机构审查后再批准实施。

建设准备的主要内容包括：组建项目法人、征地、拆迁、"三通一平"乃至"七通一平"、组织材料、设备订货；办理建设工程质量监督手续；委托工程监理；准备必要的施工图纸，组织施工招标投标，择优选定施工单位，办理施工许可证等，按规定做好施工准备，具备开工条件后，建设单位申请开工，进入施工安装阶段。

建设工程具备了开工条件并取得施工许可证后方可开工。项目新开工时间，按设计文件中规定的任何一项永久性工程第一次正式破土开槽时间而定。不需开槽的以正式打桩作为开工时间。铁路、公路、水库等以开始进行土石方工程作为正式开工时间。

对于生产性建设项目，在其竣工投产前，建设单位应适时地组织专门班子或机构，有计划地做好生产准备工作，包括招收、培训生产人员；组织有关人员参加设备安装、调试、工程验收；落实原材料供应；组建生产管理机构，健全生产规章制度等。生产准备是由建设阶段转入经营的一项重要工作。

工程竣工验收是全面考核建设成果、检验设计和施工质量的重要步骤，也是建设项目转入使用的标志。验收合格后，建设单位编制竣工决算，项目正式投入使用。

建设项目后评价是工程项目竣工投产、生产运营一段时间后，在对项目的立项决策、设计施工、竣工投产、生产运营等全过程进行系统评价的一种技术活动，是固定资产管理的一项重要内容，也是固定资产投资管理的最后一个环节。

1.1.2 数字化设计的基本概念

1. 数字化

狭义的数字化，是指利用信息系统、各类传感器、机器视觉等信息通信技术，将物理世界中复杂多变的数据、信息、知识，转变为一系列二进制代码，引入计算机内部，形成可识别、可存储、可计算的数字、数据，再以这些数字、数据建立起相关的数据模型，进行统一处理、分析、应用，这就是数字化的基本过程。

广义的数字化，是通过利用互联网、大数据、人工智能、区块链等新一代信息技术，对企业、政府等各类主体的战略、架构、运营、管理、生产、营销等各个层面，进行全面的变革，强调的是数字技术对整个组织的重塑，数字技术能力不再只是单纯地解决降本增效问题，而是成为赋能模式创新和业务突破的核心力量。

数字化技术是伴随着计算机、通信、网络以及软件技术而不断发展的，涉及的技术领域大致包括：

通信相关的技术：如移动通信（4G，5G）、Wi-Fi 技术、物联网技术等；

网络相关的技术：SDN、VPN、以太网、光网络等；

云计算相关的技术：虚拟化技术、编排技术、存储技术、高性能处理器等；

智能化技术：人工智能、机器学习、机器视觉、语音识别等；

自动化技术：无人机、无人驾驶技术、自动引导车（AGV）等；

安全技术：防攻击预防、区块链技术、加密/解密等；

软件技术：各种提升效率的软件等；

大数据技术：数据采集、挖掘、分析等；

传感器技术：雷达技术、距离传感器等；

计算技术：CPU、GPU、DPU 等。

总体来讲，数字化技术指的是通过计算机、网络和传感器等技术手段将各种物体、过程和信息数字化。数字化技术的应用范围非常广泛，包括数字化设计、数字化制造、数字化营销、数字化影视、数字化医疗等。随着科技的不断进步和社会的不断发展，数字化技术逐渐渗透到我们生活中的各个方面。

2. 数字化设计

数字化设计最早出现于工业制造行业。自 1998 年美国副总统戈尔提出"数字地球"的概念以来，诸如数字流域、数字城市、数字化生存等以数字为前缀的新概念和新思想大量涌现，数字化设计与制造成为全球数字化浪潮中的重要一环。数字化程度已经成为衡量设计制造技术水平的重要标志。数字化技术是缩短产品研制周期、降低研制成本、提高产品质量的有效途径，是建立现代产品快速研制系统的基础。

数字化设计包括计算机辅助设计（CAD）、计算机辅助制造（CAM）和计算机辅助工程分析（CAE）等。CAD 技术能够帮助工程师更快速地创建 3D 数据模型，使他们能够更好地理解和控制设计；CAM 技术可以直接将数字化的设计文件转化为机器语言，完成加工过程；而 CAE 技术则可以对设计进行模拟和分析，以便发现潜在的问题和进行优化设计。

数字化设计的优势主要体现在以下方面：

首先，可显著提高设计效率和精度。通过使用计算机软件，设计师可以更快速地创建、修改和优化设计方案。数字化设计还可以帮助设计师避免错误和浪费，因为他们可以在设计完成之前通过模拟和预览来进行测试和评估。

其次，数字化设计具有灵活性和可重复性。设计师可以轻松地在不同的设计方案之间进行切换和比较，而无须重新开始整个设计过程。此外，数字化设计还使得设计师能够创建可重复使用的设计元素，以便在将来的项目中进行重新使用。

最后，数字化设计还可以促进协作和共享。设计师可以通过网络共享设计文件，以便其他团队成员可以查看和编辑。这样，团队成员可以更加有效地协作，快速完成项目，并避免重复工作。

基于上述数字化设计的概念，可以认为建筑工程的数字化设计就是将数字化技术应用于建筑工程设计领域，简单来讲，就是一种通过计算机技术和软件来实现建筑工程设计的过程。其主要内容包括 CAD 技术、CAE 技术和 CAM 技术等。

进入 21 世纪以来，IT 领域的软件工程师和架构师，以及设计行业的建筑师和建筑工程师，在一个跨界交叉的环境中协同工作。随着算力、数据和知识的不断融合和生长，这一领域不断发展至今。自 20 世纪 80 年代以来，计算机辅助设计（CAD）经历了从二维到三维、从模型到数据的历程，多维"数智融合"已成为新的行业共识。随着 AI 算法的持续迭代和算力的指数级增强，数字设计过程变得更加智能和自动化，人工辅助计算设计（HAD）成为崭新的设计场景。数字化设计发展史如图 1-3 所示。

随着设计工具的革命性变化，数据成为主要的设计载体，传统设计从图纸生产者一跃而成数据生产者，无论是独立设计师、事务所还是设计企业，生产方式的升级换代和现代管理技术涌现共同塑造了行业的崭新面貌，由此而带来的世界范围内数据驱动的数字化设计的理念逐渐深入人心，开始从概念走向实践。

今天，无论是充满想象力的概念设计还是严谨的施工图编制，基于数据交互的设计和跨专业协同已经成为行业标准，新的数字设计"方法论"渗透在建筑设计全场景的各

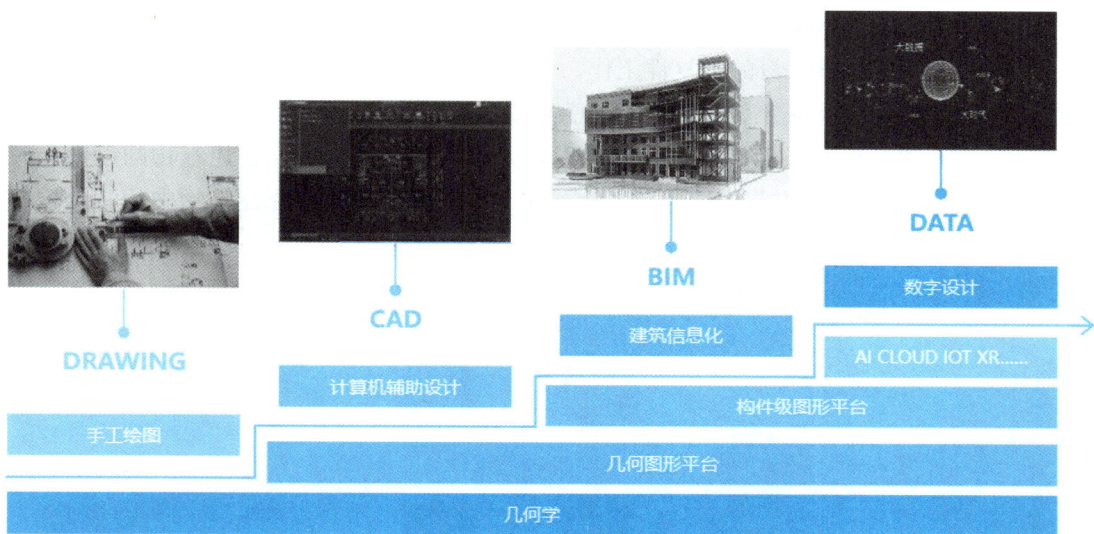

图 1-3　数字化设计发展史

个角落，"数字建筑"成为行业的"新名词"，为大众所乐见。

数据，作为设计的对象已经成为最基础的要素，正在从更高的维度，重新架构所有知识工作者的连接。一个数字设计的生态，正在生根发芽，未来将成长为一个茂盛的数字森林。

从工具化思维向数据思维转变。通过"数智融合"的理念，研究者们构建了一种全新的数字设计方法论、更简洁直接的沟通渠道和平台，以及更动态透明的流转机制。这些措施将从根本上解决因数据碎片化而产生的各种行业问题，提升设计协同的效率，并实现高质量的数字化交付。

全新的数字化设计通过业务数字化打通设计全过程，通过业务数据化建立全专业协作共享机制。这种设计方式不仅打破了传统意义上设计工具的业务组合，而且结构化地梳理了业务工作流中设计逻辑的数字化属性。设计者能够将复杂的工作流程精简为基于数据透明流转的工作流，从而实现从工具化思维向数据思维的转变。

设计的理想场景中，设计业态及边界将作为条件信息输入，经过数字设计平台中集成化的生成和加工，考虑全专业、全过程的因素，进而输出设计成果。随着业务的积累，通过数字设计平台生产的数据又能沉淀成为企业的数据资产，不断地输入到数字设计平台中继续丰富优化智能算法。值得一提的是，智能化是人工智能和机器计算能力的结合，随着数字化程度深入，机器计算与人工智能比重会越来越大，自动化的程度会越来越高，而人会越来越聚焦于需求和边界条件的确定。让设计师解放双手，更好地聚焦在创意上，让设计回归本源。

数据思维的形成，离不开数据驱动与空间驱动的支撑。

数据驱动建筑全生命周期数字化。在设计流程实现数字化以前，系统中的数据重用度很低。缺乏有效的数据回收整合、组织与管理机制，且缺乏专门的 IT 技术支持，使得设计师无法有效地处理大量的重复性工作，导致整个产业的生产效率低下。以信息共享、专业协作等功能，数字施工为基础，以信息共享和专业协作为手段，将一切目标都提炼为一种数据，包括设计条件、设计过程、设计元素、设计逻辑等。在建筑物的设计与施工阶段，设计者将扮演着一个重要的角色，它是一个完整的数字化建筑物中的一个重要的驱动因素，如图 1-4 所示。

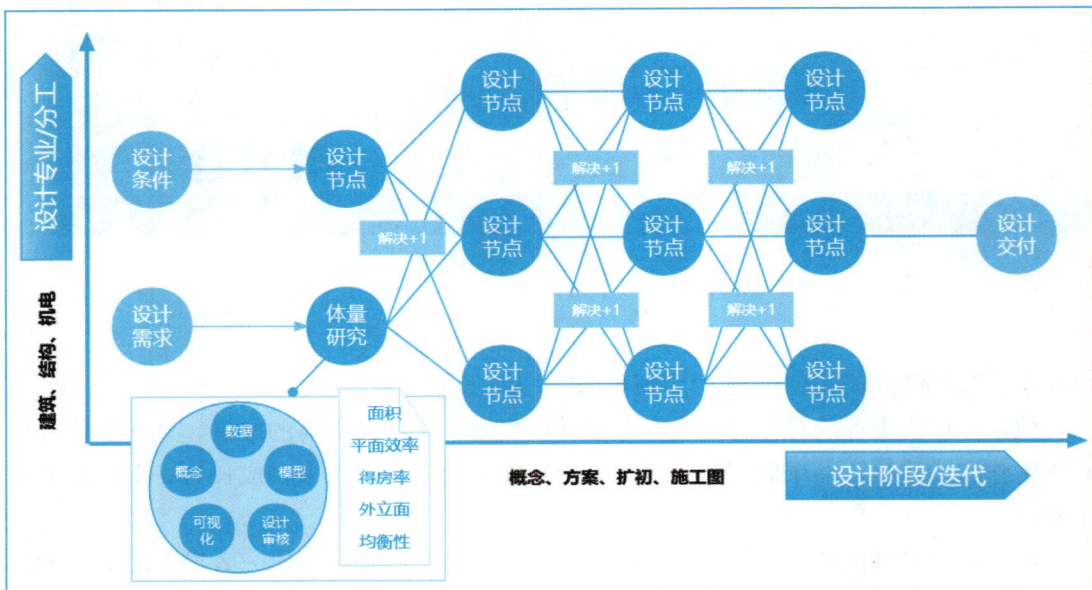

图 1-4　数据驱动建筑全生命周期数字化

具体而言，所谓数据驱动，离不开两类数据：

一是设计全流程数据。多主体、多学科合作是现代建筑设计的一个重要特征。从概念构思到方案设计，再到扩初设计、整个施工过程，各个环节的参与主体都是对资料进行处理的一个节点。该节点一般是用来解决某个特殊问题的，具有明确的界限和条目，可以接收并处理数据，并给出结果。一张整体的设计图是一张资料流动图，整个设计过程中的资料流动通过许多节点之间的协同，促进工程进行。

二是要素数据地图。在要素数据地图的设计中，所需的数据类型多种多样。其中，一些数据是固定不变的静态数据，如规则、规范、设计条件以及与建筑类型相关的特定设计逻辑。还有一些数据是随着设计过程的不断推进而不断变化的动态数据，如不同的设计方案组合、形体、风格等。在理想的情况下，这些数据将作为数字化设计驱动的动力，彼此相互连接，与设计人员的思维高度互动，最终提供高度完整的数字化交付方案。

空间驱动数字建筑业务数字化（图 1-5）。空间在设计中是一种非常抽象的对象，它本身并没有具体的对象。空间是所有其他元素的基石，对空间的操作是形成完整建筑设计系统的关键。在数据驱动的设计中，空间数据会贯穿整个设计迭代过程。

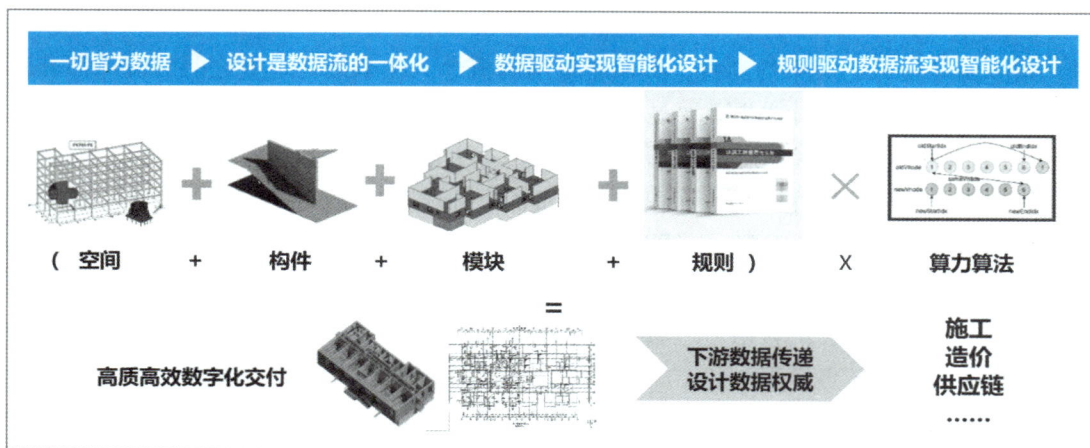

图 1-5 空间驱动数字建筑业务数字化

构件可以看作是元数据，模块是基于空间逻辑的数据集合，而空间则是建筑模型的数据组织形式和载体。根据空间的功能和设计指标等需求，以及规范和标准等限制规则，许多重复性的工作可以通过算法来替代。

空间的布局、类型和关系是建筑构成的核心体系。空间数据驱动设计的基石是强大的空间设计功能。空间设计的过程实际上就是创建空间数据库的过程。通过将建筑构成形式转化为计算机数据和计算，可以以空间数据库为中心，驱动各种设计活动和交付物，并保持设计协同性和数据一致性。

1.2 建筑工程设计

1.2.1 建筑工程设计的三个阶段

建筑工程设计工作通常分为方案设计、初步设计和施工图设计三个阶段。对于技术要求相对简单的民用建筑工程，如果在初步设计阶段没有审查要求，且合同中没有约定初步设计的情况下，可以在方案设计审批后直接进入施工图设计。

1. 方案设计

这是建筑工程设计的最初阶段，也是一个创造性关键环节。方案设计是确定项目设计主题、构成、内容和形式的过程，在项目要求和给定条件的基础上进行。方案设计通过图纸、模型、三维动画、视频等形式表达具体功能和行为。方案设计阶段的工作成果包括建筑总平面图、各层平面图、主要立面图、剖面图、彩色效果图、实体模型、文字说明等。其具体形式包括：设计图纸、文本、模型、动画、视频等。方案设计对初步设计和施工图设计起到基础性的作用，为后续工作奠定了基础。

2. 初步设计

初步设计是最终成果的前身，类似于草图的概念。在未最终定稿之前的设计都可以称为初步设计。初步设计成果主要是以图纸的形式表达出来，包括以下各专业的图纸。

1）建筑设计图纸，包括：目录、四至图、总平面图、地下室各层平面、首层及以上各层平面（各层平面注出建筑面积、首层平面另加注总建筑面积）、各向立面图、剖面（剖面应剖在层高、层数不同、内外空间比较复杂的部位）。

2）结构设计图纸，包括：目录、桩位及基础平面图、地下室结构平面图、各层结构平面图（选取有代表性的楼层、过渡层、结构转换层、并标注板厚及梁截面尺寸）、新型结构的构造要求或节点简图。

3）给水排水设计图纸，包括：目录、总平面、各层平面、给水系统图、排水系统图、主要设备及材料表。

4）电气设计图纸，包括：目录、供电总平面图、变配电站、电力平面、系统图、建筑防雷、各弱电项目系统图（方框图）、主要设备及材料表。

5）供暖、空调与通风设计图纸，包括：目录、各空调、通风平面图、主机房、热交换间主要冷热源机房平面图（设备位置及规格）、特殊自控系统原理图、主要设备及材料表。

6）热能动力设计图纸，包括：目录、设备平、剖面布置图、原则性热力系统图、燃料及除渣系统布置图、区域布置图、管道平面布置图、设备及材料表。

7）消防设计图纸，包括：建筑各层平面防火及防烟分区、疏散路线图；消防给水排水总平面图、各层消防平面图、消防给水系统示意图；电气消防系统图、各层消防平面图；消防排烟通风各层平面图、前室、楼梯间、内廊加压系统图、各工种主要设备及材料选型。

8）环境设计图纸，包括：建筑首层平面加室外绿化、小品、雕塑等布置。

9）人防设计图纸，包括：建筑首层人防入口平面图、地下室人防平面图、各口部平面及剖面图；人防顶板结构布置图、人防底板结构布置图、临时封堵、战时加柱、防爆隔墙等大样；通风系统图与操作说明、通风平面图、滤毒室及机房、口部大样、预埋件图；地下室人防给水排水平面图、各口部给水排水平面图及系统图、人防地下室战时排水系统图；地下室人防配电平面图、人防配电系统图、进排风、水泵控制电路图、移动电站、人防配电室、进排风机室配电平面图。

3. 施工图设计

施工图设计是工程设计的最后一个阶段，位于初步设计之后。该阶段的主要工作是关于各个专业的施工图的设计和制作，通过设计好的图纸将设计者的意图和全部设计结果表达出来，作为施工制作的依据。它是连接设计和施工工作的桥梁。

1.2.2 基于 BIM 的一体化设计

建筑产业的整个生态中，从设计多专业协同到设计、施工和运维全流程协作，数据将在各个领域生成和流动。然而，平台之间的壁垒和数据标准的不一致阻碍了数据融合和流通。数据孤岛效应是整个行业面临的痛点。基于数据的一体化设计是整个行业共同努力的方向。数字设计可实现跨地域设计交互、实时的构件级协同、设计过程一体化和设计算量施工一体化，以打破数据孤岛效应，详见图 1-6。

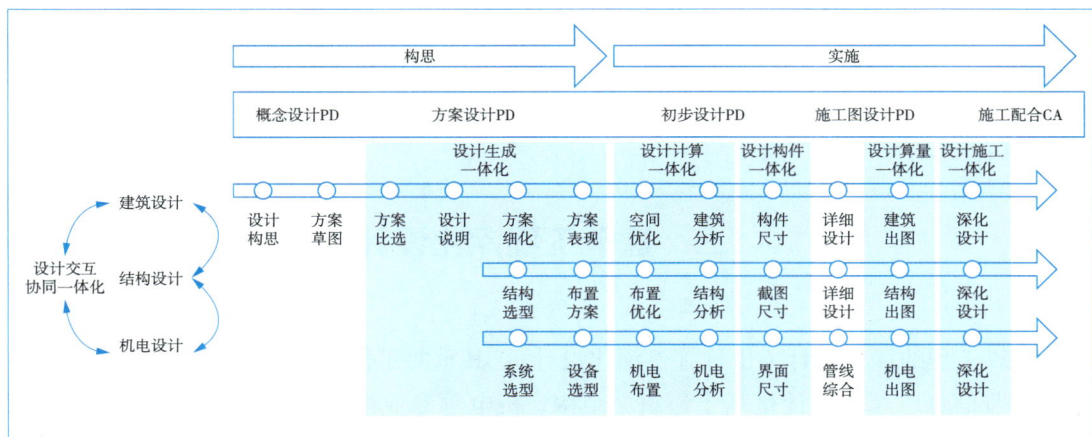

图 1-6　一体化设计框架图

在方案设计阶段，注重理念和概念的表达，需要充分发挥创意性和发散思维。在初步设计和施工图设计阶段，需要逐步完善和落地想法和创意，这是一个系统性的工程深化工作，需要精心思考、不断计算和修正，保证系统优化的合理性，并深入探讨各种细节，以确保后续的实施。传统的工作流和业务流没有很好地解决数据分割和数据失真问题，而一体化蓝图通过数据层面的融合，支持不同阶段的价值，让各阶段的数据能够透明、无缝沟通，打通设计、深化、成本、施工和运维各个环节，从根本上重构设计形态，提升设计质量。

设计生成一体化是指在整个设计过程中，从概念设计开始，初始的创意不断完善，涵盖美观、功能和安全等方面，形成建筑、结构、机电等全部专业的设计方案。在概念方案的调整过程中，全专业的设计方案也会不断修正，使设计师能够更加专注于概念的创新。

设计构件一体化是将设计的意图与实体构件紧密结合，设计师无须花费大量时间制作构件，而是专注于直接的设计工作。概念构件可以适应各个专业需求并进行进一步的深化设计。

设计计算一体化是将设计的表达与仿真模拟有效结合，使设计不仅具有感性的表达，还有理性的支持。基于数据驱动的数字设计通过数字化各种要素，使设计变得可计算、可分析、可优化，实现设计意图、计算和表达的统一，实现系统化最优设计。

设计交互协同一体化是指数字设计平台不仅支持全专业的协同设计，还支持组织间的外部协同，使各方能够轻松协作，实现协同交互更加便捷，数据传递更加顺畅。

设计成本与施工一体化是通过数字设计平台实现设计与算量的实时模拟，将设计与算量紧密结合。传统的算量软件需要输入工程图纸信息进行处理，增加造价人员的工作量。而通过设计算量前置，可以在设计过程中实时映射算量，大大提高算量的准确性和效率。在方案设计、初步设计和施工图设计阶段，实时为工程提供相应的模型，从源头上控制算量和造价。

通过在建筑模型中附加工艺工法、定额、工料等信息，形成施工信息模型，对施工活动中的人、财、物、信息流动进行全面仿真再现，以虚拟试错的方式避免实体建造中的问题，降低成本、缩短工期、减少风险，并增强施工过程中的决策、优化和控制能力。

1.3 建筑工程深化设计

建筑工程的深化设计（也称施工深化设计），其重要工作目的是准备施工技术所需的各种细节信息。这种设计是基于建筑、结构、机电等专业设计图纸，设计及施工验收规范、标准图集以及工程所在地域的相关要求等开展工作的。该工作内容贯穿于整个施工生产过程中，要求所有施工相关部门进行协同合作，保证深化设计工作的时效性和准确性。

在工程中，施工深化设计是一个多专业协调的阶段，其质量直接影响施工进度和工程质量控制，是整个工程建筑过程中重中之重的一环。然而，传统的深化设计方法中，通常采用二维计算机辅助软件进行设计，存在局限性，例如信息量少、可视能力差等问题。这使得设计人员必须具备强大的空间想象能力和专业知识。即便如此，也难免会出现错误、遗漏、交叉碰撞等情况，且深化设计图纸向下流转的过程中，个别情况仍需要临时讲解。这种情况可能会导致信息丢失或误解等。传统的二维计算机辅助设计软件进行深化设计时效率很低，准确率也难以保证。

采用 BIM 技术，在深化设计阶段通过模型的数字化、信息化和可视化等能力，可以提高深化设计的效率，快速发现并解决问题，保障了工程进度和工程质量。同时，BIM 技术也可以更好地提高设计人员的工作效率和发现问题的能力，并缩短深化设计阶段的周期，提高图纸深化设计的准确率。

以 BIM 为代表的数字化设计技术，在装配式结构深化设计、钢结构施工深化设计、二次结构深化设计、脚手架和模板工程数字化设计以及数字化施工策划等方面越来越发挥出重要的作用。

本章小结

作为国民经济支柱的建筑行业，随着数字化经济的发展，建筑工程数字化设计已成为一种趋势。本章深入讨论了建筑工程设计与建筑工程数字化设计，从建筑工程设计的概念到建筑工程数字化设计概念，最后到建筑工程深化设计，让读者深入了解工程设计与数字化设计。

在 1.1 节中对建筑工程和数字化设计的概念以及相关内容进行了介绍，为读者奠定了建筑工程数字化设计的基础知识。在 1.2 节介绍了建筑工程设计中重要的三个阶段并对 BIM 的一体化设计进行了深入的讲解。1.3 节中对建筑工程深化设计进行了介绍。本章内容帮助读者了解建筑工程数字化设计的基本概念和主要设计内容。

思考与习题

1-1 根据你的理解，传统工程设计与数字化设计有何区别？

1-2 在建筑行业数字化转型的过程中，建筑工程数字化设计对行业数字化转型起到什么影响和作用？

1-3 请充分思考如何在建筑工程设计的三个阶段进行数字化设计的应用？

二维码 1-2
思考与习题答案

参考文献

[1] 陈沉，张业星，陈健，等 . 参数化技术在城市建筑群设计中的应用 [J]. 水力发电，2014，40（08）：56-59.

[2] 陈显利 . 面向可持续发展的现代城市水务管理体系研究 [D]. 沈阳：东北大学，2015.

[3] 黄琨、张坚 . 工程项目管理 [M]. 北京：清华大学出版社，2019.

[4] 夏益奉 . 浅析交通建设项目各建设阶段可能发生的廉洁风险及原因 [J]. 科技创新导报，2013（15）：95.

[5] 刘静 . 数字媒体艺术与公共艺术网络化革新的探索 [J]. 电子制作，2014（21）：147-148.

[6] 王宏松，潘钟健，陈军源，等 . CAE 在注塑模具数字化设计中的应用 [J]. 九江职业技术学院学报，2011（1）：11-13+27.

[7] 徐健宇 . 某型飞机前进气道装配工装数字化设计 [D]. 南昌：南昌大学，2015.

[8] 广联达科技股份有限公司 . 数据驱动下的数字化设计 [J]. 中国勘察设计，2022（8）：32-36.

[9] 广联达科技股份有限公司 . 数字设计重塑设计数字化新场景 [J]. 中国勘察设计，2022（8）：37-43.

[10] 陈晨 . 基于 BIM 的 GZ 塔项目工程管理研究 [D]. 大连：大连理工大学，2017.

第 2 章
结构数字化设计

本章要点 📖

1. 理解建筑结构设计的基本过程，包括建模、分析和优化设计的实践应用；
2. 学习和应用专业的结构分析软件进行结构设计和性能评估；
3. 通过案例学习，掌握装配式混凝土结构和钢结构分析的方法。

教学目标 🖥️

1. 学习并掌握建筑结构设计的基本概念和流程；
2. 熟练应用结构分析软件进行建筑结构设计和分析；
3. 通过设计案例项目，将理论知识与实践结合，理解结构设计的全过程。

案例引入 📄

NSP Arnhem 转运大厅

　　UNStudio 设计的 NSP Arnhem 转运大厅是一个大型、复杂的自由形态混凝土壳体，如图 2-1 所示。这个壳体在 Rhinoceros 软件中由建筑师设计为两个由 NURBS 表面构成的自由形态表面。但这种纯几何的设计并不适合直接进行结构分析，因为获取力学性能需要一个更具体的分析模型。

　　由于 Rhinoceros 内置的工具无法满足结构工程团队创建中心或偏移网格并将其直接导入 FEM 分析软件的需求，Arup 团队因此开发了一个专门的工具箱。这个基于 Grasshopper 的定制插件帮助工程师从自由形态表面创建复杂的混凝土壳体模型，并轻松生成 FEM 分析所需的模型。

图 2-1　NSP Arnhem 转运大厅概念图

使用这个工具箱，工程师可以在单一表面上根据指定的参数，如 U 和 V 方向的元素数量，创建网格点和边缘。用户还可以调整顶点位置，或增加、删除顶点和连接点。完成后，这个模型可以直接导入 FEM 分析软件 Infograph 中进行进一步的结构分析。这个工具箱成功地桥接了 Rhinoceros 的建模功能和 FEM 分析软件的分析能力，如图 2-2 所示。

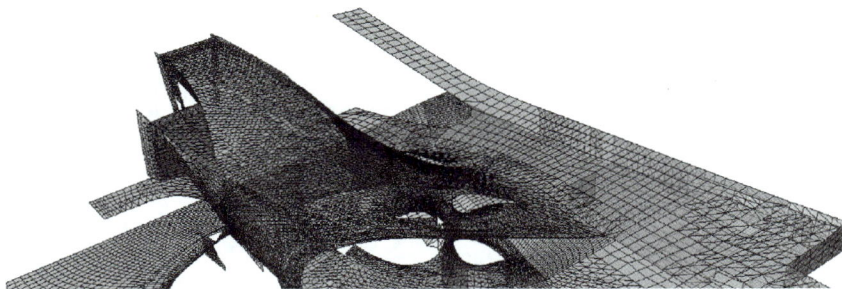

图 2-2　NSP Arnhem 转运大厅结构分析图

通过上述的简单例子，我们可以看到：一方面建筑设计和结构设计之间的紧密协作是成功实现复杂项目的关键。当两者能够无缝对接，项目的执行效率和准确性都会大大提高。另一方面，参数化设计不仅可以快速适应建筑设计的变化，还可以为结构工程师提供更大的灵活性，使他们能够迅速探索和优化设计方案。为满足特定的设计和分析需求，定制化的工具和插件的开发变得越来越重要。这些工具可以极大地提高工作效率，减少手动操作的错误，并确保设计的准确性。

思考题：

1. 当面对复杂的几何形状和设计挑战时，如何更好地利用参数化设计和其他技术来优化设计方案？

2. 如何确保新开发的工具和技术能够满足实际项目的需求，而不仅仅是理论上的应用？

2.1　结构设计概述

2.1.1　建筑结构类型

1. 按材料类型划分

按材料划分，建筑结构模型可划分为钢筋混凝土结构、钢结构、砌体结构、木结构及其他材料结构等。

1）钢筋混凝土结构

钢筋混凝土结构是指用配有钢筋增强的混凝土制成的结构。承重的主要构件是用钢筋混凝土建造的。钢筋混凝土是一种在混凝土中集成了钢筋以改善混凝土性能的材料。

多年来，钢筋混凝土在世界各地的建筑物、桥梁和其他类型结构中被广泛使用。其根本原因在于其构成材料：水泥、砂、骨料、水和钢筋较容易获取。另外，钢筋混凝土有较强的几何可塑性。

在施工过程中，混凝土的流动性使其能够填充和覆盖形状复杂的模具，从而实现各种几何形状的构造。这使得钢筋混凝土可以灵活应对建筑物的不同设计需求。钢筋布置的灵活性和可塑性使得可以在不同位置和形状的构件中进行布置，以满足特定的结构需求。在使用适当防腐措施后，钢筋混凝土结构的耐久性非常优秀，即便是在恶劣气候或环境下也可以具有较长寿命。由图 2-3 可见，目前在中国钢筋混凝土为应用最多的一种结构形式，占总数的绝大多数，同时中国也是世界上使用钢筋混凝土结构最多的国家。

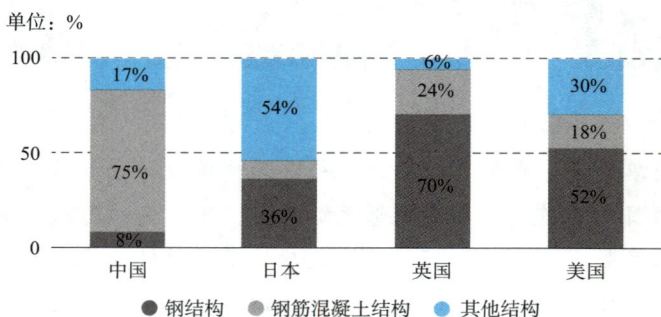

图 2-3　2020 年部分国家住宅数据统计

混凝土是一种脆性复合材料，在受压方面强度较高而在受拉方面较弱。当混凝土构件中的受拉应力由于外部加载、温度变化或收缩而达到抗拉强度时，会发生开裂。而钢筋混凝土中的钢筋抗拉强度远大于混凝土，在混凝土受拉开裂时阻止了裂缝的进一步延展。常用混凝土与钢筋的材料属性可以参考我国《混凝土结构设计标准》GB/T 50010—2010（2024 年版）。

从 20 世纪 80 年代末开始，现浇钢筋混凝土结构在我国得到了广泛的应用。然而，随着我国社会的发展和经济的增长，我国的人口红利正在消失，建筑行业面临劳动力短缺、人工成本快速上升的问题，同时目前传统现场施工方式也面临环境污染、水资源浪费、建筑垃圾量大等日益突出的问题。为解决以上问题，保持建筑行业的发展，近年来我国出台了一系列政策推行建筑工业化。在国家政策的激励下，装配式混凝土建筑得到了快速发展。其中，由图 2-4 所示的预制混凝土构件或部件通过钢筋、连接件或施加预应力加以连接并现场浇筑混凝土而形成装配整体式结构，得益于其结合了现浇整体式和预制装配式两者的优点，既节省模板，降低工程费用，又可以提高工程的整体性和抗震性，在我国现代土木工程中得到越来越多的应用。

2）钢结构

钢结构是以钢材为主要材料建成的结构，是建筑工程的重要结构形式之一。钢结构的构件包括型钢、钢板等，通过焊接、螺栓和铆钉等方式连接。相对于钢筋混凝土结构，

图 2-4 预制混凝土构件

钢结构具有轻质高强、材料可靠性高、工业化程度高和抗震性能好等优点。在我国，钢结构主要应用于重型工业厂房、高层和超高层建筑、大跨度结构、高耸结构和临时结构等领域。另外，如图 2-5 所示的新型模块化钢结构深入贯彻了建筑工业化的理念，结构基础模块单元及配套设备均在工厂加工完成，通过物流运送至现场后仅需简单地安装即可完成整栋建筑。最新研究显示相比于传统建造方式，模块化钢结构可减少约 45% 的建设周期，GHG（温室

图 2-5 新型模块化钢结构

效应气体）排放量减少 50%。除了传统钢结构领域，钢结构在高速公路、铁路、物流业、新能源和游乐设施等领域的应用越来越广泛，这些领域包括仓储、光伏等。常用钢材设计指标与参数可见我国《钢结构设计标准》GB 50017—2017。

然而，目前我国钢结构在住宅领域的应用相较于发达国家仍存在一定差距。根据《2021 年中国钢结构行业分析报告——产业竞争现状与发展前景评估》中相关描述，从钢结构用钢量占钢产量的比重来看，我国钢结构产量占钢产量的比重不足 10%，而工业发达的国家如美国、日本的比值均在 20%~30%。原因在于钢材作为建材本身具有耐腐蚀性及耐火性不强、稳定性问题突出且价格昂贵等弱点。另外，大部分现有的钢结构装配式住宅也同样存在舒适度难以达到要求、高层住宅存在设计和技术瓶颈以及产业链不完善等问题。

我国经济目前正迈入高质量发展阶段。根据 2021 年国务院发布的《2030 年前碳达峰行动方案》，推广绿色低碳建材和绿色建造方式成为重要举措。其中，加快推进新型建筑工业化，大力发展装配式建筑，以及推广钢结构住宅成为重点。此外，在中共中央办公厅和国务院办公厅于 2021 年印发的《关于推动城乡建设绿色发展的意见》中，也明确提出了大力发展装配式建筑，特别是重点推动钢结构装配式住宅建设，并不断提升构件标准化水平，推动建筑工业化的协同发展和智能建造。另外，《城乡建设领域碳达峰实施方案》（于 2022 年 6 月由住房和城乡建设部和国家发展改革委印发）中更进一步提出，积极推进装配式建筑发展，推广钢结构住宅。计划到 2030 年，装配式建筑将占当年城镇新建建筑的比例达到 40%。由于国家政策和市场的导向，未来中国钢结构市场的规模和增速仍将保持较好的发展前景。

3）砌体结构

砌体结构是由各种块材和砂浆砌筑而成的墙体和柱子，作为建筑物的主要承重构件。砌体结构具有取材方便、耐火、化学和大气稳定性良好、造价低廉和施工周期短等优点。然而，砌体结构也存在一些问题，例如自重较大、砌筑工作繁重、砂浆与砌块之间结合力较弱，以及抗拉强度、抗弯强度和整体稳定性较低等。为了解决这些问题，我国颁布了《建筑抗震设计标准》GB/T 50011—2010（2024 年版），对砌体结构建筑物的层数和总高度做出严格限制。同时，为了确保房屋的稳定性，避免整体弯曲破坏，对砌体结构的高宽比也做出了严格规定。随着科学技术的不断进步，复合砌体、可再生砌块及植物纤维砌块等绿色建筑材料的研发，砌体结构将在将来作为重要环保材料被大量使用。篇幅原因，本书不再对砌体结构进行过多介绍，详细设计信息可参考我国规范《砌体结构通用规范》GB 55007—2021 及《砌体结构设计规范》GB 50003—2011。

木结构是以木材为主制作的结构，是我国传统建筑的主要形式。而现代木结构则是指经过现代先进技术处理的新型木建筑结构形式，在建筑材料、加工方式、结构类型和连接方式等方面，都与传统木结构建筑有着较大区别，有更好的抗震、保温、节能和耐久性能。近年我国也越来越重视建筑业的可持续发展和绿色发展，现代木结构建设逐步得到重视。然而受制于自然条件，木结构多用于休闲地产、园林建筑及旅游景区等领域。篇幅原因，本书不再对木结构进行过多介绍，详细设计信息可参考我国规范《木结构通用规范》GB 55005—2021。

2. 按结构形式划分

1）框架结构

框架结构是由梁、柱构件组成的受力骨架，用于承受建筑物在使用过程中产生的水平和竖向荷载。墙体在框架结构中起到围护和分隔的作用，通常使用轻质板材，如预制加气混凝土、膨胀珍珠岩、空心砖或多孔砖、浮岩、蛭石、陶粒等进行砌筑或装配而成。典型框架结构如图 2-6 所示。在进行框架结构力学性能校核时，不考虑房屋墙体的承重作用。框架结构具有空间分割灵活、自重轻和节约资源等优点。梁、柱等构件易于标准化、定制化，利于装配式建筑的发展。其应用范围较广，包括住宅、学校、办公楼及大跨度公共建筑物等。然而框架结构中节点应力集中显著，结构侧向刚度偏小，属于柔性结构，在强地震作用下易造成严重非结构性破坏，一般适用于建造 15 层以下房屋。

2）剪力墙结构

利用墙板来替代框架结构中的梁、柱，能够有效承受各类荷载引起的内力，并有效控制结构的水平力，这种结构通过使用钢筋混凝土墙板来承受竖向和水平力，被称为剪力墙结构。墙体根据受力特点可分为承重墙与抗震墙，前者以承受竖向荷载为主（例如砌体墙），后者则主要承受水平荷载。典型的剪力墙结构如图 2-7 所示。根据材料，剪力墙结构可分为钢板剪力墙、钢筋混凝土剪力墙和加筋砌块剪力墙等，而钢筋混凝土剪力墙最为常用。在同等设防烈度下剪力墙结构相比框架结构可以达到更高的高度，因此适用于高层住宅与办公楼等建筑，但是剪力墙结构在建筑空间的规划上要弱于框架结构。

3）框架剪力墙结构

框架剪力墙结构也称框剪结构，如图 2-8 所示。该结构通过在框架结构中布置一定数量的剪力墙以实现灵活的空间布局和足够的侧向刚度。在框架剪力墙结构中，框架主要承担竖向荷载而水平荷载由剪力墙承担。得益于其优秀的框架、剪力墙协同受力机制，目前被广泛运用于高层住宅和商业楼中。

除了以上常见的三种结构体系之外，还有广泛运用于超高层的核心筒、网架、薄膜及钢索等结构体系。

图 2-6 典型框架结构

图 2-7 典型剪力墙结构

图 2-8 框剪结构

2.1.2 建筑结构设计目标与流程

1. 准备设计资料

1）建筑工程的性质及建筑物安全等级；

2）工程地质条件；

3）地震设防烈度；

4）雪压、风压及地面粗糙度类型；

5）荷载标准值及分布；

6）环境温度变化情况。

2. 确定结构体系方案及布置

根据建筑物的功能要求，选用经济合理的结构体系。如 2.1.1 节所述的框架结构、剪力墙结构、框架剪力墙结构等。不同的结构体系在承载能力、抗震能力、刚度及施工难度上有所不同。

结构选型的基本原则为：

1）适应建筑功能要求；

2）满足建筑功能需要；

3）考虑材料和施工条件；

4）充分发挥结构优势且造价合理。

在确定结构形式后，要进行结构布局和形式，包括横纵向结构体系及基础布置等问题。合理的结构布局能够达到优化结构性能的目的，结构布置的基本原则为：

1）在满足建筑功能要求和空间利用率的前提下，结构的平面和竖向应尽可能简单、规则、均匀和对称，避免突变。

2）结构布局须考虑建筑安全性。荷载传递路径需明确且计算图简易，结构稳定性好，以及避免结构出现严重应力集中。

3）结构的布局和形式应尽量经济高效。合理利用结构材料，避免不必要的材料浪费，同时优化结构形式，降低施工成本。

4）在现代结构设计中，可持续性也成为一个重要原则。结构的布局和形式应尽量减少资源消耗，降低对环境的影响，并考虑建筑物的能源效率和环保要求。另外，结构的布局和形式要具有一定的灵活性，以适应未来可能的改变和扩展。在规划阶段就考虑可能的用途变化，可以减少后期的结构调整和改造。

这些基本原则在结构体系设计中相互关联，结合考虑，旨在实现结构的高效、安全、经济和美观。同时，不同的建筑项目也会根据具体情况在这些原则之间进行权衡和取舍。

3. 初步估计截面尺寸及确定荷载

对于砌体结构而言，需要初步估计墙体厚度及柱的截面尺寸。对于框架结构而言，需要初步确定梁柱截面尺寸。而在剪力墙结构、框架剪力墙结构及核心筒结构中，需要初步估计剪力墙厚度。

建筑结构荷载可分为永久荷载、可变荷载和偶然荷载。永久荷载包括结构自重、土压力和预应力等。可变荷载包括楼面活荷载、屋面活荷载和积灰荷载等。偶然荷载包括爆炸力和撞击力等。除了上述三种荷载之外，我国《建筑结构可靠性设计统一标准》GB 50068—2018 还专门针对地震作用进行了定义。地震作用是同时具有可变荷载和偶然荷载的特点。抗震设防烈度为 6 度及以上地区的建筑，必须进行抗震设计。地震作用具体可参考《建筑抗震设计标准》GB/T 50011—2010（2024 年版）。

4. 选取合适计算单元

在结构分析和设计中，选择合适的结构计算单元是非常重要的，它直接影响到分析结果的准确性和计算效率。结构计算单元是用于离散化结构的有限元分析方法的基本单元，不同类型的结构和分析目标需要不同的计算单元。

5. 内力、变形分析与最不利荷载组合

在结构分析时，根据结构类型、构件布置、材料性能和受力特点等，选取合适的控制截面（梁的两端、荷载作用点、节点处及制作处等），计算各种荷载下构件控制截面内力。

当整个结构或结构的一部分超过特定状态无法满足设计规定的功能要求时，这个特定状态被称为结构对该功能的极限状态。极限状态可以分为承载能力极限状态和正常使用极限状态。承载能力极限状态通常是根据结构内力是否超过其承载能力来确定的。而正常使用极限状态通常是根据结构变形、裂缝和振动等参数是否超过设计允许的极限值来确定的。

对于考虑的极限状态，在确定结构的荷载效应时，应对所有可能出现的荷载进行组合，以求得组合后的总效应。这样才能全面评估结构在不同极限状态下的表现。

承载能力极限状态基本表达式为：

$$\gamma_0 S_d \leqslant R_d \tag{2-1}$$

式中　γ_0——结构重要性系数，按各有关结构设计规范的规定采用；

　　　S_d——荷载效应组合设计值；

　　　R_d——结构构件抗力设计值，按各有关结构设计规范的规定确定。

正常使用极限状态表达式为：

$$S_d \leqslant C \tag{2-2}$$

式中　S_d——荷载效应组合设计值；

　　　C——结构或结构构件达到正常使用要求的规定限值，例如变形、裂缝、振幅及应力等。

6. 连接节点设计

在结构设计中节点（也被称为交点）通常指的是结构构件（如梁、柱、墙等）相交的点。构件之间必须通过节点连接，才能形成协同工作的整体结构。即使每个构件都满足安全使用的要求，但是如果节点设计处理不当导致连接节点破坏，就会造成整个结构的破坏。合理的节点设计不仅影响结构的安全和使用寿命，还会对造价和安装产生影响。

因此，确定合理的连接方案和节点构造是结构设计中的重要环节。节点设计应遵循以下原则：

1）连接性能保证：节点的设计和构造应满足结构分析模型所预定的连接性能。这可以确保结构或构件的受力状态与分析的一致性，避免因节点设计不合理导致的差异。

2）明确的力传递路径：设计节点时，应确保力的传递路径清晰明了，以降低应力集中的可能性，从而避免可能导致过早破坏的应力集中现象。

3）充足的承载力：节点需要具备足够的承载能力，以防止因连接部位承载能力不足而导致整个结构破坏。

4）优良的延性：节点设计应具有良好的延性，尤其是在抗震设计中尤为重要。应避免由于节点的局部压曲和脆性破坏而导致延性减小。设计时应考虑合理的细部构造，减少约束度和避免产生层状撕裂的连接方式。

5）制作和安装便利性：节点设计应考虑到生产和安装的便利性。如果节点设计易于制作和安装，那么施工效率将提高，成本将降低。反之，如果设计复杂，将增加成本并可能影响工程质量。

6）经济适用性：节点设计应全面考虑设计、制作和安装的经济性，选择最适合的节点方案。应在节省时间和材料之间寻找最佳平衡点，尽可能减少节点类型，并努力实现连接节点的标准化和规范化。

7）节点设计方法：常用的节点设计方法主要有等强度设计和按实际最大内力设计方法。例如，对于构件的拼接，通常按照等强度原则进行设计，也就是确保拼接件、连接件和材料能够传递断开截面的最大承载力。

不同类型的节点具体构造各不相同，很难同时满足所有原则。总体而言，节点设计要保证良好的承载能力，确保结构和构件能够安全可靠地工作；要考虑施工的便利性和经济性。

7. 绘制施工图

施工图是描述工程项目总体布局、建筑物构造、内外装饰、材料用法、设备配置、施工要求等的图样。根据种类的不同，施工图可以分为建筑施工图、结构施工图、水电施工图等。施工图主要由图框、平面图、立面图、大样图、指北针、图例、比例等组成。

结构施工图是结构设计的最后一个主要步骤。与建筑图不同，结构施工图提供了更详细的信息，包括所使用的结构材料、形状、尺寸以及内部构造的工程图样，为承重构件和其他受力构件的施工提供依据。

结构施工图包括以下内容：结构总说明、基础布置图、承台配筋图、地梁布置图、各层柱布置图、各层柱配筋图、各层梁配筋图、屋面梁配筋图、楼梯屋面梁配筋图、各层板配筋图、屋面板配筋图、楼梯大样和节点大样。

2.1.3 结构分析软件简介

1. PKPM

PKPM 是中国建筑科学研究院研发的一款建筑工程管理软件，是广泛应用于国内建筑工程界的一套计算机辅助设计系统。PKPM 软件是一套集建筑设计、结构设计、设备设计、工程量统计、概预算及施工软件于一体的大型建筑工程的综合 CAD 系统。目前，PKPM 涵盖了 BIM、结构分析、建筑工业化等多个模块。本书重点讲解常用计算模块 SATWE，其他模块可参考表 2-1 自行学习。

PKPM 计算模块 表 2-1

结构模块	名称	功能
建模程序	PMCAD	结构建模软件，提供各类构件和荷载的输入及传导，是结构计算软件的必备接口软件
	SPASCAD	采用真实空间结构模型输入，适用于各种建筑结构，可满足任意复杂结构的建模
计算分析程序	SATWE	基于空间有限元分析的结构设计软件，多层结构设计
	PMSAP	基于有限元程序，着重体育馆和大跨度结构的分析
	QITI	设计和分析多层砌体结构、底框抗震墙结构和配筋砌块砌体小高层建筑
构件计算程序	SLABCAD	板柱结构、厚板转换层结构、楼板局部开大洞结构、大开间预应力板结构等复杂类型楼板的计算分析和设计
	SLABFIT	计算楼板的固有模态和动力时程响应，判断楼板设计是否满足规范要求
基础计算程序	JCCAD	自动或交互完成工程实践中常用诸类基础设计
施工图程序	PAAD	基于 AutoCAD 平台的施工图设计软件，完成上部结构各种混凝土构件的配筋设计，并绘制施工图
钢结构程序	STS	可完成钢结构的模型输入、截面优化、结构分析和构件验算，节点设计与施工图绘制

SATWE 是 Space Analysis of Tall-building with Wall-Element 的缩写，是基于多、高层建筑结构设计要求而研发的有限元分析结构设计软件。SATWE 具有模型误差小、分析精度高、计算效率高以及前后处理能力强等特点。

在使用上，SATWE 可自动读取 PMCAD 中的模型与荷载数据。软件利用空间杆单元模拟梁、柱、铰接梁以及支撑等。特殊构件在 PMCAD 中建立并随其建模的改变而变化，以此实现 SATWE 与 PMCAD 的互动。软件单元截面类型丰富且支持异形截面的自定义功能。软件具有较完善的数据检查和图形检查功能，具备良好的容错能力。另外，软件最新版本基于 BIM 理念升级了全新架构，开放了 PDB-IO 接口以自由获取模型和结果数据。SATWE 基本操作流程如图 2-9 所示。

2. 盈建科

盈建科是一款专业的建筑设计软件，旨在为建筑师、工程师和设计师提供高效快捷的设计和分析工具，辅助工程师提高建筑设计的效率与质量。目前盈建科可提供建筑、结构、机电、桥梁等全专业设计软件，覆盖装配式构件设计、深化及生产管理系统的全

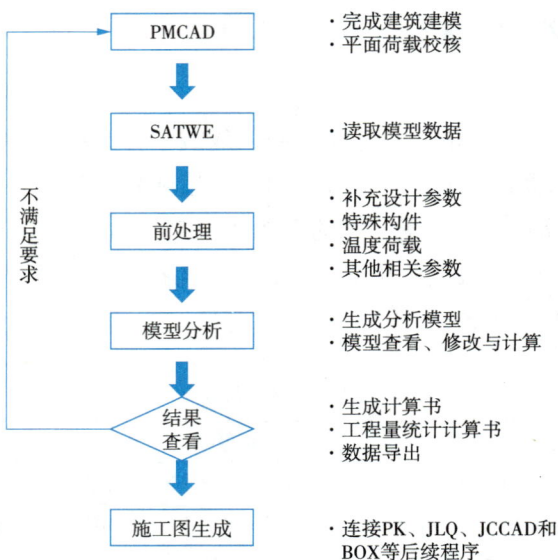

图 2-9　SATWE 基本操作流程

产业链解决方案。盈建科系列产品较多，限于篇幅本章着重介绍盈建科建筑结构设计软件（YJK–A），其余常用设计单元可参考表 2–2。

盈建科设计单元　　　　　　　　　　　　　　　　表 2-2

模块	名称	功能
结构分析	YJK–A	多、高层建筑结构建模而研制的空间组合结构设计软件
	YJK–F	用于工程实践中各种类型的基础设计
	Y–Paco	Y–Paco 动力弹塑性分析软件，对各类结构进行基于显式动力分析方法的动力弹塑性分析
构件计算	LBSSD	进行楼板舒适度分析
	Y–SolidFea	构建节点实体的精细化分析模型，节点实体模型的有限元静力分析，为复杂节点的设计提供计算依据
	Y–PV V2022	光伏支架结构设计软件
数字化设计	Y–GAMA	集可视化编程、参数化设计、计算机辅助优化于一身
深化设计	Y–ST V2023	钢结构三维建模、接口对接、参数化节点族、自动组装构件、详图生成
	YJK–D	辅助完成上部结构各种混凝土构件的配筋设计并绘制施工图，支持选筋库自定义及图面自动避让
结构防灾减灾	YJK–JDJG	混凝土结构和砌体结构的抗震鉴定和加固设计
	Y–GEZN	隔震结构设计软件
	Y–JIAN	减震模块提供了完备的减震结构设计方法

　　YJK–A 软件可自动实现原始模型文件到计算模型的转化。在自动校核模型误差的前提下，可实现各层构件的在空间上的连续与打断、保持构件的偏心位置与对荷载的自动化导入与调整。软件在计算恒荷载、活荷载、风荷载及地震作用之外，还包括了人防荷载、吊

车荷载、温差效应以及位移和刚度等。软件具有较强的兼容性，为 Revit、PKPM、SAP2000、ETABS、MIDAS、ABAQUS 及探索者提供接口。YJK–A 基本操作流程如图 2–10 所示。

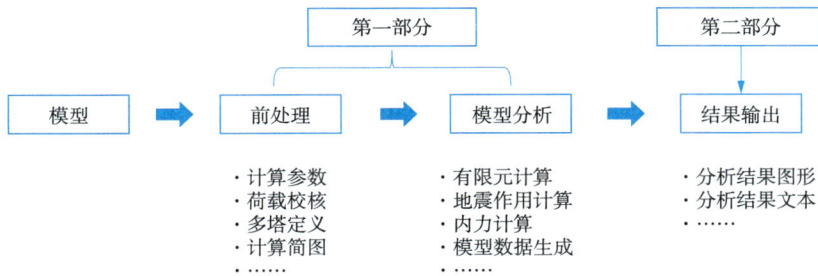

图 2-10 YJK-A 基本操作流程

3. SAP2000

SAP2000 是一款通用建筑结构运算软件，适用于建筑物、桥梁、交通基础设施以及大坝、体育馆甚至海上平台等多种类型的结构设计与分析。软件利用直观的三维建模方式，为建模、分析、设计与优化提供了精简的工作环境。SAP2000 采用有限元方法进行计算。除基础结构分析外，SAP2000 还具有非线性与动态解析功能。与 PKPM、盈建科等软件类似，在结构建模完成后可由软件内置引擎自动转换为有限元模型并进行网格划分。同时 SAP2000 也内置了大量模板，简化和加速了模型设置过程。SAP2000 基本操作流程可参考图 2–11。

图 2-11 SAP2000 基本操作流程

4. ABAQUS

ABAQUS 是国际著名的大型通用有限元分析软件之一。软件拥有丰富的单元库和与之对应的材料本构模型，可以模拟大多数典型工程材料的性能，包括金属、橡胶、高分子材料、复合材料、混凝土以及岩石等。得益于其强大的非线性分析能力，ABAQUS 除了能解决建筑结构的问题以外，还广泛应用于各种行业，如汽车、航空航天等，并且在学术和研究机构中也得到广泛应用。另外，ABAQUS 提供了子程序开发功能，可根据特定工程问题进行定制化解决。

ABAQUS拥有两种建模方式，分别为交互式建模和文本式建模。交互式建模采用三维图形化建模方式，用户能够创建参数化几何体，也能够由其他常用建模工具（CAD）导入几何体。文本式建模需要用户输入一系列关键字和数据行，包括单元、节点和材料本构等模型信息以及分析步骤、施加荷载等求解信息。一般情况下，文本式建模用于对交互式建模中不支持的功能进行补充。建模完成后，模型信息会提交至ABAQUS求解模块。ABAQUS最主要的两个求解模块是ABAQUS/Standard和ABAQUS/Explicit。ABAQUS/Standard可用于线性与非线性的静、动力问题求解。ABAQUS/Explicit主要用于瞬态，例如冲击、爆炸问题的求解。

当今社会，随着科技的迅速发展，结构分析软件层出不穷。这些软件能够方便地处理复杂的结构问题，通过模拟和计算来评估结构的强度和稳定性。使用这些软件，工程师能够迅速而准确地分析各种结构，为实际应用提供坚实的理论依据。然而，软件只是手段，不应成为结构分析学习和实践的全部。正如一把锋利的刀具在没有熟练的手艺人手中难以发挥其应有的作用一样，没有扎实的基础知识，再先进的软件也无法发挥其真正价值。理解基本原理和公式的重要性，不容忽视。结构分析的基础知识涉及许多核心概念，包括力学、材料科学、微积分等，它们共同构成结构分析的基础体系。只有深入理解这些概念，才能够灵活运用软件工具，并在必要时进行手动计算和分析。在某些特定情况下，软件可能存在限制或偏差。没有坚实的基础知识，工程师可能会过度依赖软件，从而在关键时刻无法做出正确的判断。结构分析的核心仍然是对基础知识的深入理解和掌握。这样的理解不仅能够更好地利用现有工具，而且有助于培养未来可能出现的新技术和挑战的适应能力。

2.2 结构受力分析

2.2.1 结构分析模型

有限元方法（FEM）是一种用于数值求解工程和数学建模中出现的微分方程的流行方法。它最先应用于结构的应力分析，伴随着计算机科学和技术的快速发展，现在已成为计算机辅助设计（CAD）、计算机辅助制造（CAM）和计算机辅助工程（CAE）的重要组成部分。有限元法具有较强的通用性和有效性，广泛应用于求解热传导、电磁场、流体力学等连续域问题。

在确定工程或物理问题的数学模型（包括基本变量、基本方程、求解域和边界条件等）后，有限元法是一种用于进行数值计算分析的方法。其要点可以总结如下：

1）将表示结构或连续体的求解域离散为多个子域（单元），并通过它们边界上的节点相互连接形成组合体。图2-12展示了将二维多连通求解域离散为多个单元的组合体。图2-12（a）和（b）分别表示采用三角形和四边形单元进行离散的示意图，各个单元通

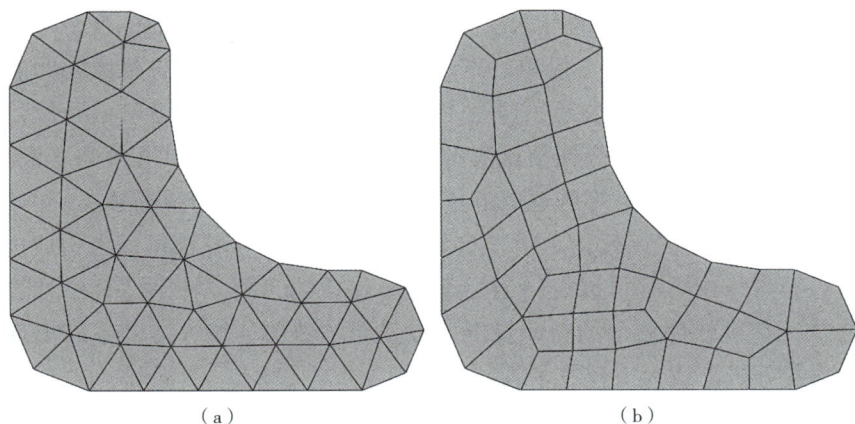

图 2-12 有限单元离散

（a）三角形；（b）四边形

过它们的角结点相互连接。

2）使用每个单元内所假设的近似函数来分片地表示待求的未知场变量，而每个单元内的近似函数是通过在单元的各个节点上的数值和与其对应的插值函数（通常以矩阵形式表示）构造而成的，考虑到相邻单元连接节点时场函数应具有相一致的数值，因此将节点上的场函数作为数值求解的基本未知量，这样一来，原本是求解待求场函数的无穷自由度问题转变为求解场函数节点值的有限自由度问题。

3）通过与原问题的数学模型（包括基本方程和边界条件等）等效的变分原理或加权余量法，建立求解基本未知量（场函数的节点值）的代数方程组或常微分方程组。这个方程组被称为有限元求解方程，并以规范化的矩阵形式表示。然后使用数值方法解决此方程组，从而得到问题的解答。

有限元方法具有以下 4 个特性：

1）对于复杂的几何结构具有较好的适应性。单元在空间中可以是一维、二维或三维的，并且每种单元可以具有不同的形状。例如，三维单元可以是四面体、五面体或六面体等。同时，不同类型的单元之间可以采用不同的连接方式，例如两个面之间可以保持场函数的连续性，也可以保持场函数的导数连续性，还可以仅保持场函数的法向分量连续性。这样一来，实际上遇到的非常复杂的结构或构造都可以离散为由单元组合体构成的有限元模型。

2）对于各种物理问题具有广泛的适用性。由于单元内的近似函数分片地表示了待求的未知场函数，而不会限制场函数满足何种方程形式，也不会限制不同单元对应的方程必须具有相同的形式。因此，尽管有限元法最初是为线弹性应力分析问题提出的，很快就发展到弹塑性问题、彩弹塑性问题、动力问题、板曲问题等，并逐步应用于流体力学问题、热传导问题等，而且可以利用有限元法对不同物理现象相互耦合的问题进行有效的分析。

3）建立于严格理论基础上的可靠性。因为用于建立有限元方程的变分原理或加权残差法在数学上已被证明是微分方程和边界条件的等效积分形式，只要原问题的数学模型是正确的，且用于求解有限元方程的算法是稳定、可靠的，那么随着单元数目的增加或单元自由度数目的增加，并提高插值函数的阶次，有限元解的近似程度将不断得到改进。如果单元符合收敛准则，则最终的近似解将收敛到原数学模型的精确解。

4）适合计算机实现的高效性。由于有限元分析的每个步骤都可以表达成规范化的矩阵形式，最后导致求解方程可以统一为标准的矩阵代数问题，特别适合于计算机的编程和执行。随着计算机软件技术的高速发展，以及新的数值计算方法的不断出现，大型复杂问题的有限元分析已成为工程技术领域的常规工作。

有限元方法是与工程应用密切结合的，直接为产品设计提供服务。因此，随着有限元理论的发展完善，各种大大小小、专用的、通用的有限元结构分析程序也纷纷出现。大型通用程序通常包括结构静力分析、动力分析、稳定性以及非线性分析等，有些还包括热传导、热应力、流体等分析，并提供齐全的单元库和有效的解算手段。现在一般的工程结构分析问题都可以直接使用通用程序求解，无须额外编写计算程序，节省了时间和精力。本书不会详细介绍有限元理论，只要求对有限元的基本步骤和概念有一定的认知。但是，为了能够正确使用各种结构计算程序、准备数据以及适当分析计算结果，对有限元的基本理论和程序计算方法也需要有一定的理解。

无论结构是什么样的（如平面、三维、板壳等），有限元分析的过程都是相同且程序化的，一般典型的步骤包括：①将结构划分为单元；②分析单元的特性；③将单元组合成整体；④进行数值分析。在计算程序中，后三个步骤可以相互交叉进行。对于不同的结构，采用的单元类型是不同的（图 2-13），但各种单元的分析方法是一致的。掌握一种典型结构的有限元分析方法（如平面问题），就可以推广到各种结构上，这对工程应用也非常方便。

1. 杆系单元（Beam and Truss）

有限元方法是建立在结构分析的矩阵位移法基础上发展起来的。对于杆件结构，每个杆件都是一个明显的单元，而且杆单元受力与位移间的关系也较为容易求得，其物理概念

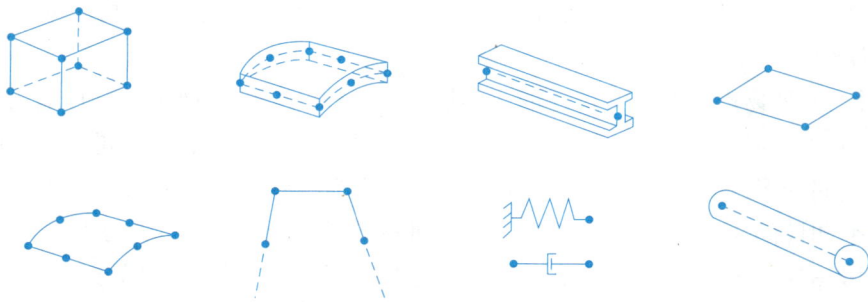

图 2-13　结构分析单元

也比较清晰，因此较为简单。典型杆系单元如图 2-14 所示，含有两个节点"1"和"2"。每一个节点含有 3 项平动位移与 3 项转动位移，即每一个节点含有 6 个自由度。在实际使用中，杆系单元（Beam and Truss）可以用于模拟框架梁、柱、悬索以及桁架等。

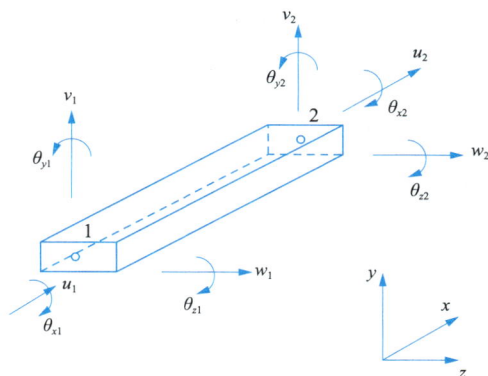

图 2-14 典型杆系单元

2. 板壳单元（Plate and Shell）

在工程结构中，平板构件如楼房的地板、桥面、箱形结构的板件等应用较多。这类平板构件一般较薄，厚度远小于长度和宽度，当厚度占长度或宽度的比值 h/l 小于 1/15 时，可认为是薄板。板件通常受到垂直于中面的荷载（即横向荷载），在荷载作用下板面会产生弯曲，中面由平面变为曲面，这种曲面称为挠曲面。图 2-15（a）展示了板单元，其位移包括中心点的挠度 ω 及法线绕 x、y 轴的转角 θ_x 与 θ_v。因而板单元任意节点含有 3 个位移分量，总计 12 个位移分量。

假设在小变形的前提下，壳单元的竖向位移 ω 与平面内位移 u、v 互不相关、不相耦合。矩形板任意节点含有 3 项平动分量 u、v、w 和两项转动分量 θ_x、θ_v。每个节点含有 5 个自由度，总计 4 个节点 20 个自由度，如图 2-15（b）所示。

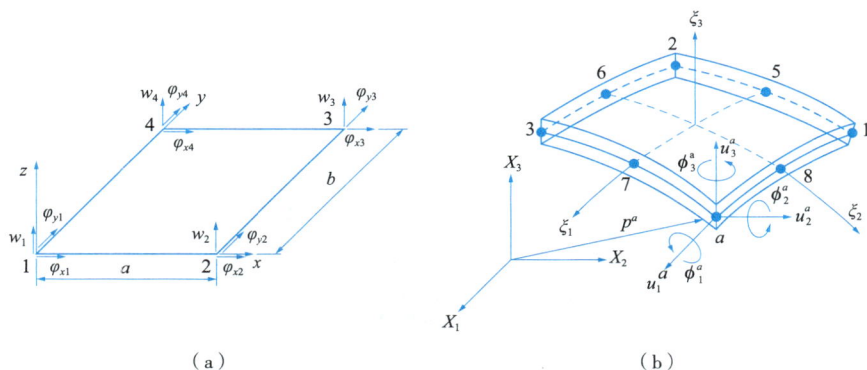

（a）

（b）

图 2-15 板壳单元
（a）板单元；（b）壳单元

3. 实体单元（Solid）

实体单元（Solid）在有限元法（FEM）中是用于对三维物体进行建模的基本单元。三维实体是建模结构的最通用方式，任何实体可以通过实体单元进行建模。因其可以准确描述物体的几何形状、材料属性和位移，因此在许多工程应用中都非常重要，特别是在建筑结构分析中。图 2-16 为实体单元中使用最为广泛的 8 节点 6 面体单元，每个节点含有三个自由度 u、v、w 分别代表 x、y 和 z 轴上的平动位移，总计 24 个自由度。

通过合并节点，可以从六面体元素开发出更多的单元类型，如图2-17所示的四面体、五面体、棱柱、楔形或金字塔等形状。

在使用有限元方法进行建筑结构分析时，选择合适的单元类型是非常关键的。不同类型的单元具有各自的特点和适用情况。例如梁单元计算简单，对于线性几何结构非常有效，在分析框架、桥梁、塔架等杆系结构时候，可节省大量计算时

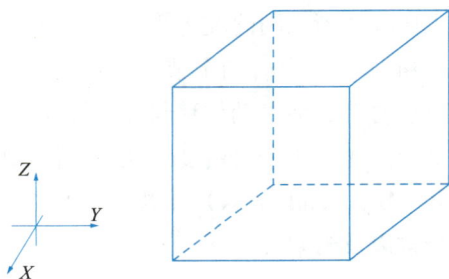

图 2-16　实体单元

间。而对于建筑结构中的剪力墙、屋顶和楼板时，选择板壳单元可以在确保精度的前提下得到较为准确的结果。实体单元虽然可以做到模拟建筑结构中的所有构件，但是计算成本明显高于前两种单元。一般用于求解结构中的复杂节点力学性能和新型材料性能等问题。图2-18为某项目在地基不均匀沉降下的安全性分析模型，图中框架部分采用杆系单元模拟，楼板使用板壳单元模拟，而地基部分则选用实体单元建模。

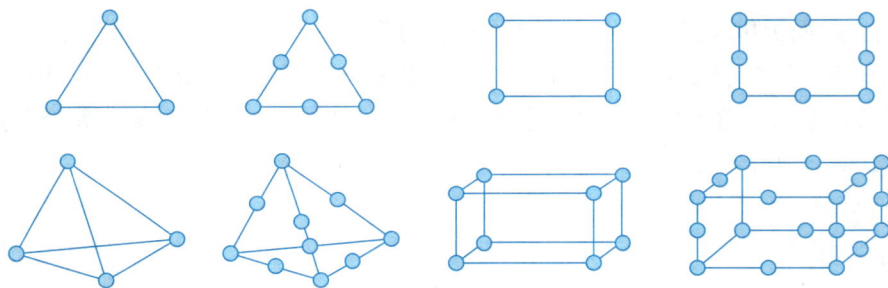

图 2-17　多种单元类型

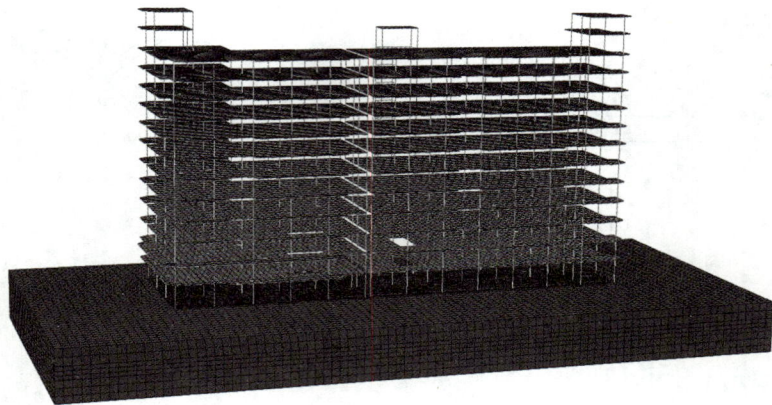

图 2-18　安全性分析模型

2.2.2　结构力学性能分析结果评估

结构整体性能控制是结构设计的重要环节。

1. 周期比

结构周期比是指结构第一扭转周期与结构第一平动周期的比值，主要用来控制结构的抗扭刚度。2008 年汶川地震表明，建筑平面不规则或抗扭刚度过弱的结构在地震中极易发生扭转脆性破坏，甚至导致整个结构倒塌。因此，在高层结构布置初期，应该使抗侧力构件的平面布置更加有效、合理，以减小扭转效应。

按照《高层建筑混凝土结构技术规程》JGJ 3—2010 的规定，对于 A 级高度的高层建筑，周期比不大于 0.9，对于 B 级高层建筑、超过 A 级高度的混合结构及复杂高层建筑，周期比不大于 0.85。这是为了限制结构的抗扭刚度不至于过弱。关键在于限制结构第一自振周期 T_t（扭转为主）与第一自振周期 T_1（平动为主）之比。当这两个周期接近时，由于振动耦合的影响，扭转效应明显增大。振动耦合振动的主振型可通过计算振型方向因子来判断。当两个平动和一个扭转方向因子中，扭转方向因子大于 0.5 时，则该振型可认为是扭转为主的振型。

对于高层建筑结构，沿两个正交方向各有一个平动为主的第一振型周期，T_1 是指刚度较弱方向的平动为主的第一振型周期，与刚度较强方向的平动为主的第一振型周期与扭转为主的第一振型周期 T_t 的比值。当偏心率较小时，结构的扭转位移比一般能满足相关限值，但其周期比有时会超过规定的限值，必须使位移比和周期比都满足限值，以确保结构具备必要的抗扭刚度，从而保证结构的扭转效应较小。当结构的偏心率较大时，如果结构的扭转位移比能满足规定的上限值，则周期比一般都能满足限值。

调整结构的总原则是增加周边构件的刚度或降低中间构件的刚度，具体做法包括增加连梁数量来加强剪力墙之间的连接、增大连接板的厚度、尽量减少使用角窗。另外，还可以通过增大周边构件的截面尺寸来增强平面抗扭刚度，加厚远离质心的剪力墙以改善质心与刚心的偏心率。在平面凹凸不规则的部位可以加设拉梁，并在条件允许的情况下增设拉接楼板。对于刚度较大的筒体结构，可以开设结构洞以减小刚度偏心，同时可以在楼板薄弱处局部增厚。

2. 剪重比

剪重比是指结构所承受的水平地震剪力与结构自重的比值。其主要目的是限制各楼层的最小水平地震剪力，以确保周期较长的结构的安全性。对于具有较长周期的结构，地震动态作用中地面运动的速度和位移可能对结构的破坏具有更大的影响，但目前规范所采用的振型分解反应谱法尚无法准确估计该影响。出于结构安全考虑，在规范中规定了结构总剪力和各楼层剪力的最小值要求，即要求满足不同地震烈度下的水平地震剪力系数。如果不满足要求，需要适当调整结构总剪力和各楼层剪力，或改变结构布置以满足要求。

根据《建筑抗震设计标准》GB/T 50011—2010（2024 年版），进行抗震验算时，结构任一楼层的水平地震剪力不应小于表 2-3 给出的最小地震剪力系数 λ。对于竖向不规则结构的薄弱层，还需要乘以 1.15 的增大系数以考虑其特殊情况。

楼层最小地震剪力系数值 表 2-3

类别	6 度	7 度	8 度	9 度
扭转效应明显或基本周期小于 3.5s 的结构	0.008	0.016（0.024）	0.032（0.048）	0.064
基本周期大于 5.0s 的结构	0.006	0.012（0.018）	0.024（0.036）	0.048

注：1. 基本周期介于 3.5s 和 5.0s 之间的结构，按插入法取值；
　　2. 括号内数值分别用于设计基本地震加速度为 0.15g 和 0.30g 的地区。

剪重比如果不符合规范要求，说明结构的刚度相对于水平地震剪力来说过小。然而，过大的剪重比则表示结构的经济技术指标较差，此时应适当减小竖向构件（如墙柱）的截面面积。当剪重比偏小且与规范限值相差较大时，应调整和加强竖向构件的刚度。对于一般高层建筑，剪重比底层最小，顶层最大，因此在实际工程中，剪重比由底层来控制。可以从下往上，确定受到地震剪力不足的楼层，并放大这些楼层的地震设计内力。

3. 位移比

位移比是结构整体概念设计的一个重要参数，用于控制结构的扭转效应。根据《建筑抗震设计标准》GB/T 50011—2010（2024 年版）和《高层建筑混凝土结构技术规程》JGJ 3—2010 的规定，结构层间位移与平均值的比值要考虑质量的偶然偏心影响。根据规范的规定，在刚性楼板假设下，当最大层间位移与平均值的比值为 1.2 时，等效于一端为 1.0，另一端为 1.45；当比值为 1.5 时，等效于一端为 1.0，另一端为 3。

根据《高层建筑混凝土结构技术规程》JGJ 3—2010 的规定，结构的平面布置应减少扭转的影响。在水平地震作用下，考虑偶然偏心影响，楼层竖向构件的最大水平位移和层间位移，对于 A 级高度的高层建筑，不应大于该楼层平均值的 1.2 倍，且不应大于该楼层平均值的 1.5 倍。对于 B 级高度的高层建筑、超过 A 级高度的混合结构和复杂高层建筑，不应大于该楼层平均值的 1.2 倍，且不应大于该楼层平均值的 1.4 倍。结构的第一自振周期 T_t（扭转为主）与第一自振周期 T_1（平动为主）之比，对于 A 级高度的高层建筑，应不大于 0.9；对于 B 级高度的高层建筑、超过 A 级高度的混合结构和复杂高层建筑，应不大于 0.85。

如果刚心质心偏离过远，属于扭转严重导致位移不均，应该调整结构刚度布局。如果是部分区域构件薄弱导致位移不均，则加强位移偏大处的构件刚度。

4. 层间位移角

层间位移角是指楼层层间最大位移与层高的壁纸。在结构设计中，其主要反映的是结构在水平荷载（地震或风荷载）作用下的变形性能。限制结构的水平位移，确保结构具备足够的刚度，避免产生过大的位移进而造成构件与节点的开裂破坏。层间位移角限值可参考《建筑抗震设计标准》GB/T 50011—2010（2024 年版）中相关规定，见表 2-4。

影响层间位移角的主要因素包括竖向构件、梁的截面尺寸、中梁刚度放大系数、周

弹性层间位移角限值 表 2-4

结构类型	$[\theta_e]$
钢筋混凝土框架	1/550
钢筋混凝土框架 – 抗震墙、板柱 – 抗震墙、框架 – 核心筒	1/800
钢筋混凝土抗震墙、筒中筒	1/1000
钢筋混凝土框支层	1/1000
多、高层钢结构	1/250

期折减系数、地下室信息中的 M 值、连梁刚度折减系数、墙梁跨中节点作为刚性楼板的节点和荷载。如果层间位移角不满足规范要求，则说明结构比较柔软。但如果层间位移角过小，则表示结构的经济技术指标较差，因此应适当减小竖向构件（如墙柱）的截面面积或梁的高度。一般来说，如果位移相差较大，应该增加构件截面，以保证结构的刚度。

5. 刚度比

刚度比是用来确定结构中薄弱层和判断地下室结构刚度是否符合嵌固要求的参数。根据《高层建筑混凝土结构技术规程》JGJ 3—2010 的规定，相邻楼层的侧向刚度比应满足一定要求。

1）对于框架结构，楼层与其相邻上层的侧向刚度比可以按式（2-3）进行计算，且本层与相邻上层的比值应不小于 0.7，与相邻上部三层的平均刚度比值应不小于 0.8。

$$\gamma_1 = \frac{V_i \Delta_{i+1}}{V_{i+1} \Delta_i} \tag{2-3}$$

式中 V_i、V_{i+1}——第 i 层和第 $i+1$ 层的地震剪力标准值（kN）；

Δ_i、Δ_{i+1}——第 i 层和第 $i+1$ 层在地震作用标准值作用下的层间位移（m）。

2）对于其他结构类型，楼层与其相邻上层的侧向刚度比可以按式（2-4）进行计算，且本层与相邻上层的比值应不小于 0.9；当本层层高大于相邻上层层高的 1.5 倍时，该比值应不小于 1.1；对于底部嵌固层，该比值应不小于 1.5。

$$\gamma_2 = \frac{V_i \Delta_{i+1} h_i}{V_{i+1} \Delta_i h_{i+1}} \tag{2-4}$$

6. 抗倾覆验算

在高层、超高层建筑存在高宽比较大、水平风和地震作用较大、地基刚度较弱等情况时，整体抗倾覆验算非常重要，这直接关系到结构的安全性。根据《高层建筑混凝土结构技术规程》JGJ 3—2010 的规定，在重力荷载和水平荷载作用下，高宽比大于 4 的高层建筑不应出现零应力区；高宽比不大于 4 的高层建筑，底面与地基之间零应力区面积不应超过基础底面面积的 15%。对于质量偏心较大的裙楼和主楼，应分别计算基底应力。在结构分析中，应考虑风荷载和地震作用下的倾覆和抗倾覆力矩，并分析零应力区比例。

7. 楼层抗剪承载力

根据《高层建筑混凝土结构技术规程》JGJ 3—2010，A 级高度高层建筑的楼层抗侧力结构的层间受剪承载力不应小于其相邻上一层受剪承载力的 80%，不应小于其相邻上一层受剪承载力的 65%；B 级高度高层建筑的楼层抗侧力结构的层间受剪承载力不应小于其相邻上一层受剪承载力的 75%，实际承载力是判断薄弱层的依据之一，《建筑抗震设计标准》GB/T 50011—2010（2024 年版）和《高层建筑混凝土结构技术规程》JGJ 3—2010 中的相关条款指出，如果抗侧力结构的层间受剪承载力小于上一楼层的 80%，则会形成承载力突变薄弱层。此时，地震剪力应乘以 1.25 的增大系数，以适当加强薄弱层，使其既具备足够的变形能力，又不会导致薄弱层位置的转移。这是提高结构总体抗震性能的有效措施。

2.2.3 装配式混凝土结构分析

1. 基本概念

装配式混凝土结构是由预制混凝土（Precast Concrete，简称 PC）构件通过可靠的连接方式装配而成的混凝土结构。装配式混凝土结构的两个基本特征为 PC 构件和可靠的连接方式。其按照连接形式可划分为装配整体式混凝土结构与全装配式混凝土结构。装配整体式混凝土结构是由 PC 构件通过可靠的连接方式进行连接并于现场后浇混凝土、水泥灌浆料形成整体的装配式混凝土结构。该结构使用"湿连接"的方式进行连接，具有良好的整体性和抗震性能，如图 2-19（a）所示。全装配式混凝土结构是由 PC 构件采用螺栓连接、焊接等"干连接"形成的结构体系，目前主要用于底层建筑，如图 2-19（b）所示。目前，我国多层和高层装配式混凝土多以装配整体式混凝土结构为主。

装配式混凝土结构是通过工厂预制和现场装配的方式构建的，与传统的现场浇筑混凝土结构相比，具有如下优势：

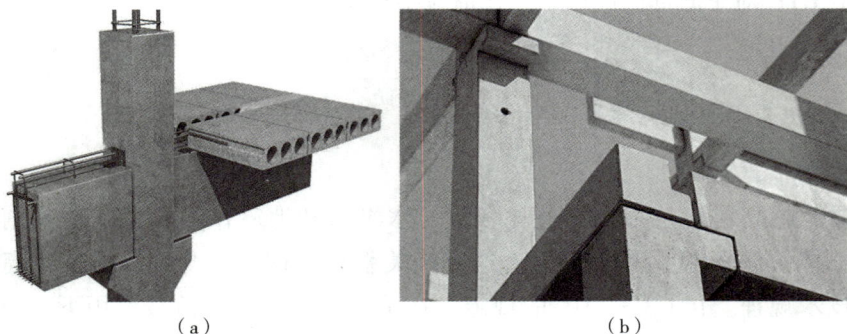

（a） （b）

图 2-19 装配式混凝土连接节点
（a）湿连接；（b）干连接

1）工程效率高：部分组件可在工厂预先生产，现场只需将各个组件组合起来，大大提高了工程效率。

2）质量控制好：工厂内的预制环境容易控制，易于实现标准化生产，从而确保产品质量。

3）环境友好：减少了现场混凝土浇筑过程中的噪声和粉尘污染，对周围环境的影响较小。

4）资源利用率高：预制组件减少了现场浇筑过程中的材料浪费，提高了资源的利用效率。

5）施工周期短：由于部分组件可以预先在工厂生产，可以与其他工程进度并行，从而缩短了整体的施工周期。

6）安全性好：现场装配减少了现场作业量，相对降低了工地事故的风险。

7）可持续性强：装配式混凝土结构有助于实现建筑工业化、信息化和绿色化，符合可持续发展战略。

8）灵活性强：通过工厂预制的方式，可以更加灵活地定制各种不同的构件，满足不同的设计和使用需求。

9）维护方便：部分预制组件可以方便更换，有助于提高整个结构的维护便捷性。

10）经济效益：虽然初始投资可能略高，但由于施工速度快、工程效率高和运营维护方便等因素，长期来看可能具有良好的经济效益。

2. 材料属性

装配式混凝土结构的现场作业采用"干湿结合"的连接方式，因此其既包括预制构件混凝土还包括现场后浇混凝土。考虑到装配式混凝土构件需要经过堆放、运输及吊装等工序，在此过程中构件可能承受难以预计的荷载组合，因此为保证预制构件混凝土质量，需要对其采用的混凝土的最低强度等级需高于现浇混凝土。根据《装配式混凝土结构技术规程》JGJ 1—2014，预制构件混凝土强度等级不宜低于 C30，预应力混凝土预制构件的混凝土强度等级不宜低于 C40，且不应低于 C30。承受重复荷载的钢筋混凝土构件，混凝土强度等级不应低于 C30。

特别对于装配整体式混凝土结构，预制构件在现场经过可靠连接后，需要在连接部位浇筑混凝土形成整体。对于后浇混凝土其强度等级不应低于 C25，且不应低于预制构件的混凝土强度等级。近年来随着科学的不断发展，涌现了多种在装配式混凝土中拥有较大使用潜力的高性能混凝土，包括具有高流动性、均匀性和稳定性的自密实混凝土（SCC），强度等级达到 C60~C90 的高强混凝土（HSC），具有高强度、高韧性、低孔隙率且对钢筋具有良好握裹力的超高性能混凝土（UHPC），以超高延性为特点的工程水泥基复合材料（ECC）。

装配整体式混凝土结构主要包含：

1）装配整体式混凝土框架结构：全部或部分框架梁、柱采用预制构件构建成的结构。

2）装配整体式剪力墙结构：剪力墙、梁、楼板部分或全部采用预制混凝土构件，再进行连接形成的结构体系。

3）装配整体式框架 – 现浇剪力墙结构：框架与剪力墙共同工作的结构体系。目前该结构体系中的剪力墙都采用现浇形式。

4）装配整体式部分框支剪力墙结构：将底部一层或者多层做成部分框支剪力墙的结构形式称之为部分框支剪力墙结构。转换层以上的全部或部分剪力墙采用预制墙板，称之为装配整体式部分框支剪力墙结构。

3. 设计原则

装配整体式混凝土结构是由预制混凝土构件通过现场后浇混凝土和水泥基灌浆料形成的整体结构。在预制构件之间以及预制构件与现浇和后浇混凝土的接缝处，采用安全可靠的受力钢筋连接方式，并采取粗糙面、键槽等构造措施，使得结构的整体性能基本与现浇结构相当。根据《装配式混凝土结构技术规程》JGJ 1—2014 的规定，这类装配整体式混凝土结构可采用与现浇结构相同的方法进行结构设计、整体计算分析和构件设计，当同一层内既有预制构件又有现浇抗侧力构件时，在地震设计条件下，应适当放大现浇抗侧力构件的弯矩和剪力。

1）最大适用高度

最大适用高度是指装配整体式混凝土结构能够安全使用的最大高度。该结构具有可靠的节点连接方式和合理的构造措施，因此其整体抗震性能较好，最大适用高度与现浇混凝土结构相近。

然而，在装配整体式剪力墙结构中，墙体之间的接缝较多且构造复杂，接缝的构造措施和施工质量对整体抗震性能有较大影响。因此，装配整体式剪力墙结构的抗震性能不能完全与现浇结构相提并论。由于对装配整体式剪力墙结构的研究和实践尚不充分，规程对该结构的要求较为严格，对其最大适用高度适当降低。特别是当预制剪力墙数量较多且底部剪力较大时，其最大适用高度的限制更为严格。

根据《装配式混凝土结构技术规程》JGJ 1—2014 和《装配式混凝土建筑技术标准》GB/T 51231—2016 的规定，房屋的最大适用高度应符合表 2-5 中的要求，并且需遵守相关规定。

（1）当结构中的竖向构件全部为现浇结构，且楼盖采用叠合梁板时，房屋的最大适用高度可按照目前行业标准《高层建筑混凝土结构技术规程》JGJ 3—2010 的规定来确定。

（2）对于装配整体式剪力墙结构和装配整体式部分框支剪力墙结构，在规定的水平力作用下，当预制剪力墙构件底部所承担的总剪力超过该层总剪力的 30% 时，需要适当降低其最大适用高度。当预制剪力墙构件底部所承担的总剪力超过该层总剪力的 80% 时，最大适用高度应根据表 2-5 中括号内的数值取值。

（3）对于装配整体式剪力墙结构和装配整体式部分框支剪力墙结构，在剪力墙边缘构件竖向钢筋采用浆铺搭接连接时，房屋的最大适用高度应比表 2-5 中数值降低 10m。

装配整体式结构房屋的最大适用高度（m）　　表 2-5

结构类型	抗震设防烈度			
	6 度	7 度	8 度（0.2g）	8 度（0.3g）
装配整体式框架结构	60	50	40	30
装配整体式框架 – 现浇剪力墙结构	130	130	100	90
装配整体式框架 – 现浇核心筒结构	150	130	100	90
装配整体式剪力墙结构	130（120）	110（100）	90（80）	70（60）
装配整体式部分框支剪力墙结构	110（100）	90（80）	70（60）	40（30）

注：1. 房屋高度指室外地面到主要屋面的高度（不考虑局部突出屋顶部分）；
　　2. 当结构中仅水平构件采用叠合梁、板，而竖向构件全部为现浇时，其最大适用高度同现浇结构；
　　3. 装配整体式剪力墙结构，在规定的水平力作用下，当预制剪力墙构件底部承担的总剪力大于该层总剪力 50% 时，其最大适用高度应适当降低；当大于 80% 时，最大适用高度取表中括号内数值。

（4）在抗震设计中，高层装配整体式剪力墙结构不应全部采用短肢剪力墙。当抗震设防烈度为 8 度时，不宜采用具有较多短肢力墙的剪力墙结构。如果采用具有较多短肢剪力墙的结构，需要满足以下规定：

①在规定的水平地震作用下，短肢剪力墙承担的底部倾覆力矩不应超过结构底部总地震倾覆力矩的 50%；

②房屋的最大适用高度应适当降低，抗震设防烈度为 7 度和 8 度时分别应降低 20m。

2）最大适用高宽比

最大适用高宽比按照《装配式混凝土结构技术规程》JGJ 1—2014 和《装配式混凝土建筑技术标准》GB/T 51231—2016 的规定，装配整体式建筑结构的最大高宽比限制见表 2-6，与《高层建筑混凝土结构技术规程》JGJ 3—2010 中现浇钢筋混凝土结构的高宽比限制一致。装配式剪力墙结构应控制高宽比，以提高结构的抗倾覆能力，并避免墙板水平接缝同时受到剪力和拉力的作用。

高层装配整体式结构适用最大高宽比　　表 2-6

结构类型	抗震设防烈度	
	6 度、7 度	8 度
装配整体式框架结构	4	3
装配整体式框架 – 现浇剪力墙结构	6	5
装配整体式剪力墙结构	6	5
装配整体式框架 – 现浇核心筒结构	7	6

高层建筑的高宽比是结构刚度、整体稳定性、承载能力和经济性的综合评价指标。在建筑平面较为复杂的情况下，需要根据具体的平面布置、体型和采取的技术措施综合判断后确定建筑的宽度。对于装配式剪力墙结构而言，较大的高宽比可能导致结构底部出现较

大的拉应力区，增加了对预制墙板竖向连接的承载能力要求，对结构的抗震性能有较大影响。因此，对于装配式剪力墙结构建筑，需要更加严格地控制高宽比，以提高结构的抗倾覆能力，避免墙板水平接缝同时承受剪力和拉力的作用，为了确保装配式混凝土剪力墙结构房屋具有较高的安全性和经济性，充分发挥装配式剪力墙结构体系的优点和性能，北京市地方规程《装配式剪力墙结构设计规程》DB 11/1003—2022 对抗震设防烈度为 7 度和 8 度且高宽比分别大于 5.0 和 4.0 的建筑进行了补充规定，要求进行抗震计算分析。

　　3）结构抗震等级

　　装配整体式混凝土结构相对于现浇式混凝土结构，整体性较弱，对于装配式混凝土相关技术规程中抗震方面的要求应严格遵守执行，同时现行设计标准中与钢筋混凝土结构相关的强制性条文同样适用于装配式混凝土结构建筑工程。

　　装配整体式结构构件的抗震设计应根据设防类别、烈度、结构类型和房屋高度，采用不同的抗震等级，并符合相应的计算和构造措施要求。

　　对于丙类装配整体式结构，抗震等级的确定参照国家标准《建筑抗震设计标准》GB/T 50011—2010（2024 年版）和行业标准《高层建筑混凝土结构技术规程》JGJ 3—2010 的规定，并适当调整。装配整体式框架结构和装配整体式框架 – 现浇剪力墙结构的抗震等级与现浇结构相同。由于装配整体式剪力墙结构和部分框支剪力墙结构在实际工程中的应用仍较少，且未经历实际地震考验，对其抗震等级划分要求严格。相较于现浇结构，其高度界限降低为 70m，而非 80m。

　　对于乙类装配整体式结构，其抗震设计要求参照国家标准《建筑抗震设计标准》GB/T 50011—2010 和行业标准《高层建筑混凝土结构技术规程》JGJ 3—2010 的规定。乙类装配整体式结构应根据地区抗震设防烈度提高一度的要求，加强抗震措施。当地区抗震设防烈度为 8 度且抗震等级为一级时，应采取比一级更高的抗震措施。若建筑场地类别为 I 类，则可按照地区抗震设防烈度的要求，采取相应的抗震构造措施。

2.3　结构参数化分析

2.3.1　结构参数化分析的含义

1. 参数化结构设计定义

　　参数化结构设计是以结构为设计对象的一种设计方法，可以根据设计参数的变化来洞察结构设计的影响。学者们从不同角度对参数化结构设计给出了自己的定义。例如，Rolvink 认为参数化设计可以帮助结构工程师快速调整结构设计，以适应建筑师所做的几何设计变化。程煜等人指出，参数化结构设计是将建筑和结构构件的各个要素转化为具有多个参数的函数，通过修改参数或调整预设函数来获得不同的建筑形态和结构布局方案。

　　在某书中，作者结合了吕大刚和王光远于 1999 年提出的"结构智能优化设计"概念，将参数化结构设计定义为以结构方案参数（如拓扑参数、形状参数、结构构件参数）为设计对象参数，以结构性能要求和建筑设计要求等为设计意图参数，利用几何学、结构设计理论和优化算法等多领域的算法规则，实现全自动或半自动的动态智能设计的跨学科设计方法。

参数化结构设计不仅是以结构为设计对象的一种参数化设计方法，也是在当前参数化设计时代下实现结构智能优化设计的途径之一。根据参数化结构设计的基本概念，探索结构设计参数与设计结果之间的定量关系，基于参数化技术进行研究，是参数化结构设计发展的核心工作。

本书基于目前常见的参数化设计软件的操作逻辑，将结构参数化定义为：一种创新的设计方法，允许设计师定义出一个基于一系列参数和规则的动态模型。这些参数可以灵活调整，以适应项目的变化需求和约束，从而优化设计过程，提高设计效率和质量。这种设计方法涉及对设计要素的全面认识，包括形状、尺寸、位置、材料等，以及这些要素之间的关系，从而实现对设计的全面控制。建筑结构参数化设计是一种能够使用参数和规则来操控设计结果的方法。在这种设计方式中，设计师可以创建一个可以根据不同输入参数变化的模型，这个模型贯穿建筑设计的全周期。

2. 数字化与参数化

结构设计的参数化始于结构设计的数字化。建筑结构数字化设计是一种将建筑设计引入到数字化领域的方法，其中包括使用计算机辅助设计（CAD）软件，建筑信息模型（BIM）软件，以及各种其他的数字工具来创建和管理建筑设计。建筑结构数字化设计的结果是一个或多个数字模型，这些模型可以用于建筑的可视化、模拟、施工等。数字化技术随着存储信息的发展，使得原先人们手动无法完成的计算任务能够在计算机中高效完成。而建筑结构参数化设计则可以生成一系列的设计方案，这些方案可以根据不同的参数设定进行调整和优化。

历史上，有两项数字化技术的出现推动了结构数字化设计发展的进程，一是如图 2-20 所示的计算机辅助制图技术，二是前文 2.1 节的有限元分析。

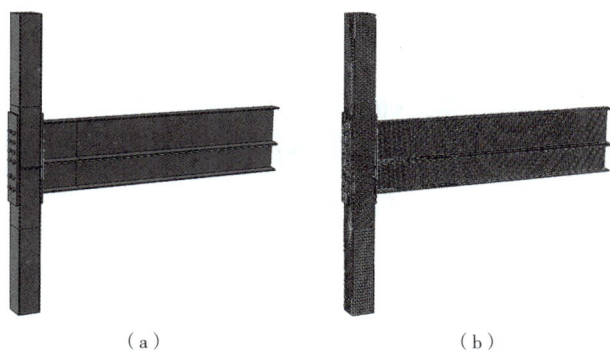

（a）   （b）

图 2-20　计算机辅助制图技术

（a）几何模型；（b）有限元模型

计算机辅助制图技术的出现大大提高了工程绘图的精度，缩短了绘图时间，并方便了各部门之间的图纸交换。有限元法可以帮助结构工程师更快速且相对准确地预测结构在各类荷载下的响应。此外，有限元分析软件与计算机辅助制图软件的结合减少了重复绘图的工作量，与设计规范的融合减少了人工计算和校核设计性能指标所需的时间，从而提高了结构设计的效率。由此可见建筑结构数字化设计依赖于计算机技术，包括硬件和软件。这些技术提供了数字化设计的基础设施和平台。而建筑结构参数化设计则依赖于更高级的算法和计算方法，例如图形化编程、优化算法、人工智能等，这些技术使得设计师可以更好地操控和利用参数化设计成为可能。

3. 参数化结构设计与传统结构优化

结构优化是参数化结构设计过程中的关键步骤，它能够引导设计方向更合理、更优的方向发展。结构优化的基础是优化算法，这些算法的目标是找到满足所有约束条件的最优解。这个概念最初源自数学领域，用于求解函数在其可行域中的极值。力学领域的研究人员引入了这个概念，通过推导相关的力学方程，然后使用优化算法对结构进行优化设计，这就是结构优化的起源。然而，当结构优化被应用到建筑结构设计中时，需要对传统的优化算法进行改进和提升。因为建筑结构设计的复杂性远远超过了传统的力学结构设计。在建筑结构设计中，需要考虑的因素包括设计对象的种类、规范的限制，以及设计的意图等。这些因素增加了优化问题的复杂性，同时也增加了求解最优解的难度。此外，建筑结构设计还包含了人文和艺术的因素，这些因素在传统的力学结构优化中是无法考虑的。

参数化结构设计是一种以参数和规则为基础的设计方法，这种方法能够为设计师提供灵活的设计方案和广泛的设计可能性。在这个过程中，设计师能够通过调整参数（如梁的尺寸，柱的位置，地基的深度等）来改变设计方案，从而适应各种不同的设计需求和约束。参数化设计的优势在于其灵活性和创新性，它能够充分激发设计师的创造力，同时也能够迅速响应项目的变化。总的来说，传统力学结构优化与参数化结构设计中存在如表 2-7 所示 6 点区别。

在参数化设计中，设计师通过调整参数来生成不同的设计方案，然后通过结构优化来选择最优的设计方案。这个过程不仅依赖于优化算法，还需要设计师的专业知识和创

传统力学结构优化与参数化结构设计的区别 　　　　　　　　　　　　　　　　表 2-7

区别内容	传统力学结构优化	结构参数设计
设计对象参数	单元参数为主	单元参数与模块参数
设计意图参数	力学专业要求	结构设计要求 + 已确定的设计对象参数
结构模型的搭建	统一的建模逻辑	多种算法规则的组合
计算核心	结构分析	结构分析与设计
设计方向和依据	力学原理	设计师设计经验 + 力学理论相结合
方案评估依据	单一专业控制设计	单元参数与模块参数

新思维。结构优化可以帮助设计师从众多的设计方案中找到最优解，从而提高设计的质量和效率。由此可见，结构优化仅仅是算法规则的一部分，其主要作用是为参数化结构设计提供方案生成与调整的理论与技术支撑。参数化结构设计关注的不仅仅是结构设计的优化，更多的是所生成的结构方案是否能够满足建筑师和业主感性与理性的需求。

2.3.2 可视化节点式编程

1. 可视化节点编程的基本概念

可视化程序设计是一种全新的程序设计方法，它利用软件提供的各种控件，以搭积木的方式构建应用程序的界面。可视化程序设计的最大优点是设计人员可以在不编写或仅编写少量程序代码的情况下完成应用程序的设计，从而大大提高了工作效率。

节点式编程是一种新兴的可视化编程环境模式。在这种模式中，各种程序命令被封装成具有特殊功能的节点，通过节点间的逻辑关联和与操作对象的交互来构建逻辑行为流程。与注重程序整体层次结构的分层式编程环境相比，节点式编程环境更加注重程序内部要素之间的相互关联性，有利于表达和模拟复杂的多主体逻辑行为群体的活动。节点式编程模式最初应用于数字娱乐和虚拟现实软件，并逐渐被引入更多的三维图形软件中。典型可视化节点式编程界面如图 2-21 所示。

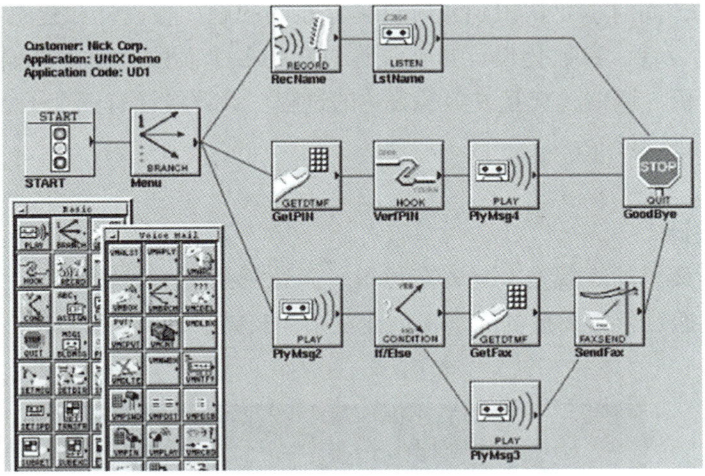

图 2-21 典型可视化节点式编程界面

图形化编程的概念可以追溯到 20 世纪 60 年代，当时，研究者开始尝试用图形来表示程序的逻辑结构。随着计算机图形学和人机交互技术的发展，图形化编程开始逐渐成熟和普及。到了 20 世纪 90 年代，随着个人电脑和图形用户界面（GUI）的普及，图形化编程开始进入大众视野。这个时期出现了一些知名的图形化编程环境，如 LabVIEW 和 Max。这些环境提供了直观的界面和丰富的功能，使得用户可以在不写代码的情况下创建复杂的程序。在 21 世纪，随着计算机硬件的进步和编程技术的发展，图形化编程开始被广泛应用在各个领域，包括科学研究、教育、艺术、游戏开发、机器学习等。在这个时期，出现了一些新的图形化编程工具，如 Scratch 和 Node-RED，这些工具进一步提高了图形化编程的易用性和功能性。

可视化编程语言的易学性和易用性为其赢得了广泛的关注和应用。用户可以通过直观的界面，以拖拽组件、调整大小和位置的方式，快速进行设计。这一过程就像在主界面上放置和编辑表单一样简单直观。此外，可视化编程环境允许开发者以快速的方式测试和实现各种新想法。由于其直观的图形界面、易用性和可追溯性，开发者无需精通特定的编程语言或者熟练掌握编码、编译和调试技术，就能尝试和评估不同的想法。这是基于文本的编程语言所无法比拟的。

然而，虽然可视化编程具有诸多优势，但它也存在一些明显的局限性。首先，对于大规模和复杂的项目，可视化编程往往显得力不从心。因为随着程序复杂度的增加，可视化编程工具的管理能力往往难以跟上。其次，许多可视化编程环境并不允许用户查看或编辑底层代码，这意味着在追踪和修复代码错误时可能会遇到困难。最后，可视化编程过度依赖图形化的符号解释和转录，而忽略了对编程语言和语法深刻理解的重要性。

总的来说，可视化编程存在一些明显的问题和争议，但这并不否认它在某些场合下的巨大优势。尤其对于初学者和非专业人士，可视化编程无疑降低了编程的门槛，提供了一种更加直观和简单的方法来实现他们的想法。因此，我们需要理性看待可视化编程，充分利用其优点，同时也要认识到并解决其存在的问题。在设计和建筑领域，可视化编程催生了参数化设计。参数化设计是在设计过程的各个阶段利用计算编程/策略，包括创作、展示、分析、评估、交互或美学表达的过程。计算设计有三个子级：参数化建模、生成式设计和算法设计。

2. 参数化设计

参数化设计最早的表现之一是安东尼奥·高迪的颠倒的教堂模型。为检查项目的结构稳定性，高迪通过悬挂加重的绳索来创建复杂的悬链拱，如图 2-22 所示。通过调整重

图 2-22　悬挂模型

物的位置（重物的位置可视为参数）达到改变悬链拱的形状的目的，从而改变整个模型。

参数化设计是一个交互式的过程，允许根据参数的输入（例如建筑领域中的材料、场地与环境限制）创建设计。当修改一个参数时，可视化编程算法会根据提前设置的逻辑关系自动更新所有相关的设计元素。这使得设计师和结构工程师可以实时地对项目进行更改，在做出最终决定之前探索更多选项。

3. 生成式设计

生成式设计是参数化设计的进阶概念。它是一种设计方法学，它使用算法或程序化的规则来协助或指导设计决策。这种方法可以自动生成一系列设计方案，并可以基于预先定义的标准或性能指标对其进行评估和优化。其主要优势在于：

1）效率：能够快速产生和评估大量设计方案。

2）优化：通过算法来自动找出满足特定条件或标准的最佳设计。

3）创新：由于生成的方案是基于算法而非传统的设计习惯，因此可能会产生一些全新和创新的设计思路。

在建筑设计领域中，生成式设计指的是一种利用算法或规则进行设计决策的方法。它常常与计算机辅助设计软件相结合，能够在短时间内生成大量设计方案，并针对特定的目标或标准进行优化。这种方法使设计师能够从多种可能的设计方案中选择最佳方案，而不是仅限于基于经验或直觉的少数方案。值得注意的是，生成式设计的输入端类似于参数化设计，但在生成式设计中，用户还输入评估和分析结果的成功指标。这些指标包括建筑定位、空间规划、生命安全分析、结构承载能力、建筑单元数量、成本数据等。

一般认为生成式设计会产生复杂且高度随机的几何形状，但事实并非如此，例如位于多伦多的 Autodesk 办公室设计。该项目始于收集员工和经理对工作风格和位置偏好的意见，这些意见被转化为数据。因此，定义了六个主要可测量参数，如图 2-23 所示，包括邻近性偏好、自然采光、外部景观等。围绕这些参数，该过程被自动化以探索成千上万种布局配置，最终确定了一个设计方案。

图 2-23　Autodesk 办公室（生成式设计）

4. 算法设计

算法设计可以被视为生成式设计的一种类型。算法设计是一种依赖于编写明确、详细的指令来执行特定任务的设计方法。在这种方法中，设计师使用算法（一组明确的步骤或规则）来解决特定的问题或实现特定的目标。与生成式设计不同的是，算法设计的重点更多的在于更高层次的细节和审查，其目的是产生一个或少数几个所期望的结果，而不是大量的可能方案。在实际的建筑设计中，两者可能会结合使用，以达到最佳的设计效果。

5. 插件介绍

可视化编程工具通常是插件，与设计建模软件如 Tekla Structures、Autodesk Revit、Trimble Quadri 和 Bentley MicroStation 配合使用。国际上两个主要的计算设计插件分别是与 Revit 兼容的 Dynamo，以及与 Tekla、Quadri 和 Rhino 兼容的 Grasshopper。在国产化上，有与盈建科系列套件兼容的参数化设计模块 YJK–GAMA。

1) Grasshopper

Grasshopper 是一个图形算法编辑器，它直接嵌入到 3D 计算机辅助设计软件 Rhino 中。与传统的脚本或编程语言不同，Grasshopper 提供了一个直观的界面，用户可以通过拖放和连接各种组件来创建算法，如图 2-24 所示，无需实际编写代码。

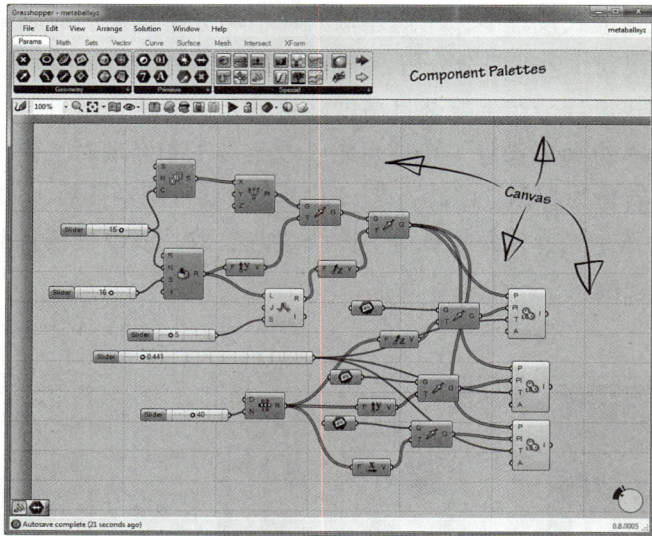

图 2-24　Grasshopper 界面

Grasshopper 最初是由 David Rutten 在 Robert McNeel & Associates 公司为 Rhino 软件开发的。在 2007 年左右首次发布后，Grasshopper 迅速获得了建筑师、设计师和研究者的欢迎。它的成功部分归因于它的可视化界面和高度模块化的结构，这使得非编程背景的专业人员也能轻松地创建复杂的算法并应用于设计。

随着时间的推移，Grasshopper 的功能得到了扩展，用户和开发者社区为其创建了大量的插件，使其能够支持各种各样的应用，从结构分析到环境模拟，再到机器学习等。

Grasshopper 在建筑结构设计中的运用广泛，具体应用如下。①形态探索：通过参数化方法，设计师可以轻松地修改设计的关键参数，如高度、跨度或材料，从而实时看到其对整体结构形态的影响。②结构优化：结合其他插件，如 Karamba3D，设计师可以进行结构性能的实时分析，并根据结果进行形态或结构的优化。③结构细部设计：可以用来生成复杂的节点细部、连接方式等，这在传统的 CAD 软件中可能需要大量的手工工作。④模拟与分析：结合其他工具（诸如 Ladybug 和 Honeybee 等），Grasshopper 可以进行风荷载模拟、日照分析等，帮助设计师理解结构在特定环境条件下的表现。⑤施工信息生成：一些高级的应用还包括利用 Grasshopper 生成施工过程的信息，如部件编号、尺寸等，以支持数控制造或预制构件的生产。

2）Dynamo

Dynamo 是一款开源的图形化编程界面，主要为设计师提供了一种如图 2-25 所示可视化的方式来创建逻辑和设计工作流程。它的设计目的是提供一种更加直观、灵活的方法来驱动计算机辅助设计软件，尤其是 Autodesk Revit，这也使其在建筑、工程和施工领域中变得尤为受欢迎。

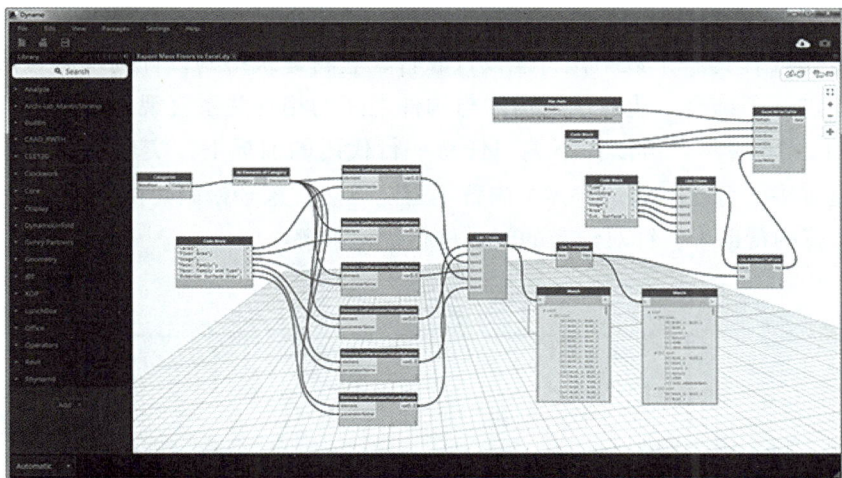

图 2-25　Dynamo 界面

Dynamo 的起源与其背后的设计哲学深受 Grasshopper 的影响，但它主要是为了更好地服务于 Revit 用户，因为 Revit 是建筑信息建模（BIM）软件的行业标准。Dynamo 最初由 Ian Keough 于 2011 年左右发起，并在 Autodesk 内部进行了进一步的开发。随后，Dynamo 被开放为开源项目，这促进了其快速的发展和广泛的应用。由于其开源的性质和与 Revit 的紧密整合，Dynamo 很快在 AEC 行业（建筑、工程、施工）中受到了广泛关注和应用。

Dynamo 为 Revit 用户提供了许多先前无法实现的功能，以下是其在建筑结构设计中的一些应用。①自动化建筑信息模型（BIM）任务：这包括生成大量相似的元素（例如楼板、柱子或梁）、批量修改属性或实现特定的数据管理任务。②参数化设计：设计师可以创建复杂的几何形状，并基于特定的输入参数进行实时调整。③结构优化：结合其他工具，如 Robot Structural Analysis，设计师可以在 Dynamo 环境中进行结构分析，进而对结构进行优化。④施工文档自动化：可以自动化生成楼层平面、剖面和细部图，从而大大提高施工文档的制作效率。⑤互操作性：Dynamo 为设计师提供了与其他软件和平台的连接能力，例如连接到 Excel、SQL 数据库或其他 CAD/BIM 工具，实现数据的导入和导出。⑥定制化工作流程：对于那些在传统 Revit 环境中难以实现的特定任务，如复杂的数据验证或特定的设计规则检查，Dynamo 提供了一个平台来实现这些定制化的工作流程。

3）YJK–GAMA

YJK–GAMA 是 YJK4.0 全新的一个模块，也是国内建筑行业第一款集可视化编程、参数化设计、计算机辅助优化于一身的数字化智能设计软件。它由 Geometry 几何、Algorithm 算法、Mechanics 力学和 Automation 自动化四项元素交织形成。GAMA 名称来源于这四项元素的英文首字母，音作希腊字母"γ"（伽马）。

YJK–GAMA 以参数化理念为基础，提供了智能化的设计体验。软件包含自动化计算、算法智能调整参数、图纸生成参数化模型等众多强大的功能。对于可重复的工作流程，软件可以实现自动化建模，以节省工程师大量时间。

YJK–GAMA 作为一个数字化智能设计软件，它将建筑结构设计的理念与数学函数的思想有机地进行了结合，让建筑物构件与构件之间的相互关系直观地以图形卡片的方式表达，如图 2–26 所示。可以在不编写任意一行代码的前提下，实现参数化思想与日常工作的无缝对接。与此同时，GAMA 内置了智能算法，来轻松制定优化规则和优化目标，在自动化计算的帮助下，针对给定的问题进行优化求解。

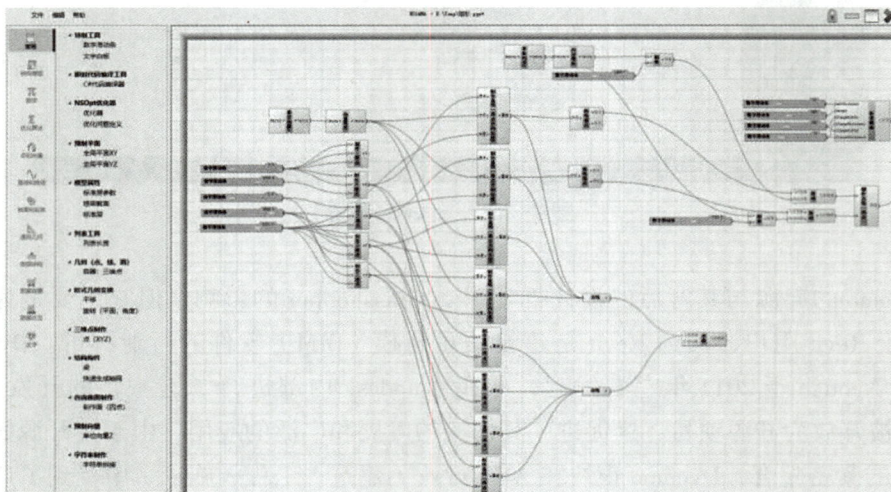

图 2-26　YJK-GAMA 界面示意图

2.3.3 基于 YJK-GAMA 的结构设计全过程案例

1. 项目背景

采光顶设计是很多商业裙房项目中不可缺少的一项。常见的采光顶结构通常为大跨结构，结构设计形式可分为"纯钢结构主梁 + 钢结构外框梁、外框柱""钢结构主梁 + 混凝土外框梁、外框柱"两种形式。

在实际项目中，建筑专业一般会提供符合其设计效果的采光顶主梁布置形式以及梁外表皮尺寸限制，这个时候结构专业只需要按要求布置采光顶，并计算给出梁截面和工程量即可。而当建筑专业没法提供清晰明确的采光顶布置图时，那么根据有限的提资深度，给出合理的采光顶布置方案就需要结构专业自主完成。对于这种设计自由度高、建筑提供资料深度低的采光顶设计，结构工程师为了寻求可以平衡结构尺寸与工程量的最优解，就需要花费大量的精力重复建模、修改并计算统计结果。

本章节介绍采光顶设计工作中，利用 YJK-GAMA 来实现数字自动化求最优解的过程。

2. 设计条件

采光顶尺寸：长 20m、宽 34.8m 矩形采光顶。

结构构件材料：外框梁 + 外框柱采用混凝土；主梁采用钢结构。

布置形式要求：主梁交叉布置。

最终需求：提供梁最小截面方案 + 最优工程量方案。

3. GAMA 建模过程

1）采光顶混凝土结构外框梁、外框柱三维线模建立

首先对于采光顶矩形外框边界进行常规 GAMA 建模，将采光顶整体轮廓尺寸确定，如图 2-27 所示。主要建模思路：定义原点 – 定义外框梁 – 外框柱线模 – 形成采光顶外轮廓。

2）斜交钢梁线模建立

对于斜交钢梁网格线，建立两个可变参数：斜梁角度；斜梁间距。通过自由改变斜交钢梁角度和间距变化造型并优化工程量，如图 2-28 所示。

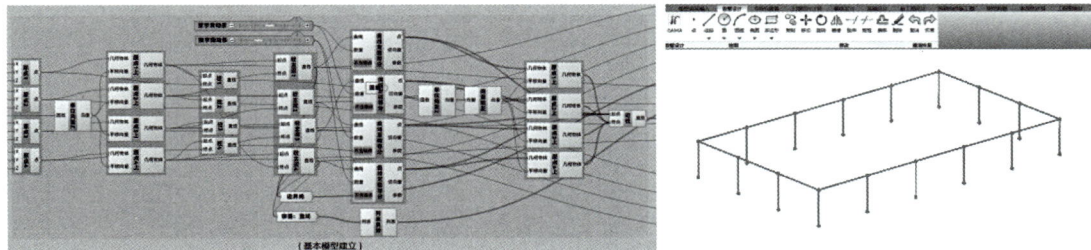

图 2-27　建模过程

对于钢梁斜交线模的建立，主要思路是以钢梁之间的角度和间距为基础，寻找几何关系建立整体线模，这个步骤的解法多样，可根据个人思路建模，寻找最优建模逻辑。本人是以采光顶中心点，以角度参数向外延伸出交叉直线，之后向左右两个方向偏移出上图多重交叉直线，并用步骤1）中外框梁线模截取范围内梁线，最终形成如图2-29所示的整体线模。

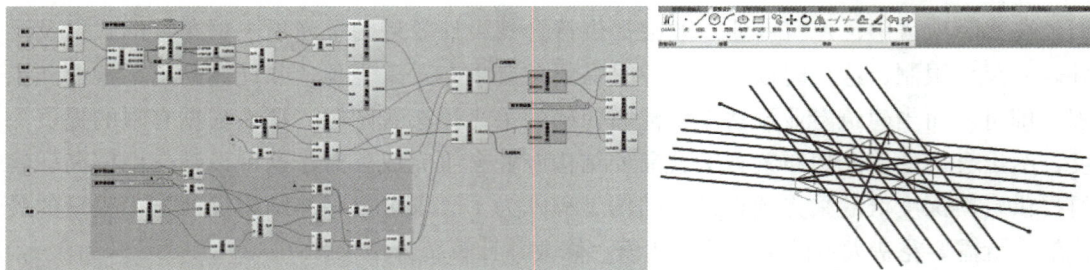

图2-28　斜交钢梁线模建立

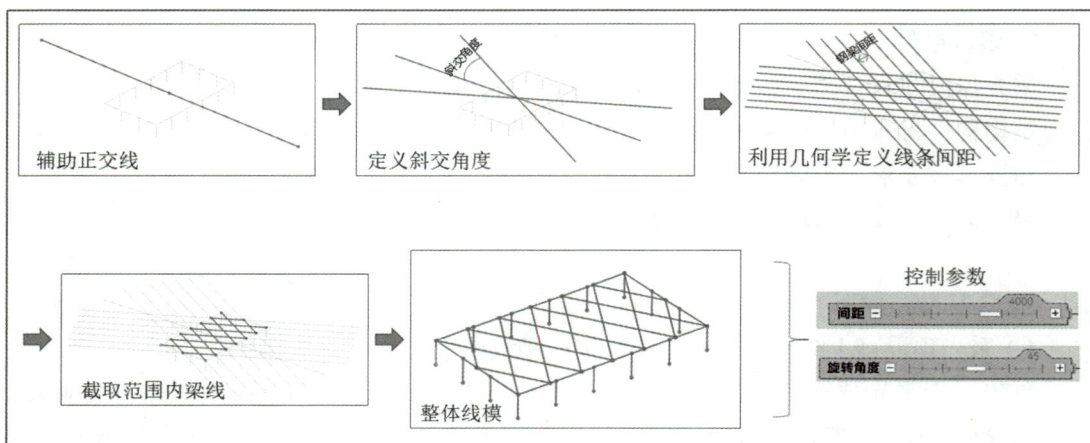

图2-29　整体线模

3）定义构件截面参数生成计算模型

对于结构构件截面定义，将不变参数内置于卡片中作为默认值，如外框混凝土柱截面、外框混凝土梁截面、板厚等。将采光顶钢梁截面参数作为可变参数进行定义，生成参数按钮，如图2-30所示。

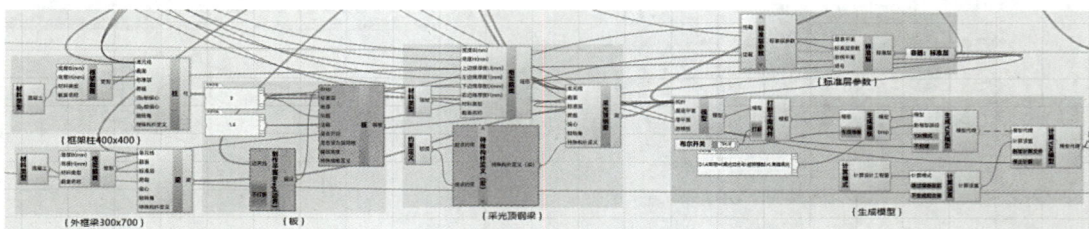

图2-30　参数按钮

箱形钢梁高、宽、翼缘厚度参数按钮，其中腹板厚度按照《钢结构设计标准》GB 50017—2017 宽厚比等级 S3，并根据梁高输出最小值，如图 2-31 所示。

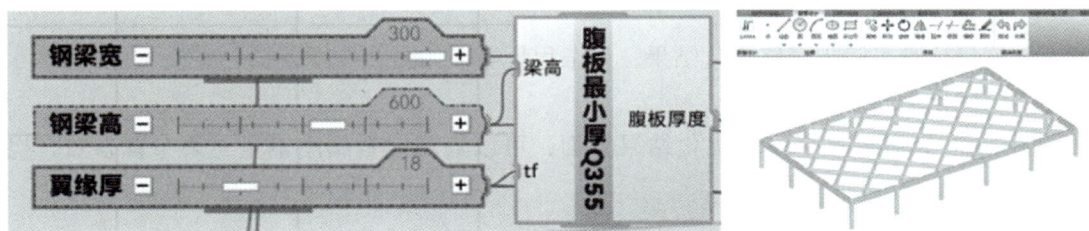

图 2-31　截面定义

4）定义优化条件

模型生成之后，为了可以自动优化得出最小梁截面与最小工程量所对应的布置形式，需要对优化问题进行定义。优化问题定义分为三项：参数设置；约束设置；目标设置，如图 2-32 所示。

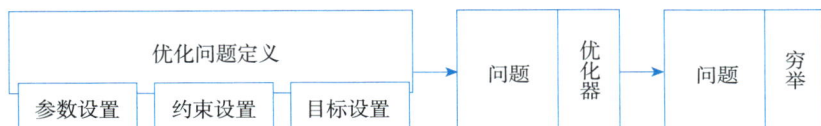

图 2-32　优化问题定义

（1）参数设置（设置五个可变参数）

设置可更改的参数，即可变项如梁高、梁宽等，参数变化组合数量直接影响自动优化的模型数量，通过设置参数步长来减少穷举模型数量，如图 2-33 所示。

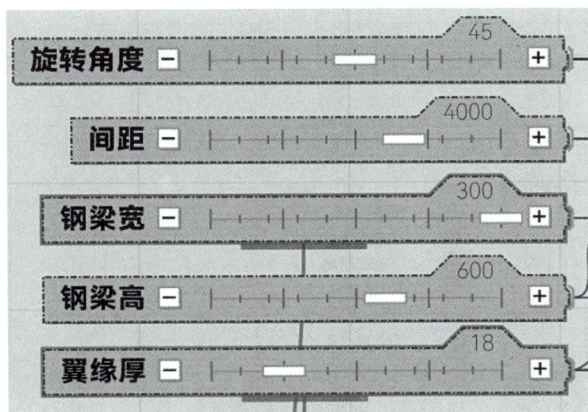

图 2-33　参数设置

（2）约束设置

设置两个约束条件：应力比、挠度。约束为优化边界条件，如挠度限值、应力比限值等，如图 2-34 所示。

（3）目标设置

设置目标则可输出最终优化结果，如工程量等，如图 2-35 所示。

（4）优化输出展示

图 2-36 为穷举多个模型优化结果界面，可以直观地看到用钢量、梁布置参数、挠度、应力比结果。

4. GAMA 优化计算过程

GAMA 模型以及边界条件建立好之后，就可根据需求利用不同的边界约束进行自动优化，对于优化自由度过大的情况下，我们可以通过分解优化过程的思路来减少软件优化模型数量，从而大幅提高优化效率，由前文可知本项目设置了 5 个约束条件，为了简化 GAMA 优化过程，将整个优化过程分解为两轮。

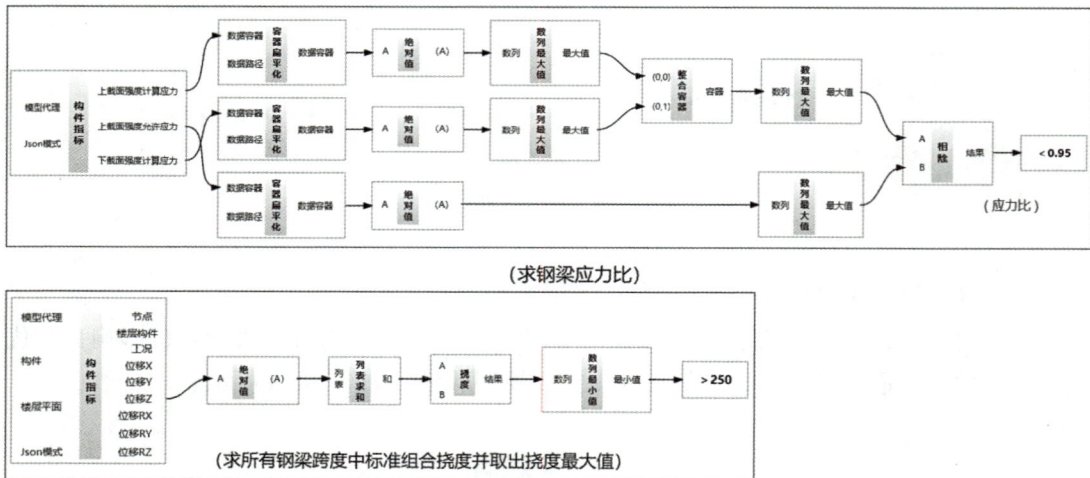

（求钢梁应力比）

（求所有钢梁跨度中标准组合挠度并取出挠度最大值）

图 2-34　约束设置

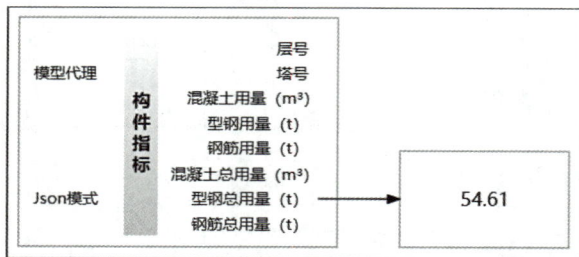

求型钢工程量

图 2-35　目标设置

ID	优化且标输出值	数字滑动量输入	约束计算值	卡片特定输出（双击查看具体值）
1	76.730	[2500.000,500.0001]	[满足(313.4205),满足(0.42047)]	yik_calc_path（0）
2	80.270	[2500.000,550.0001]	[满足(364.3035),满足(0.38802)]	yik_calc_path（0）
3	83.810	[2500.000,600.0001]	[满足(419.5391),满足(035956)]	yik_calc_path（0）
4	87.350	[2500.000,650.000]	[满足(479.2595),满足(033443)]	yik_calc_path（0）
5	90.880	[2500.000,700.0001]	[满足(543.5471),满足(031214)]	yik_calc_path（0）
6	63.990	[3000.000,500.0001]	[超限(233.8295),满足(0.52252)]	yik_calc_path（0）
7	66.940	[3000.000,550.000]	[满足(278.7892),满足(0.47527)]	yik_calc_path（0）
8	69.890	[3000.000,600.000]	[满足(327.6781),满足(0.43543)]	yik_calc_path（0）
9	72.840	[3000.000,650.000]	[满足(380.5467),满足(0.40137)]	yik_calc_path（0）
10	75.780	[3000.000,700.0001]	[满足(437.4296),满足(0.37193)]	yik_calc_path（0）
11	55.020	[3500.000,500.0001]	[超限(184.1821),满足(0.6972)]	yik_calc_path（0）
12	57.560	[3500.000,550.0001]	[超限(223.0607),满足(0.62996)]	yik_calc_path（0）
13	60.090	[3500.000,600.0001]	[满足(265.7411),满足(0.57391)]	yik_calc_path（0）
14	62.630	[3500.000,650.0001]	[满足(312.2516),满足(0.5265)]	yik_calc_path（0）
15	65.160	[3500.000,700.0001]	[满足(362.6112),满足(0.4659)]	yik_calc_path（0）
16	47.300	[4000.000,500.0001]	[超限(173.2662),满足(0.68067)]	yik_calc_path（0）
17	49,480	[4000.000,550.0001]	[超限(208.9603),满足(061712)]	yik_calc_path（0）
18	51.660	[4000.000,600.0001]	[超限(248.0452),满足(0.56313)]	yik_calc_path（0）
19	53.840	[4000.000,650.0001]	[满足(290.5583),满足(0.51661)]	yik_calc_path（0）
20	56.020	[4000.000,700.0001]	[满足(336.53),满足(0.47604)]	yik_calc_path（0）
21	40.220	[4500.000,500.000]	[超限(162.4021),满足(091803)]	yik_calc_path（0）
22	42.0701	[4500.000,550.000]	[超限(194.3056),满足(0.83795)]	yik_calc_path（0）
23	43.920	[4500.000,600.000]	[超限(229,1516),满足(0.77)]	yik_calc_path（0）
24	45.770	[4500.000,650.0001]	[满足(267.0146),满足(0.71147)]	yik_calc_path（0）
25	47.630	[4500.000,700.0001]	[满足(307.962),满足(0.66044)]	yik_calc_path（0）
26	38.320	[5000.000,500.0001]	[超限(191.9315),满足(0.75557)]	yik_calc_path（0）
27	40.090	[5000.000,550.0001]	[满足(222.661)超限(0.7054711)]	yik_calc_path（0）
	优化目标：用钢量	**优化参数：间距/梁高**	**优化约束：挠度/应力比**	**当前已完成的算例总数： 29**

图 2-36　优化结果界面

1）第一轮优化：大方向优化

可变约束：梁高；梁间距。固定斜交角度为不变参数将优化模型分为 30°、45°、60°，可变参数定义为：梁高、梁间距。分别求出在每种斜交角度布置情况下的两种布置方案（穷举 126 个对比模型）：最优梁高布置方案，最优工程量布置方案；则第一轮优化获得了 6 个初步结论性模型。

2）第二轮优化：通过细化梁截面进一步优化工程量

可变约束：梁翼缘厚度；梁宽。在第一轮优化得到的 6 个模型中，我们分别获得了不同斜交角度下的最优梁间距和最优梁高方案，在此基础上启动第二轮优化，即对梁截面的精细优化，以此最终得到每种布置方案的最优工程量（穷举 90 个对比模型）：最优梁高布置方案——优化梁截面得到最优工程量，最优工程量布置方案——优化梁截面得到最优工程量；第二轮优化最终得到第一轮优化的 6 个模型最优工程量版本。

图 2-37 为用 GAMA 全过程自动优化多个模型所呈现的计算结果数据表，以及最终得到的 6 个结论性模型。

5. GAMA 建模过程中的几点说明

在这次 GAMA 全过程建模优化设计中，出现以下问题：

1）钢梁挠度作为约束条件的重要一项，目前软件还没有设置直接输出挠度的卡片；

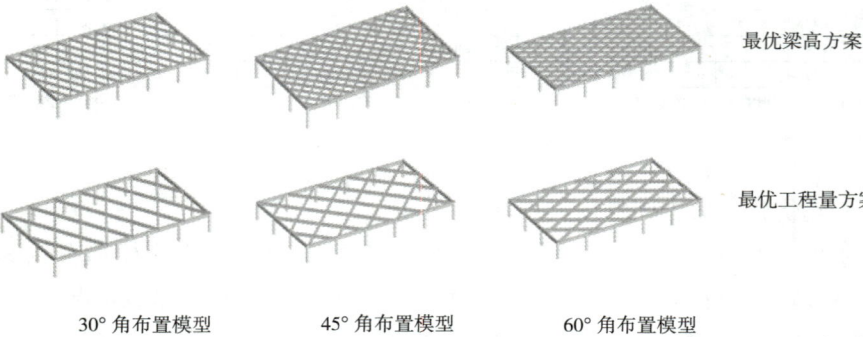

最优梁高方案

最优工程量方案

30°角布置模型　　　　45°角布置模型　　　　60°角布置模型

图 2-37　计算结果数据表

2）梁上生成无荷载节点，后处理会自动将节点清除；

3）生成有荷载节点，该节点若与梁交点相距过近（10mm 以内），节点也会在后处理中被自动清除；

4）无法直接提取标准组合下的节点竖向位移。

由于本项目中钢梁交叉布置，且长短不一，为了获取钢梁最大挠度结果，采取了以下应对方法：

1）先将钢梁以坐标轴 Y 排序，获取排序之后钢梁长度列表；

2）提取的梁中点，并将与中点距离过近梁交点进行多点去重并排序；

3）给获取的中点赋值 0.01kN 荷载，保证节点不会被自动清除，如图 2-38 所示；

4）提取第三步获取中点分别在恒载和活载单工况下 Z 向位移，将单工况位移相加，得到标准组合竖向位移值；

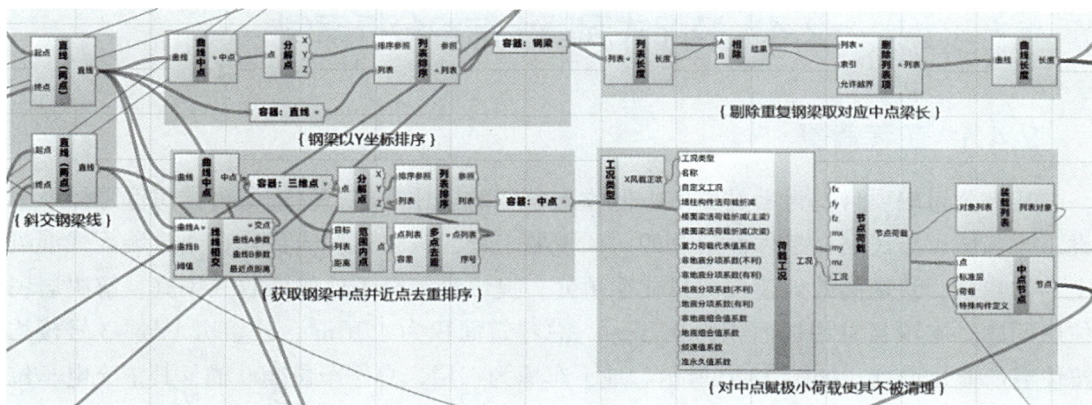

图 2-38 获取钢梁最大挠度

5）将各梁中点位移除以与之对应的钢梁长度得到每根钢梁实际挠度值，如图 2-39 所示。

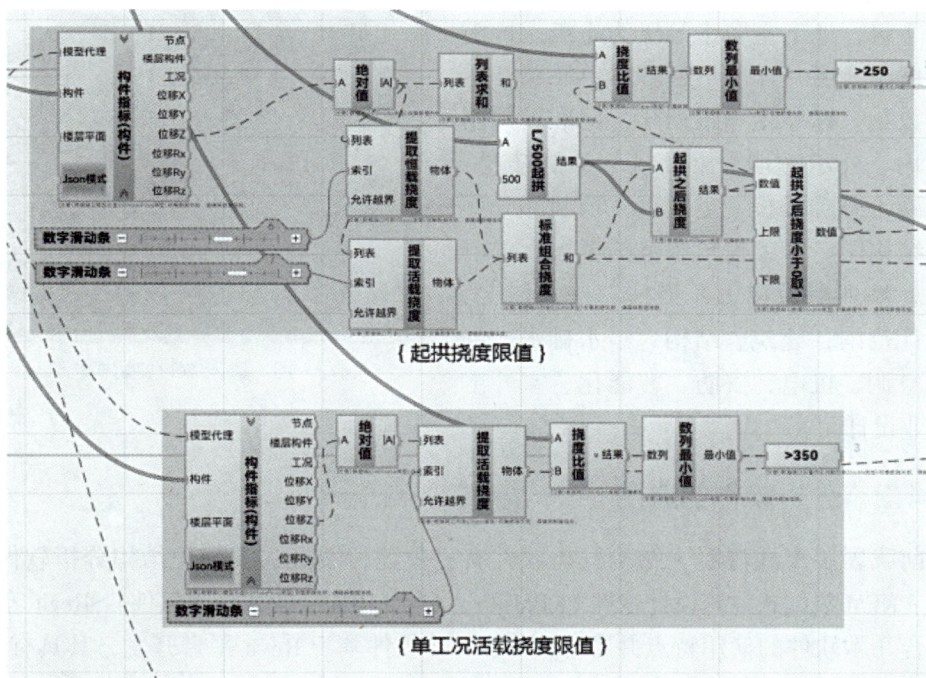

图 2-39 实际挠度值计算逻辑

6. 总结

对于类似本案例结构设计自由度高、数据量大的项目，可以采用 GAMA 建模，并设置不同约束条件使其可以根据需要自动优化计算，这一过程可以很大程度上缩减工程师因为不断手工修改模型所做的重复性工作，在提高效率的同时，也让设计结果更加丰富且精细。

2.4 装配式混凝土结构分析案例

2.4.1 工程背景

某市公租房项目是为满足城市中低收入家庭的居住需求，促进城市住房保障体系建设，改善城市居民居住条件而启动的一项重要工程，该公租房项目旨在通过装配式混凝土结构建筑，快速高效地建设大量住房单元，提供给符合条件的低收入家庭，解决居民住房问题。本项目总用地面积为 9 万 m^2，总建筑面积为 4 万 m^2，公租房 1 号 ~3 号楼均按住宅产业化设计，如图 2-40 所示。地下车库为三层，总停车位 800 辆，其中充电车位 90 个；每栋楼地下一层设有自行车库，自行车停车地下设有 1200 辆，地上设有 400 辆。

设计结构形式为装配整体式剪力墙结构，建筑使用年限分类为三类，设计使用年限 50 年，防火设计的建筑分类为高层二类，防火等级为地上一级，地下一级。主要屋面防水等级为 Ⅰ 级，地下室防水等级为 Ⅰ 级。抗震设防烈度为 8 度。标准户型基本单元及基本件为模数化、标准化和系列化，标准层预制构件，内、外承重墙，女儿墙、预制楼梯：桁架混凝土叠合楼板、空调板，预制部分详见相关结构图。本工程预制范围楼板：二层及以上；墙四层及以上，楼梯二层及以上。本次设计范围：建筑、结构、给水排水，供暖通风空调、机电、安防、智能化、室外工程等专业设计。

图 2-40　建设中的装配式建筑项目

2.4.2 分析软件的选用

目前我国装配式混凝土结构分析软件有：盈建科装配式混凝土结构分析软件 YJK-AMCS、PKPM 装配式建筑设计软件 PKPM-PC、结构 BIM 装配式设计软件 GSRevit 等软件。

综合几款软件的使用特点并考虑到 GSRevit 软件基于 Revit 平台开发，其具有更强的信息可交互性，使用和学习更为简单方便，因此选取 GSRevit 软件进行结构装配式设计。

2.4.3 结构分析

GSRevit 软件建模流程大致可分为以下步骤：

1）整理分析项目概况，对计算软件输入信息进行整理；

2）输入项目整体信息，输入各层结构信息；

3）导入设计 CAD 图纸，绘制轴网；

4）剪力墙、梁、板、楼梯等构件的布置；

5）根据规范对各构件荷载进行输入；

6）指定各个预制构件的位置；

7）导出计算数据，检查是否出现警告信息；

8）分析计算结果，若不合理则返回第4）步进行修正；

9）计算无误，导出计算模型，生成计算书。

GSRevit 结构分析流程如图 2-41 所示，详细的结构建模以及绘图出图等步骤由于过于琐碎，本章在此处不进行赘述，学习时可进入软件官网搜索相关视频进行学习。

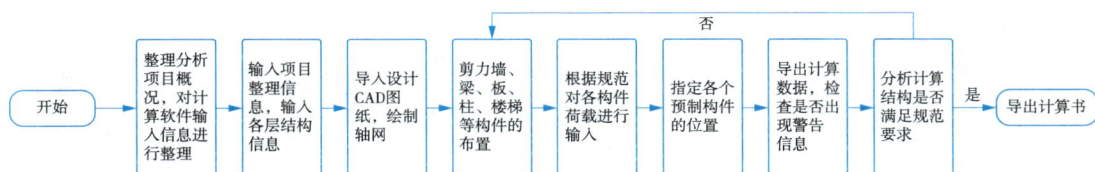

图 2-41　GSRevit 结构分析流程

1. 剪力墙布置原则

装配整体式剪力墙结构是由预制混凝土剪力墙构件和现浇混凝土剪力墙，通过节点部位的连接形成整体，具有可靠传力机制的一种钢筋混凝土剪力墙结构形式。剪力墙的平面布置应力求简单、规则、均匀、对称，尽量使水平荷载作用下的合力中心与结构刚度中心重合，减少扭转效应。

在剪力墙布置过程中，如果剪力墙布置过多（图 2-42a），结构的刚度会过大，会造成一定的浪费；剪力墙布置含较大开窗（图 2-42b），不合理且计算不通过；剪力墙布置过少（图 2-42c），会导致结构的不安全。根据结构实际需求确定剪力墙厚度取 200mm，在抗震设计过程中，依据少规格多组合、多采用 T 形和 L 形剪力墙、剪力墙尽可能拉通和对齐、标准化等原则进行剪力墙布置。由于剪力墙结构具有水平延展性较弱的缺点，所以在进行设计的时候要尽量地沿着主轴方向双向或多向对称布置，且把不同方向剪力墙灵活连接起来，尽可能拉通对齐，将剪力墙多布置于建筑四周，提高剪力墙空间延展性，修正后剪力墙布置图如图 2-43 所示。

2. 荷载布置

荷载布置包括面荷载布置和线荷载布置。面荷载又包含板恒载和板活载，线荷载即为梁恒载，在 GSRevit 中为布置楼板恒活和梁荷载。楼板恒活载布置如表 2-8 所示，梁荷载主要考虑梁上填充墙的线荷载，填充墙采用蒸压加气混凝土砌块墙，其密度为 400kg/m³~700kg/m³，因此梁恒载设置为 4kN/m。组合系数选取为：恒荷载分项系数 1.30，活荷载分项系数 1.50，基本风压 0.30kN/m²（10 年重现期），0.45kN/m²（50 年重现期），基本雪压 0.40kN/m²。

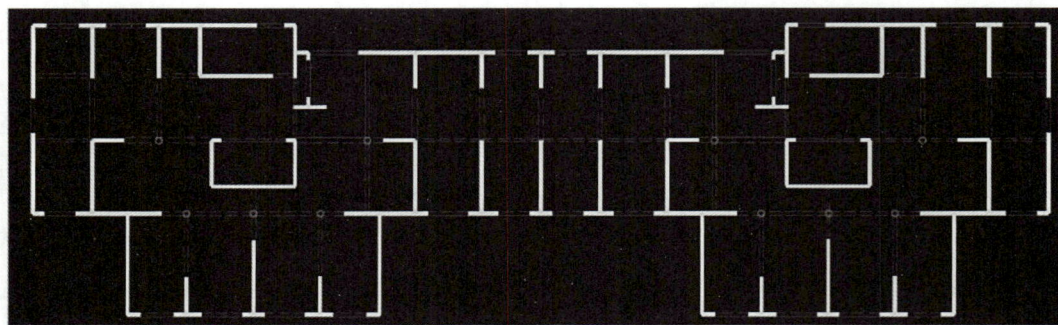

（a）

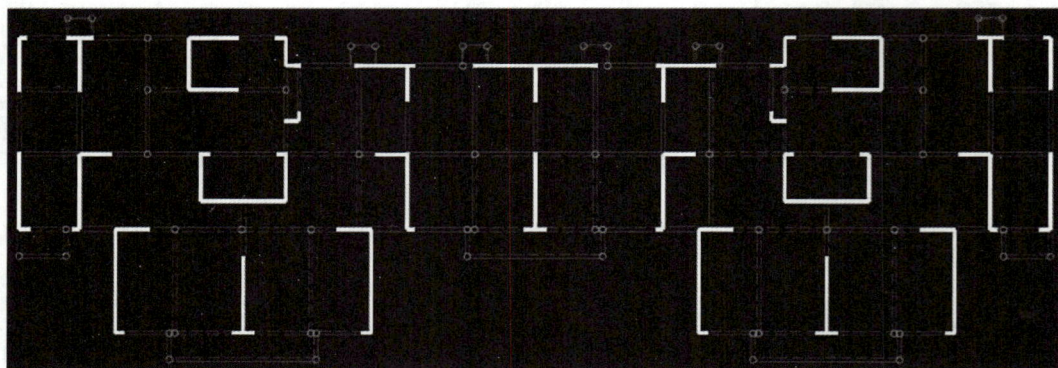

（b）

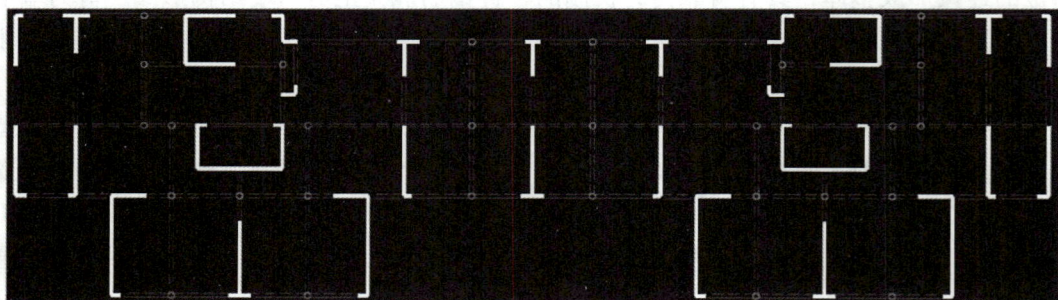

（c）

图 2-42　不合理的剪力墙布置方案

（a）剪力墙布置过多；（b）剪力墙布置含较大开窗；（c）剪力墙布置过少

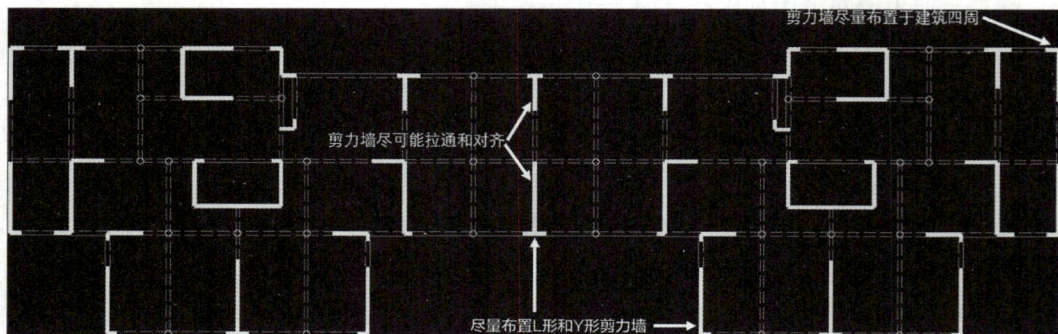

剪力墙尽量布置于建筑四周

剪力墙尽可能拉通和对齐

尽量布置L形和Y形剪力墙

图 2-43　修正后剪力墙布置图

荷载取值（单位：kN/m²）　　　　　　　　　　　　表 2-8

荷载类型	普通楼面板		卫生间楼板		楼梯
恒荷载	1.5		5.0		3.0
活荷载	普通楼面板	卫生间楼板	厨房、门厅		楼梯
	2.0	2.5	2.0		3.5

3. 案例计算结果分析

由于结构计算需要考虑地下室，因此在结构总体信息中需要根据实际地下层数进行设置，同时设置嵌固端（地下 1 层顶板标高），通过 GSRevit 进行建模，利用通用计算 GSSAP 导出模型，经过软件楼板、次梁计算之后进行通用计算 GSSAP 得到计算书（超筋超限警告文件中没有超筋和超限警告）、有限元结构分析 SATWE 的计算分析，再对剪力墙布置上和数量上的调整，分析该剪力墙结构的动力特性和变形特性的变化，从而做出调整优化。主要控制参数如下：

1）位移比

根据《高层建筑混凝土结构技术规程》JGJ 3—2010（以下简称《高规》）的规定，考虑偶然偏心影响的规定水平地震作用下，楼层竖向构件的最大水平位移和层间位移应满足以下要求：A 级高度高层建筑的最大位移不宜超过该楼层平均值的 1.2 倍，且不得大于该楼层平均值的 1.5 倍；B 级高度高层建筑、超过 A 级高度的混合结构和复杂高层建筑的最大位移不应超过该楼层平均值的 1.2 倍，且不得大于该楼层平均值的 1.4 倍。此外，判断结构是否存在扭转不规则的位移比，比值为 1.20，且位移比的限制值为 1.50。

图 2-44 为位移比计算结果，同时利用 PKPM 进行辅助验算，结果显示均满足位移比限值要求。案例中的最大位移与层平均位移的比值为 1.21，故其满足规范要求。

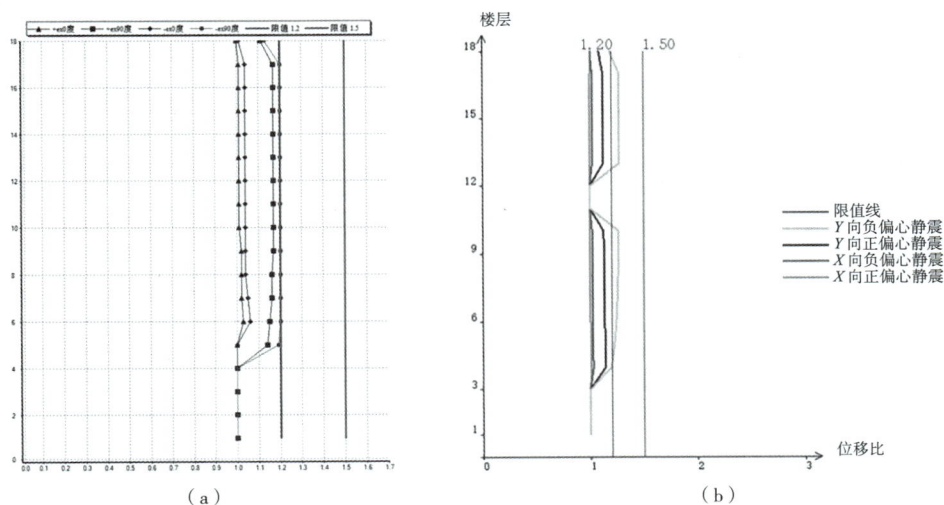

图 2-44　位移比计算结果

（a）GSRevit 位移比计算结果；（b）PKPM 位移比计算结果

2）位移角

根据《建筑抗震设计标准》GB/T 50011—2010（2024 年版）（下文简称《抗标》）和《高规》的规定，高度不大于 150m 时，楼层层间最大位移与层高之比的限值如上表；高度不小于 250m 时，限值不宜大于 1/500，高度在 150~250m 之间时，按表格与 1/500 之间线性插入取用。

案例中地震方向 0° 楼层最大层间位移角为 1/1006（层号 10），地震方向 90° 楼层最大层间位移角为 1/1008（层号 12），如图 2-45 所示，两个方向的层间位移角相近，均满足规范要求。

层号	塔号	层最大位移	层平均位移	层间最大位移	层间平	最大层间位移角	层高(m)
1	1	0.00	0.00	0.00	0.00	1/9999	3600
2	1	0.00	0.00	0.00	0.00	1/9999	3050
3	1	0.00	0.00	0.00	0.00	1/9999	3000
4	1	0.44	0.44	0.44	0.44	1/6607	2900
5	1	1.12	1.12	0.68	0.68	1/4275	2900
6	1	2.75	2.52	1.64	1.53	1/1773	2900
7	1	5.05	4.68	2.30	2.16	1/1259	2900
8	1	7.68	7.15	2.64	2.47	1/1099	2900
9	1	10.49	9.78	2.81	2.63	1/1031	2900
10	1	13.35	12.45	2.88	2.69	1/1006	2900
11	1	16.20	15.11	2.88	2.69	1/1008	2900
12	1	18.97	17.69	2.80	2.61	1/1034	2900
13	1	21.61	20.15	2.68	2.49	1/1083	2900
14	1	24.07	22.44	2.52	2.34	1/1152	2900
15	1	2,635	24.55	2.33	2.16	1/1243	2900
16	1	28.44	26.48	2.13	1.97	1/1360	2900
17	1	30.32	28.21	1.92	1.77	1/1506	2900

（a）

层号	塔号	层最大位移	层平均位移	层间最大	层间平均位移	最大层间位移角	层高(mm)
1	1	0.00	0.00	0.00	0.00	1/9999	3600
2	1	0.00	0.00	0.00	0.00	1/9999	3050
3	1	0.00	0.00	0.00	0.00	1/9999	3000
4	1	0.47	0.47	0.47	0.47	1/6176	2900
5	1	1.28	1.22	0.81	0.81	1/3580	2900
6	1	2.69	2.56	1.41	1.34	1/2057	2900
7	1	4.62	4.41	1.94	1.85	1/1497	2900
8	1	6.93	6.62	2.31	2.22	1/1253	2900
9	1	9.50	9.08	2.58	2.47	1/1125	2900
10	1	12.24	11.71	2.75	2.63	1/1055	2900
11	1	15.07	14.42	2.84	2.73	1/1019	2900
12	1	17.92	17.16	2.88	2.76	1/1008	2900
13	1	20.75	19.88	2.85	2.74	1/1015	2900
14	1	23.51	22.53	2.79	2.69	1/1038	2900
15	1	26.18	25.11	2.71	2.60	1/1070	2900
16	1	28.76	27.58	2.61	2.51	1/1111	2900
17	1	31.24	29.98	2.51	2.42	1/1154	2900
18	1	34.09	33.15	3.32	3.23	1/1144	3800

（b）

图 2-45　位移角计算结果

（a）x 向地震作用位移；（b）y 向地震作用位移

3）侧向刚度比

根据《抗标》中的规定，当某一层的侧向刚度小于其相邻上一层的70%，或者小于其上相邻三个楼层侧向刚度平均值的80%时，被认为是侧向刚度不规则。而根据《高规》中的规定，对于框架结构，楼层与其相邻上层的侧向刚度比应不小于0.7，与相邻上部三层刚度平均值的比值应不小于0.8。此外，《高规》中的规定指出，当转换层设置在2层以上时，根据公式计算的转换层与其相邻上层的侧向刚度比应不小于0.6，其中楼层的侧向刚度等于层的剪力除以层间位移。案例中各方向最小侧向刚度比为0.8满足规范要求，如图2-46所示。

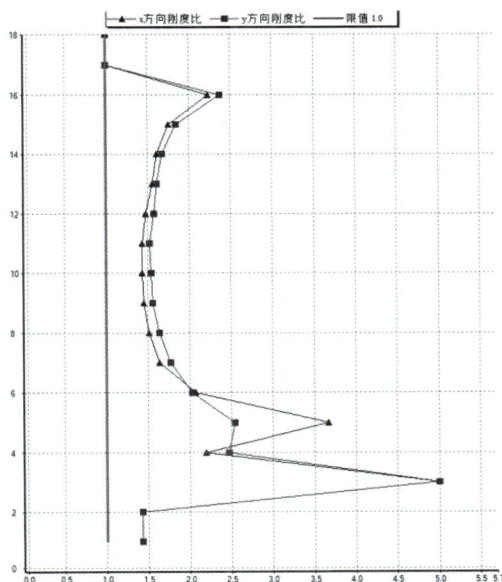

图 2-46　侧向刚度比曲线

4）部分增大系数的设置

（1）梁刚度增大系数

梁刚度增大系数通常用于竖向荷载、地震作用和风荷载影响下的调整，以改变受力体系对内力的作用。根据《高规》规定，在结构内力与位移计算中，可以考虑梁的翼缘作用来增大梁的刚度。对于现浇楼盖和装配整体式楼盖，楼面梁刚度增大系数可取1.3~2.0。对于现浇楼盖和装配整体式楼盖，应考虑楼板对梁刚度和承载力的影响。可以使用梁刚度增大系数法近似计算梁的刚度增加，其中刚度系数取决于梁有效翼缘尺寸与梁截面尺寸的相对比例。在本案例中，设置梁刚度增大系数为1.95和1.45，以考虑叠合梁和叠合板对梁刚度的增加作用。

（2）墙柱刚度增大系数

根据《装配式混凝土结构技术规程》JGJ 1—2014规定，在同一层内同时存在现浇墙和预制墙的装配整体式剪力墙结构中，应将现浇墙水平地震作用下的弯矩和剪力乘以不小于1.1的增大系数。该规定考虑了预制剪力墙的接缝会降低墙肢的抗侧刚度，因此需要调整墙柱刚度增大系数至1.1，以适当放大现浇墙在水平地震作用下的剪力和弯矩的弹性计算结果。

5）水平地震作用

图2-47为GSRevit软件中振型分解反应谱法计算结果。通过GSRevit软件的振型分解反应谱法对地震作用造成的层间剪力计算有较好的适用性。

6）设计参数整理分析

对软件生成的计算书结果进行核对和整理后，分析了结构计算指标。教学案例的计算结果按照要求进行了整理和分析，全部满足计算要求。

（1）周期比：根据《高规》的规定，各振型的参与质量之和应不小于总质量的90%。在GSRevit中，X向平动振型参与质量总计99.38%，Y向平动振型参与质量总计99.35%，

层号	塔号	地震力 (kN)	地震剪力 (kN)	倾覆弯矩 (kN·m)	地震剪力换算的水平力(kN)
1	1	0.06	9035.18	349585.16	0.00
2	1	0.05	9035.18	317503.94	0.00
3	1	0.06	9035.18	290401.28	0.00
4	1	0.00	9035.18	263835.22	0.00
5	1	326.49	9035.18	238270.27	48.81
6	1	451.82	8986.37	212860.22	149.60
7	1	630.8	8836.77	187727.17	268.24
8	1	747.11	8568.53	163090.58	373.4
9	1	825.19	8195.14	139204.06	466.48
10	1	880.71	7728.65	116314.38	554.45
11	1	931.54	7174.20	94660.23	641.79
12	1	981.04	6532.41	74480.47	732.82
13	1	1032.20	5799.58	56021.73	830.31
14	1	1092.25	4969.27	39547.34	944.41
15	1	1179.15	4024.86	25353.27	1089.13
16	1	1315.15	2935.72	13796.23	1278.67
17	1	1521.97	1657.06	5331.72	1503.23
18	1	153.83	153.83	584.55	153.83

（a）

层号	塔号	地震力 (kN)	地震剪力 (kN)	倾覆弯矩 (kN·m)	地震剪力换算的水平 (kN)
1	1	0.08	9152.39	354422.53	0.00
2	1	0.03	9152.38	322010.5	0.00
3	1	0.04	9152.38	294643.34	0.00
4	1	0.01	9152.39	267835.19	0.00
5	1	296.6	9152.39	242059.14	68.78
6	1	439.81	9083.61	216468.16	160.82
7	1	605.67	8922.79	191216.42	269.22
8	1	736.14	8653.57	166501.33	369.55
9	1	831.04	8284.01	142545.56	457.11
10	1	892.18	7826.91	119565.23	538.13
11	1	940.94	7288.78	97767.28	619.25
12	1	987.13	6669.53	77361.05	705.74
13	1	1031.92	5963.79	58570.72	805.99
14	1	1092.13	5157.8	41652.17	933.26
15	1	1194.79	4224.54	26919.76	1104.90
16	1	1367.83	3119.6	14781.75	1334.86
17	1	1630.03	1784.74	5782.43	1604.58
18	1	180.16e	180.16	684.61	180.16

（b）

图 2-47　振型分解反应谱法计算结果

（a）x 向地震作用；（b）y 向地震作用

PKPM 验算第 1/2 地震方向的有效质量系数分别为 97.34%、96.40%，均满足规范要求。

（2）质量比：根据《高规》的规定，楼层质量应沿高度均匀分布，楼层质量不应大于相邻下部楼层的 1.5 倍。在 GSRevit 中，最大质量比为 1.01，满足规范要求。

（3）剪切刚度比：根据《高规》的规定，当转换层设置在 1、2 层时，可采用转换层与其相邻上层结构的等效剪切刚度比来表示转换层上、下层结构刚度的变化。该比值应接近 1，非抗震设计时不应小于 0.4，抗震设计时不应小于 0.5。《抗标》规定，当地下室顶板作为上部结构的前固端时，结构地上一层的侧向刚度不应大于相关范围地下一层侧向刚度的 0.5 倍。在 GSRevit 中，结构计算得到的上下层剪切刚度最小比值为 0.7，满足规范要求。

（4）侧向刚度比：根据《抗标》的规定，当某一层的侧向刚度小于相邻上一层的 70%，或小于其上相邻三个楼层侧向刚度平均值的 80% 时，被认为是侧向刚度不规则。根据《高规》的规定，对于框架结构，本层与相邻上层的侧向刚度比值不应小于 0.7，与相邻上部三层的平均刚度比值不应小于 0.8。《高规》规定，当转换层设置在 2 层以上时，按照公式计算的转换层与其相邻上层的侧向刚度比值不应小于 0.6。在 GSRevit 中，所有侧向刚度比均大于 1，符合规范要求。

（5）刚重比：当高层建筑结构满足《高规》的结构刚重比不小于 2.7 时，可以不考虑重力的二阶效应。当结构刚重比不小于 1.4 时，需要进行整体稳定验算。在 GSRevit 计算中，得到的结构刚重比均满足规范要求。

（6）剪重比：《抗标》要求的 0° 和 90° 方向楼层最小剪重比为 3.20；GSRevit 计算结果满足规范剪重比要求。

通过上述计算结果，可以分析装配式混凝土结构整体设计是否合理，装配式混凝土结构设计完成后续可将各层设计结果导出，而后可进行装配式混凝土结构构件的深化设计工作，进一步完善设计工作。

2.5 钢结构分析案例

2.5.1 工程概况

某中学图书馆项目，采用钢框架结构。柱网尺寸横向 8.25m+3×8.4m+8.25m，纵向 8.25m+3×8.4m+8.25m，自基础顶至屋面板顶的总高度为 17.65m，四层钢框架 + 钢筋桁架楼层板结构。钢框架结构的平面图、剖面图见图 2-48。

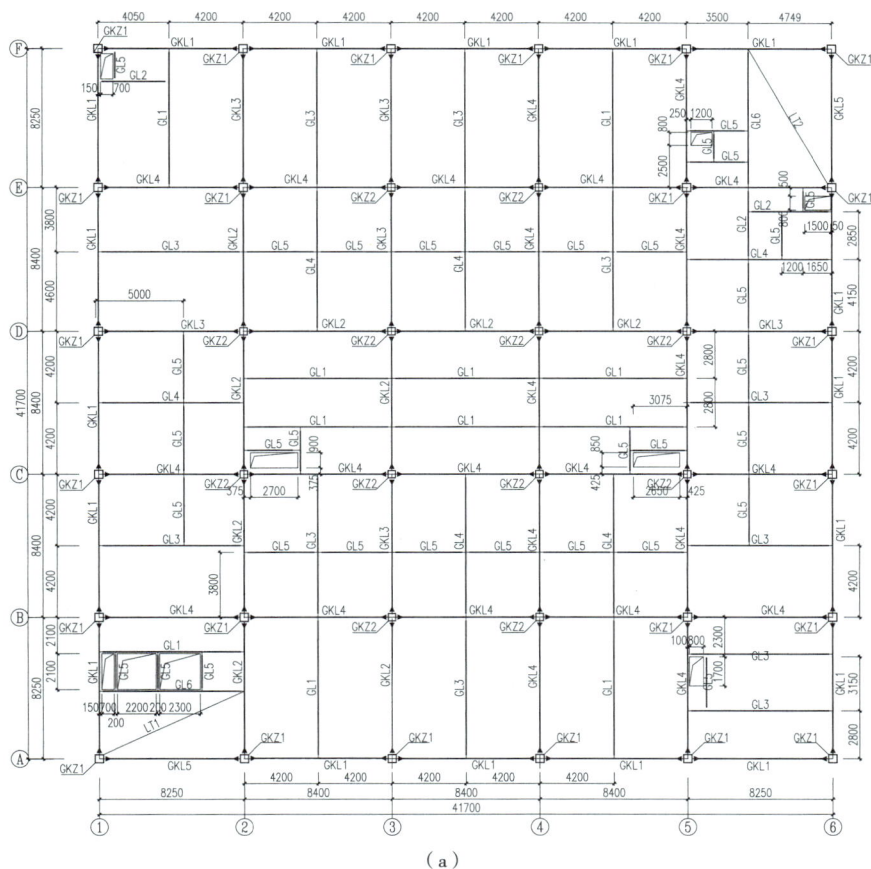

图 2-48 钢框架的平面图和剖面图
（a）平面图

（b）

（c）

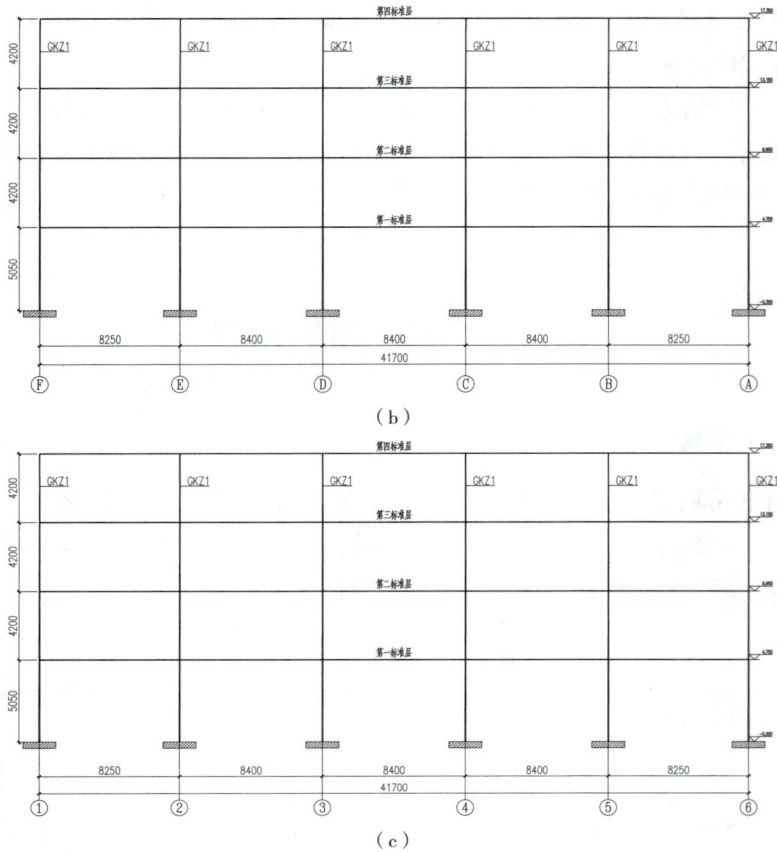

图 2-48　钢框架的平面图和剖面图（续图）

（b）纵向剖面图；（c）横向剖面图

　　各层框架梁柱的主要尺寸及钢材强度，钢材材料等级均为 Q355B，其他信息详见表 2-9。

框架结构梁柱主要截面尺寸　　　　　　　　　　表 2-9

构件类型	构件编号	截面尺寸（mm）	构件编号	截面尺寸（mm）
柱	GKZ1	箱 $500 \times 500 \times 25 \times 25$		
	GKZ2	箱 $450 \times 450 \times 16 \times 16$		
框架梁	GKL1	HN$700 \times 300 \times 13 \times 24$	GKL7	HN$350 \times 175 \times 7 \times 11$
	GKL2	HM$550 \times 300 \times 11 \times 18$	GKL8	HN$200 \times 100 \times 5.5 \times 8$
	GKL3	HN$600 \times 200 \times 11 \times 17$	GKL9	HN$400 \times 200 \times 8 \times 13$
	GKL4	HN$650 \times 300 \times 13 \times 20$	GKL10	HN$450 \times 200 \times 9 \times 14$
	GKL5	箱 $650 \times 250 \times 20 \times 20$	GKL11	HN$300 \times 150 \times 6.5 \times 9$
	GKL6	HN$500 \times 200 \times 10 \times 16$		
次梁	GL1	HN$350 \times 175 \times 7 \times 11$	GL4	HN$450 \times 200 \times 9 \times 14$
	GL2	HN$300 \times 150 \times 6.5 \times 9$	GL5	HN$200 \times 100 \times 5.5 \times 8$
	GL3	HN$400 \times 200 \times 8 \times 13$	GL6	HN$500 \times 200 \times 10 \times 16$

2.5.2　设计依据和设计条件

1. 设计遵循的主要标准、规范、规程和规定：

1)《建筑结构可靠性设计统一标准》GB 50068—2018；

2)《建筑工程抗震设防分类标准》GB 50223—2008；

3)《建筑结构荷载规范》GB 50009—2012；

4)《建筑抗震设计标准》GB/T 50011—2010（2024 年版）；

5)《混凝土结构设计标准》GB/T 50010—2010（2024 年版）；

6)《钢结构设计标准》GB 50017—2017。

2. 建筑设计条件（表 2-10）

建筑结构安全等级及设计使用年限　　　　　　　　　　　　　　　表 2-10

建筑结构安全等级	一级	结构阻尼比 /%	4（钢）
设计使用年限	50 年	基本风压（kN/m²）	0.4（n=50 年）
抗震设防类别	乙类	地面粗糙度类别	B 类
抗震设防烈度	8 度	基本雪压（kN/m²）	0.4（n=50 年）
设计基本地震加速度	0.30g	基本气温（最高）	27/（平均）
设计地震分组	第二组	基本气温（最低）	−1.0/（平均）
建筑场地类别	Ⅲ类		
场地特征周期	0.55s		
抗震构造措施	9 度 0.4g 选取		

3. 荷载效应（表 2-11）

荷载效应　　　　　　　　　　　　　　　表 2-11

功能	恒载（kN/m²）	功能	恒载（kN/m²）
普通楼面	1.7	卫生间	6
不上人屋面	4.2		
功能	活载（kN/m²）	功能	活载（kN/m²）
不上人屋面	1	书库	5
阅览室	2	卫生间	2.5
楼梯间	3.5		

2.5.3　PKPM 模型建立

PKPM 建模和分析的基本流程如图 2-49 所示。

钢框架三维建模。首先，设定工作目录，进入三维建模主菜单，如图 2-50 所示。

进入主菜单后，输入工程名称"图书馆模型"，确定后就进入三维模型交互输入。

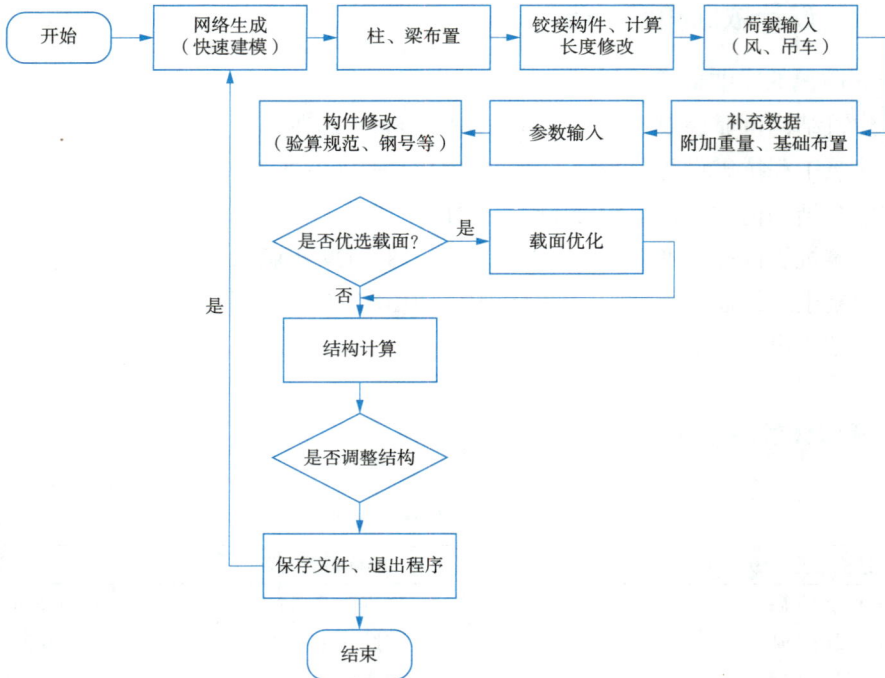

图 2-49　PKPM 建模和分析的基本流程

图 2-50　三维建模主菜单

三维模型交互输入中依次通过轴线输入（定义平面网格）、构件定义（定义结构中采用的梁、柱、支撑标准截面）、楼层定义（将梁、柱、支撑、次梁这些构件布置到平面网格上，形成和编辑标准层）、荷载定义（定义荷载标准层）、楼层组装（将结构标准层和荷载标准层对应，形成整个结构的实际模型，定义设计参数），就完成了本菜单的主要功能。

选择菜单：轴线 >> 正交轴网。

按照平面布置图输入开间和进深，形成平面网格。确定后即可将建立的平面网格插入到交互界面内，可以对平面网格编辑，或补充输入，也可以通过导入 DWG 的方式进行轴网输入，如图 2–51 所示。

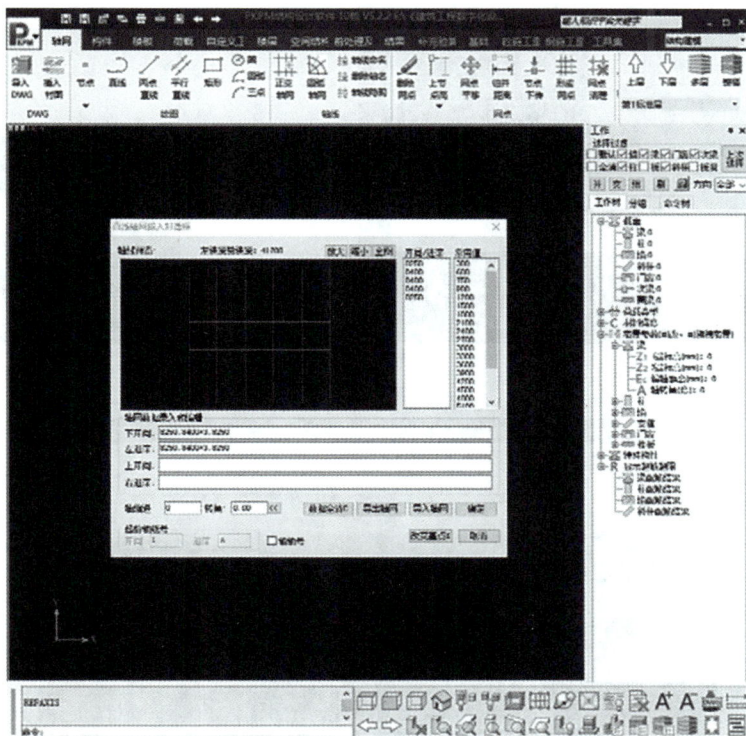

图 2–51　轴网输入

选择菜单：构件 >> 柱 >> 增加 >> 截面类型 >> 箱形截面 >> 输入界面参数 >> 确定 >> 将截面布置到点，用同样的方法可以将主梁和次梁布置到网格上。

根据平面布置图，将柱构件布置在节点上（可以输入偏心和布置角度），梁构件布置在网格线上，并且可以选择轴线，窗口等方式实现成批布置。柱与梁的布置分别如图 2–52（a）、（b）所示。

完成梁柱等构件的布置以后，右键点击网格线，在出现的对话框中选择梁，即可修改该梁的布置信息，包括两端的标高和偏轴距离等，如图 2–52（c）所示。通过修改两端的标高，可以实现斜梁和层间梁的输入。同样的，如果在网格点上右键点击，即可在出现的对话框中修改柱的布置信息，如 2–53 所示。

选择菜单：楼层 >> 全楼各标准层信息。

输入本标准层信息，板厚、楼面恒载、楼面活载、混凝土强度和钢筋级别等信息，如图 2–54 所示。

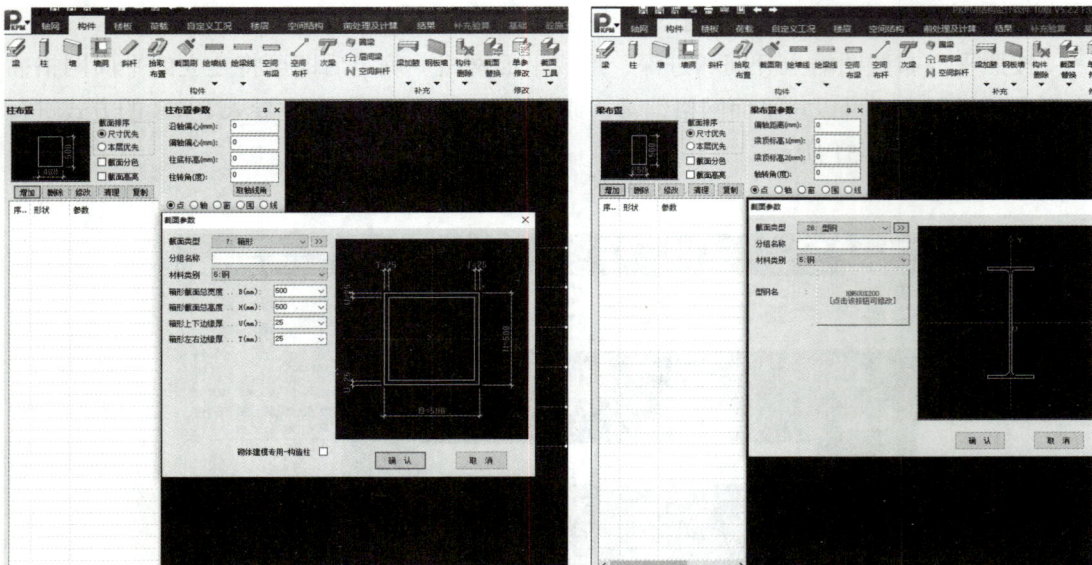

（a）   （b）

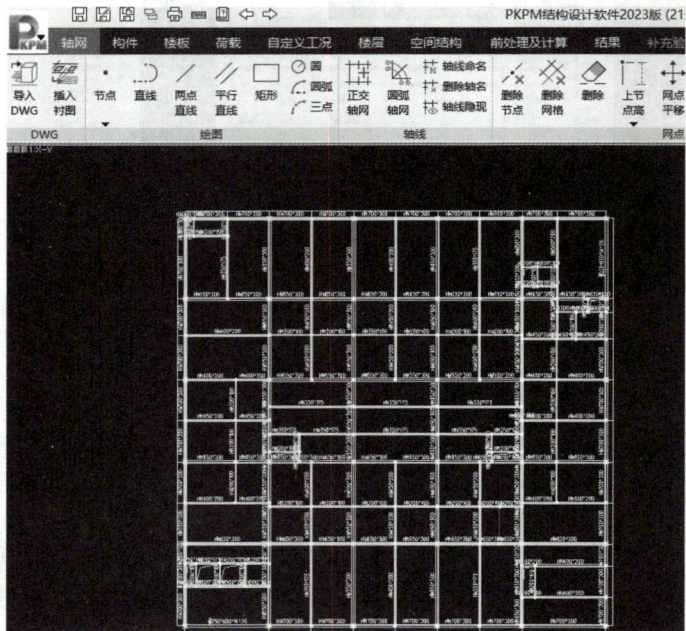

（c）

图 2-52　梁柱布置

（a）柱布置；（b）梁布置；（c）布置信息

选择菜单：楼板 >> 生成楼板、修改板厚、楼板错层、全房间开洞。

生成楼板，根据需要修改板厚（楼梯间的板厚为 0，电梯间开洞），如图 2-55（a）所示。根据建筑功能选择是否降板，选择楼板错层进行降板处理（是否降板影响后期板计算的边界条件），如图 2-55（b）所示。

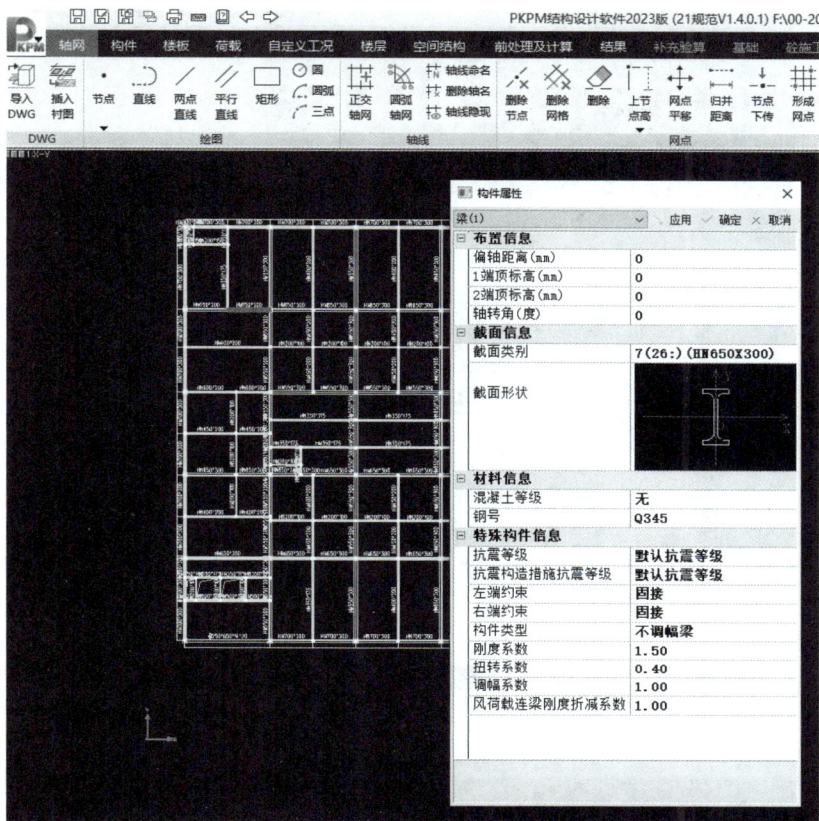

图 2-53 修改布置信息

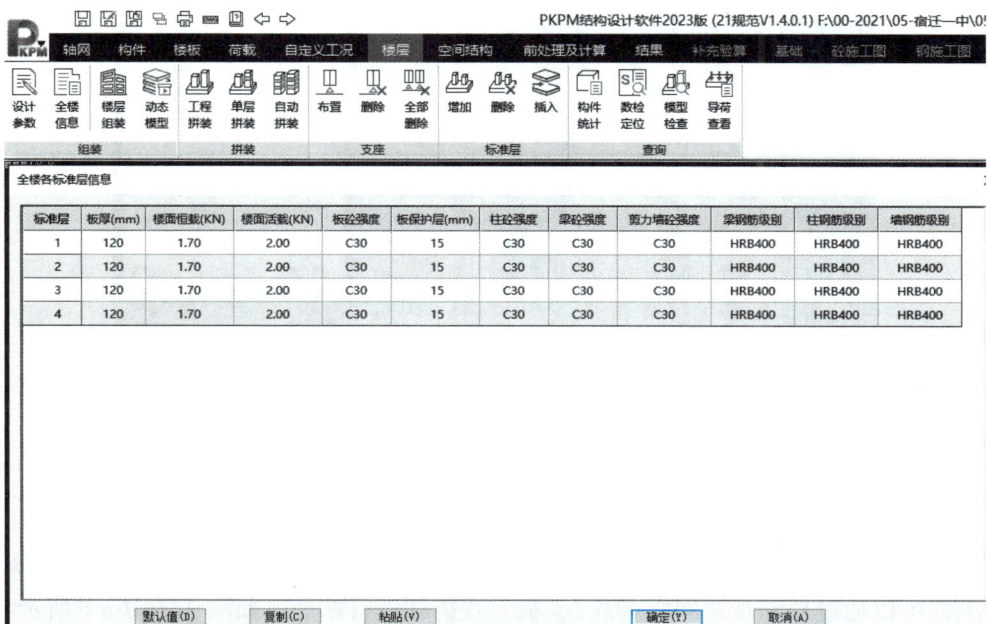

图 2-54 标准层信息输入

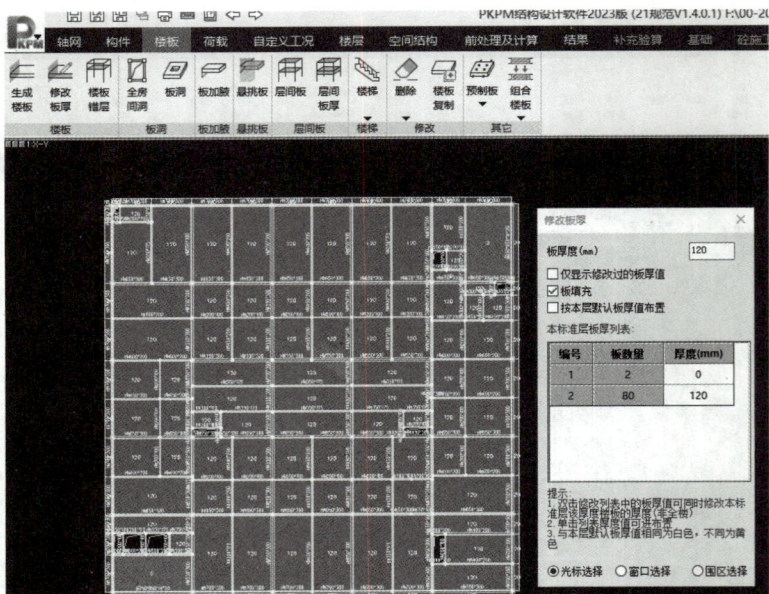

（a）

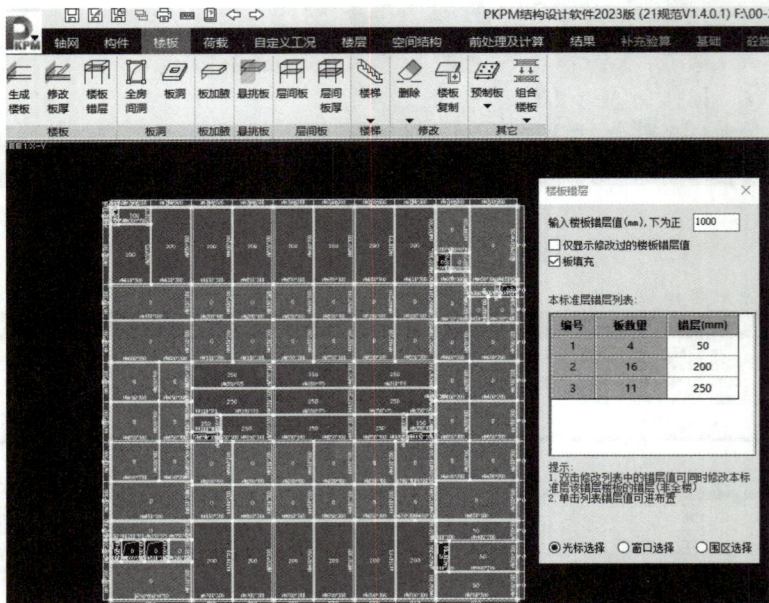

（b）

图 2-55 楼板生成及调整

（a）楼板生成；（b）降板处理

选择菜单：荷载 >> 恒活设置、板、局部及层间板荷载、梁墙线荷载。

点取"荷载"菜单，输入当前标准层楼面和梁上作用的恒活荷载，部分建筑隔墙不在梁上，可以通过局部及层间板荷载 >> 板上线荷载进行施加，如图 2-56（a）所示。

点取"恒活设置"菜单，输入当前标准层的楼面均布恒荷载、活荷载，作为在楼面

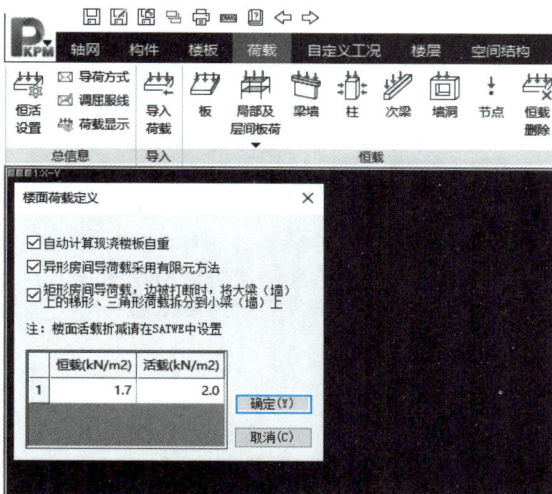

（a）

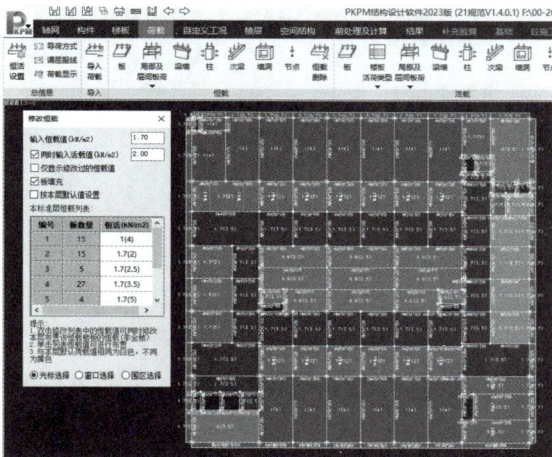

（b）

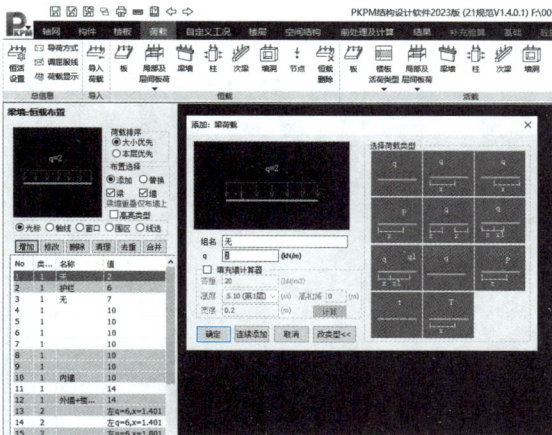

（c）

图 2-56 楼板荷载布置

（a）楼板荷载定义；（b）恒载与活载输入；（c）梁荷载输入

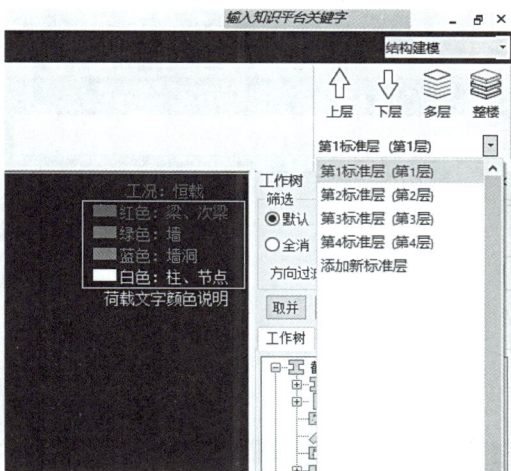

图 2-57 添加其他标准层

恒活布置时的缺省数据。楼板重量选择自动计算。

点取恒载 >> 板，进行楼面的恒载和活载的输入，如图 2-56（b）所示。

点取恒载 >> 梁墙 >> 增加 >> 选择荷载类型 >> 输入线荷载，进行隔墙荷载的输入，如图 2-56（c）所示。

布置完第一结构标准层的构件后，可以点取添加新标准层，选择全部复制，再通过删除局部构件的方法，输入第二结构标准层以及其他标准层，如图 2-57 所示。

选择菜单：楼层 >> 设计参数。

进行结构体系、结构主材、重要性系数、材料信息、地震、风荷载等信息的填写，如图 2-58 所示。

选择菜单：楼层 >> 楼层组装。

点取"楼层组装"，将结构标准层和荷载标准层对应，形成整个结构的实际模型。可以点取"整楼模型"，查看组装以后的整体模型，如图 2-59 所示。

图 2-58　结构信息填写

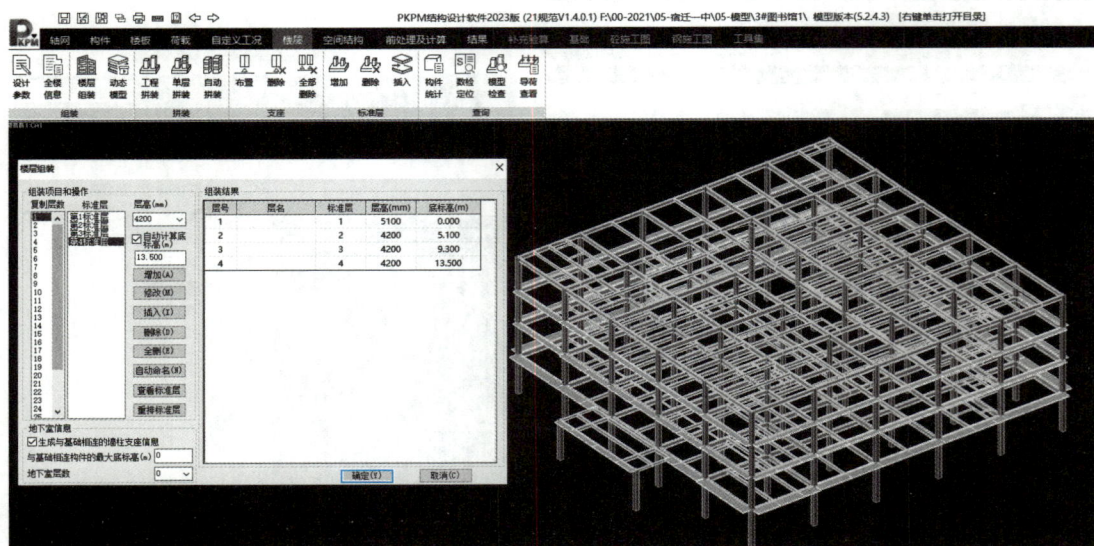

图 2-59　组装后整体模型

2.5.4 结构分析

1. 分析和设计参数补充定义

在 PMCAD 中进行建模后,我们进入前处理和计算选项卡,并选择参数定义。对于新建的工程来说,PMCAD 模型中已经包含了部分参数,但对于结构分析来说还不够完善。为了适应结构分析和设计的需求,SATWE 在 PMCAD 参数的基础上提供了一套更加丰富的参数。当我们点击"参数定义"菜单时,会弹出参数页切换菜单,分别是:总信息、多模型及包络、风荷载信息、地震信息、隔震信息、活荷载信息、二阶效应、刚度调整、内力调整、设计信息、基本信息、钢结构设计、材料信息、钢筋信息、混凝土、荷载组合、工况信息、组合信息、地下室信息、性能设计、高级参数和云计算。通过设置这些参数,可以更好地进行结构分析和设计工作,如图 2-60 所示。

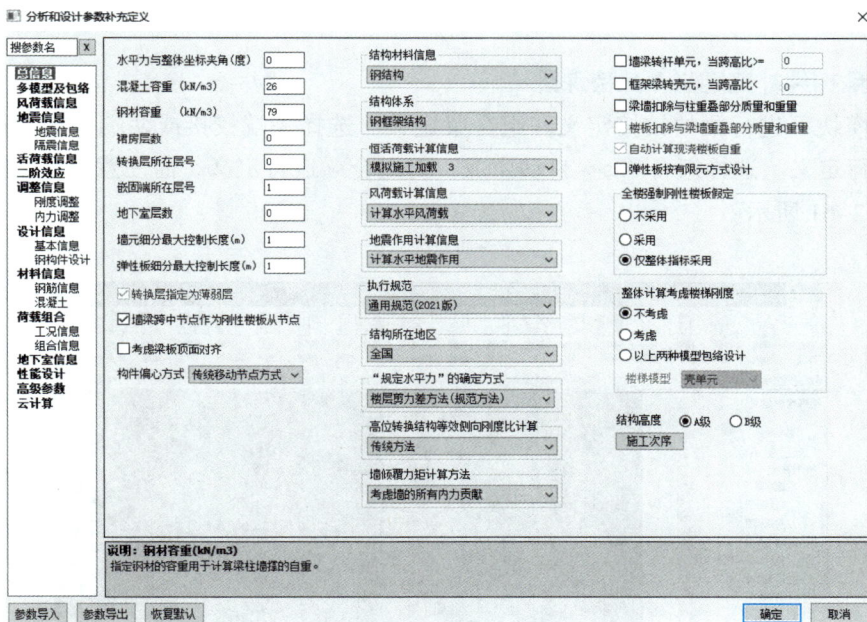

图 2-60 补充参数定义

针对本案例对部分参数的设置作出阐述:

1)分析和参数补充定义 >> 总信息

钢材重度:83kN/m³(考虑螺栓、加劲肋、防火涂料等重量);

全楼刚性楼板假定:仅整体指标采用(平面开大洞等需采用弹性膜)。

2)分析和参数补充定义 >> 二阶效应

钢结构设计方法:二阶弹性设计方法(二阶效应系数 $\theta > 0.1$ 宜采用);

结构二阶效应计算方法:直接几何刚度法(也即是有限元法,采用等效刚度矩阵,不受限于结构形式)(内力放大法不适用于框架 – 支撑结构,框架结构可用)。

3）分析和参数补充定义 >> 刚度调整

梁刚度调整系数：采用中梁刚度放大系数 1.5/1.2；

梁柱重叠部分简化为刚域：梁端简化为刚域。

4）分析和参数补充定义 >> 内力调整

剪重比调整，强轴 / 弱轴方向东位移比例：0.5（根据结果调整：0 是按规范加速度段方式调整，1.0 按规范位移段方式调整，0.5 按规范速度段方式调整）；

梁端负弯矩调整系数：1.0（针对混凝土结构，钢结构默认不调幅）。

5）分析和参数补充定义 >> 钢构件设计

钢构件截面净毛面积比：0.95（主梁采用焊接连接，安装螺栓孔面积有限建议 0.85~1.0 之间取值）；

钢柱计算长度系数：有侧移（钢框架）、自动考虑有误侧移（不确定时）；

钢梁、钢柱、支撑宽厚比：可选 S3 用来参考（按规范做可不用理会）。

2. 特殊构件补充定义 >> 特殊梁

在此模块下进行梁的铰接定义和组合梁定义。选择一端铰接或两端铰接对次梁的边界条件进行定义。选择组合梁 >> 自动生成，对组合梁进行定义，需注意只生成次梁组合梁，如图 2-61 所示。

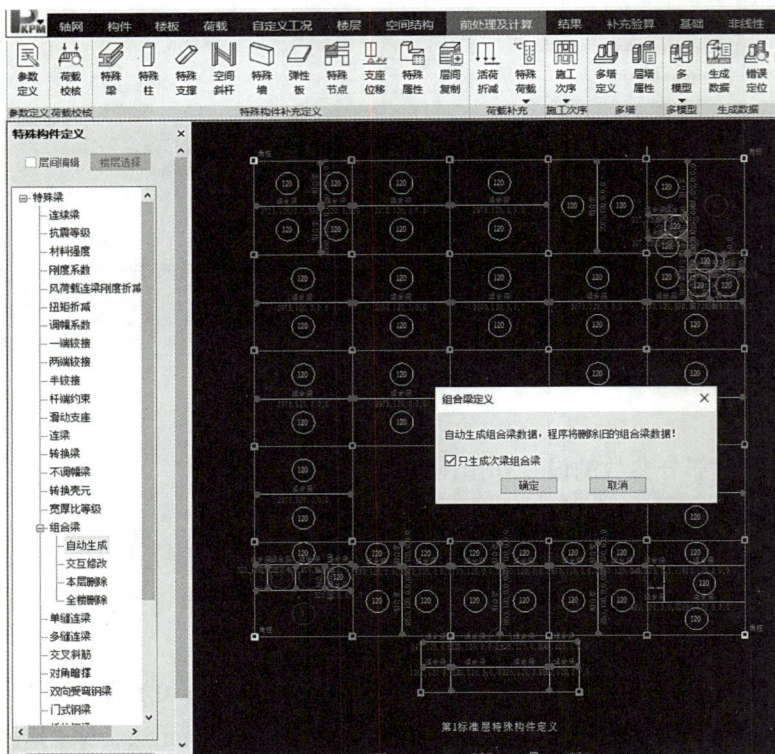

图 2-61 特殊构件补充定义

3. 生成数据

生成模型数据对模型进行检查，如有错误，可通过错误定位再回到 PMCAD 中对提示信息进行修改。

4. 计算 >> 生成数据 + 全部计算

以上步骤完成了对整个模型的分析，接下来是查看结果，根据相关规范要求，对结构的合理性进行判别。

1）结果 >> 文本及计算书 >> 指标汇总信息

从整体上判别各项指标是否满足设计要求，如图 2-62 所示。

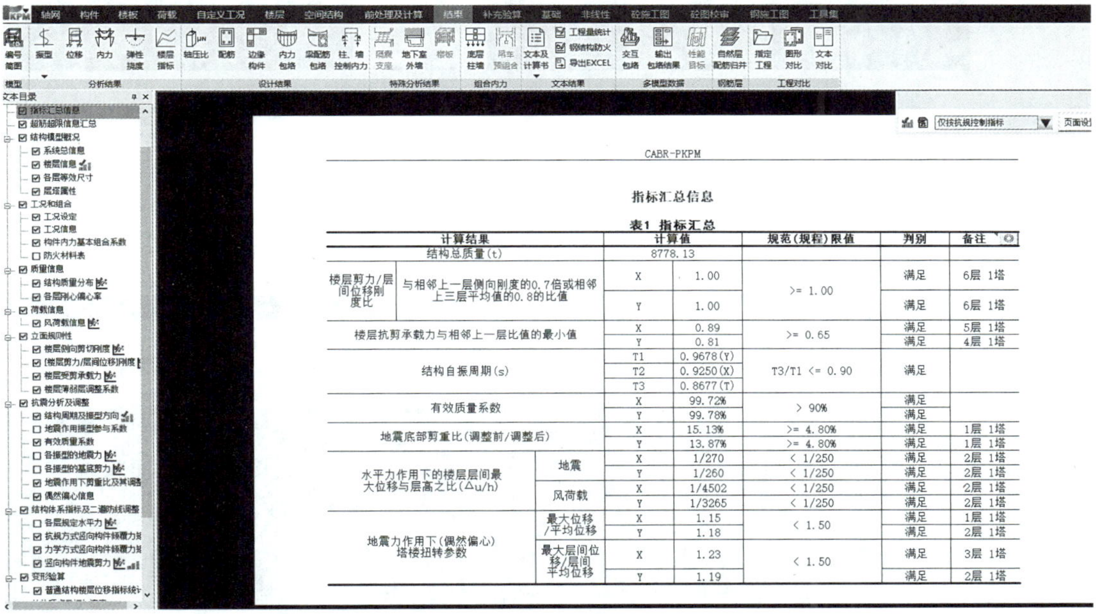

图 2-62　指标信息汇总

2）结果 >> 分析结果

可以查看结构的振型、位移、内力和挠度等信息，如图 2-63 所示。

3）结果 >> 设计结果

查看配筋和内力包络等信息，如图 2-64 所示。

以上的指标和结果均满足规范和设计要求，所有的结构分析基本完成，接下来可以通过工程量统计选项卡，对整个结构的含钢量进行统计。最后通过钢施工图模块，可以初步地进行节点设计和钢结构平面图的绘制。

PKPM 最新版软件还提供了智能辅助设计功能，通过设置设计组的功能，将构件分成多个设计组。通过设置优化约束和优化目标，对结构进行智能设计，以达到截面初选、截面归并和截面优化的目的，如图 2-65 所示。

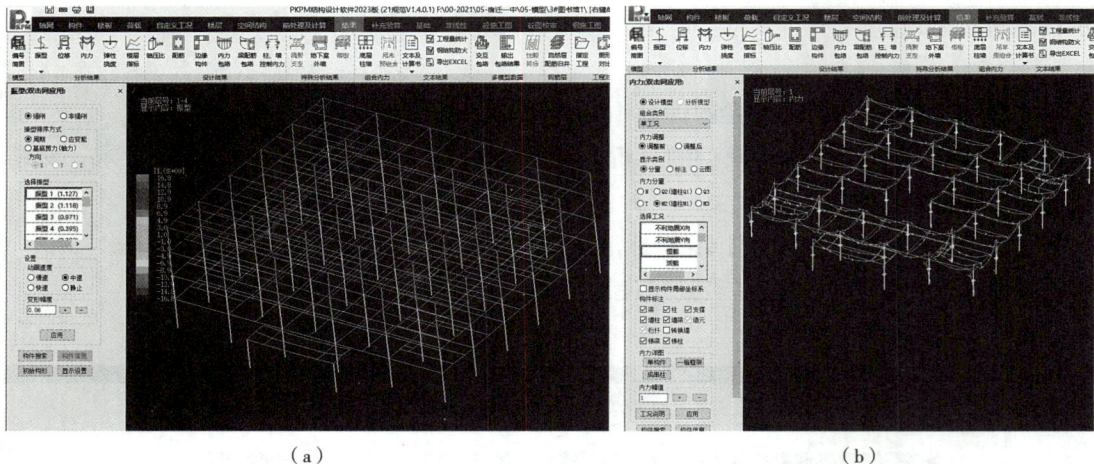

（a）　　　　　　　　　　　　　　　　（b）

图 2-63　模型信息显示示例

（a）振型显示；（b）模型内力显示

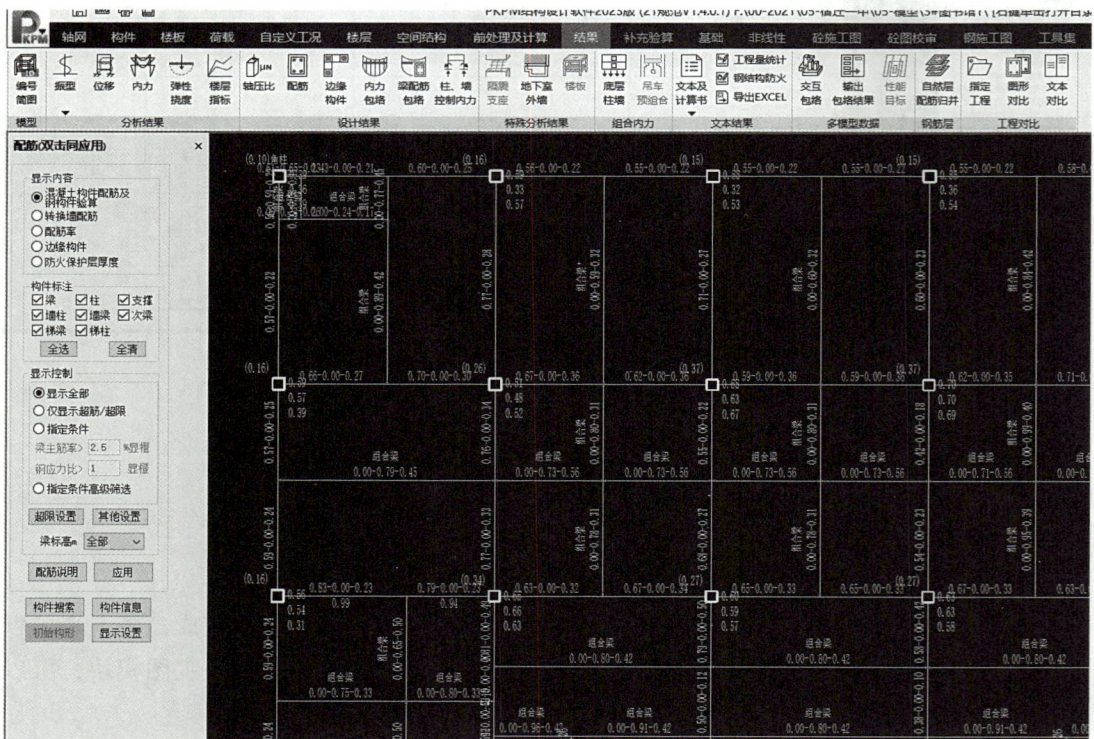

图 2-64　配筋和内力包络信息显示

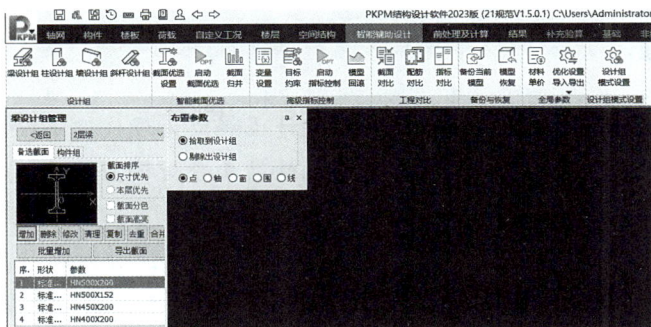

（a）

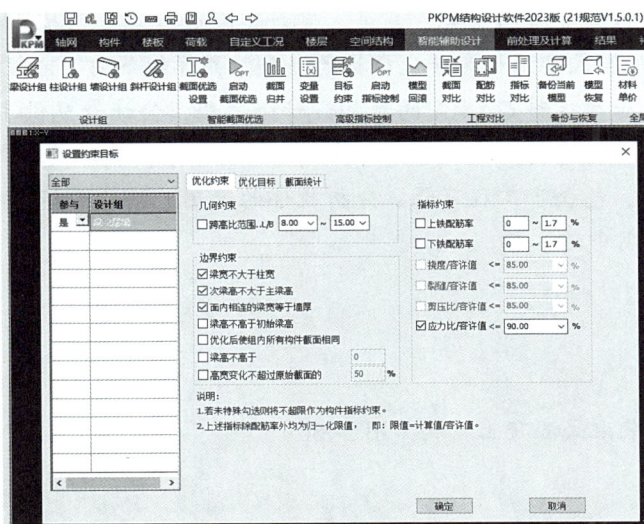

（b）

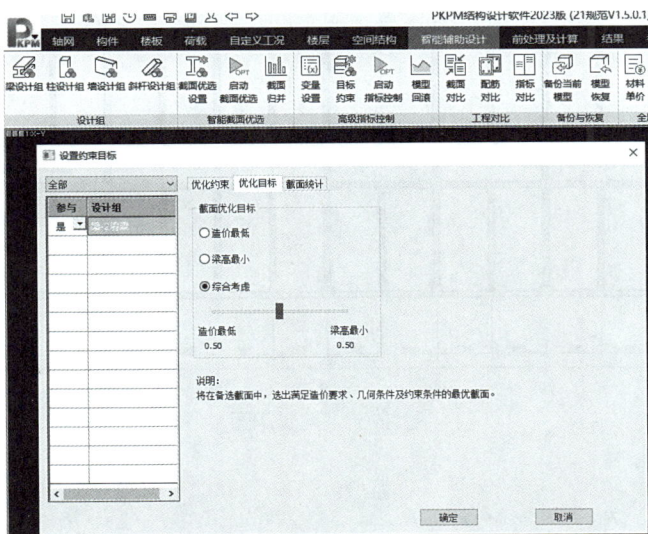

（c）

图 2-65 PKPM 智能辅助设计

（a）设计组设置；（b）设置优化约束；（c）设置优化目标

本章小结

随着建筑工程领域的快速发展，数字化设计已经成为现代建筑设计的核心。本章深入探讨了结构数字化设计的各个方面，从基础的结构分析模型创建到基于人工智能的结构分析，为读者提供了全面而深入的理解。

在 2.1 节中，我们首先介绍了结构分析模型的创建。通过对建筑结构类型、设计目标与流程以及结构分析软件的简介，为读者奠定了结构数字化设计的基础知识。2.2 节重点探讨了结构受力分析。其中，详细描述了有限元方法在结构分析模型中的应用，以及如何评估结构力学性能分析的结果。此外，还对装配式混凝土结构分析进行了深入的探讨。在 2.3 节，我们引入了结构参数化分析的概念，并详细介绍了可视化节点式编程的方法，着重介绍了基于盈建科 GAMA 的结构设计全过程，为读者提供了实际操作的参考。2.4 节和 2.5 节选择了具有明显建筑工业化特点的结构体系，装配式混凝土结构和钢结构，进行了详细的探讨，包含了工程背景、分析软件的选用、结构分析等关键环节，为读者提供了实际工程应用中的参考。

思考与习题

设计练习——装配式混凝土结构（图 2-66）。

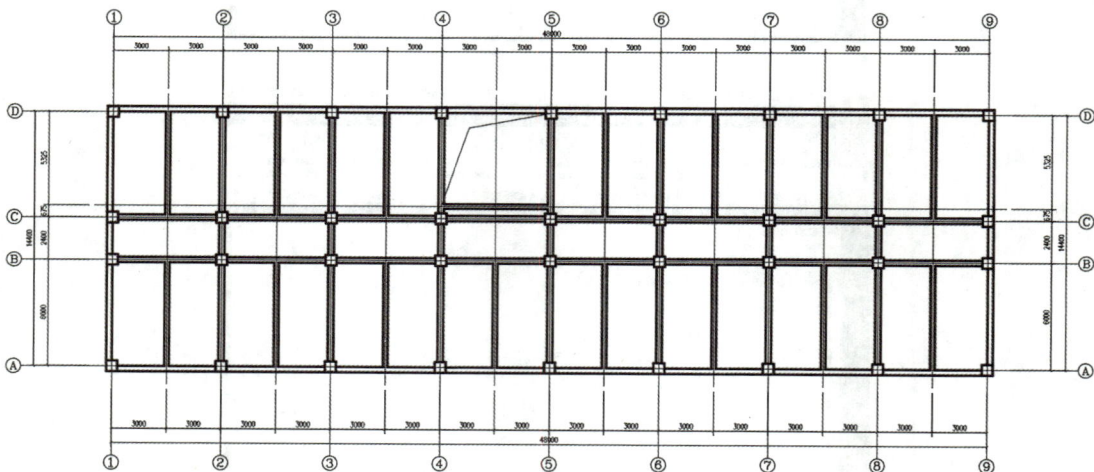

图 2-66 习题用图

1）工程背景

本建筑工程项目为某地镇政府办公楼，占地面积为 673m，建筑总面积为 4410m，层高为 3.6m。办公楼采用内廊式。根据建筑功能及建筑施工要求，本工程确定采用框架结构形式。

2）建筑结构安全等级和设计使用年限

建筑结构采用装配整体式混凝土框架结构，建筑层数为 7 层，建筑总高度为 25.2m。本工程的结构设计使用年限为 50 年；结构安全等级为二级；建筑抗震设防类别为丙类建筑；抗震设防烈度为 7 度，设计基本地震加速度值为 0.1g，设计地震分组属第二组；基础设计等级为丙级。有关抗震的结构措施应采用相应的抗震等级。

3）自然条件

本地区基本风压为 0.40，地面粗度均为 B 类。根据本工程《岩土工程勘察报告》和《抗标》相关条款，地震分析采用截面验算设计地震震动参数最大为 0.08，T_g 为 0.4s；建筑场地类别为 Ⅱ 类。

4）设计采用的均布活荷载标准值

普通教室：2.0kN/m²；办公室：2.0kN/m²；美术、书法室：2.0kN/m²；会议室：2.0kN/m²；走廊、楼梯：2.5kN/m²；音乐及舞蹈室：2.0kN/m²；屋面：2.0kN/m²（上人），0.5kN/m²（不上人）。

5）地基基础

开挖基槽前，施工单位必须查明基槽周围地下市政管网设施和相邻建（构）筑物相关的距离根据勘察报告提供的参数进行防坡。

6）建筑材料

基础采用 C25 混凝土，地梁和承台为 C30 混凝土，垫层为 C10 混凝土。

二维码 2-2
思考与习题答案

参考文献

[1] 王俊，赵基达，胡宗羽 . 我国建筑工业化发展现状与思考 [J]. 土木工程学报，2016，49（5）：1-8.
[2] 高绥成 . 装配整体式建筑楼板选型的对比分析 [J]. 建筑施工，2018，40（7）：1137-1139.
[3] 梁冰 . 我国钢结构住宅产业化发展前景分析 [J]. 合作经济与科技，2017（18）：38-39.
[4] 李壮爱 . "双碳"背景下居民生活用电碳减排法律机制及效应评估研究 [D]. 太原：山西财经大学，2022.
[5] 冯琦 . 多层砌体结构抗震设计 [J]. 山西建筑，2012，38（34）：52-54.
[6] Quale J, Eckelman M J, Williams K W, et al. Construction matters：Comparing environmental impacts of building modular and conventional homes in the United States[J]. Journal of industrial ecology, 2012, 16（2）：243-253.
[7] 王瑞胜，陈有亮，陈诚 . 我国现代木结构建筑发展战略研究 [J]. 林产工业，2019，56（9）：1-5.
[8] 郑言宏 . 建筑工程框架剪力墙结构施工技术应用分析 [J]. 四川水泥，2023（4）：136-138.
[9] 蔡春雷 . 钢筋混凝土框架结构抗震内力调整系数研究 [D]. 天津：天津大学，2015.
[10] 苏勒德 . 建筑结构设计中剪力墙结构设计的应用策略 [J]. 科学技术创新，2021（25）：107-108.
[11] 万鹏 . 剪力墙结构设计在建筑结构设计中的应用 [J]. 住宅与房地产，2018（31）：89.
[12] 杨勇 . 砌体结构房屋直接加层改造研究 [D]. 青岛：山东科技大学，2008.

[13] 杭燮.混凝土结构的极限设计方法原理及其应用[J].科技风，2010（6）：91+93.

[14] 胡乔元.钢框架结构延性节点的优化设计研究[D].大连：大连理工大学，2018.

[15] 吕伟荣，黄渊良，祝明桥，等."软件实习基地"对土木工程专业（建筑工程方向）实践教学的启示[J].教育教学论坛，2015（42）：278-279.

[16] 韩旭东.工程力学中的数值分析方法评述[J].山西建筑，2009，35（30）：62-64.

[17] 郭素娟，吴鸣，李江涛.有限元静力分析基本原理[J].河南建材，2010（4）：153-154.

[18] 薛志武.中央索面大挑臂主梁结构复合型施工挂篮结构改进及有限元分析研究[D].重庆：重庆大学，2012.

[19] 征万荣.高层建筑板式转换层结构抗震性能分析[D].成都：西南交通大学，2012.

[20] 张毅光，刘义贤，赵鑫.高层结构计算中周期比的控制[J].城市建设理论研究（电子版），2011（25）：2095-2104.

[21] 殷实.超高层结构楼层剪力系数及其抗震设计应用研究[D].湘潭：湘潭大学，2019.

[22] 周昕.多层不规则框架结构抗震分析与处理[D].合肥：安徽建筑大学，2017.

[23] 杨淑华.浅析剪力墙结构设计的合理性[J].城市建设理论研究（电子版），2014（32）：2282-2283.

[24] 邝磊.高层建筑结构抗震设计中的电算[J].中国房地产业，2018（24）：01.

[25] 李燕.大跨度车站结构整体性能控制[J].铁道勘察，2008（4）：97-100.

[26] 张晓非，陈翠.转换层结构刚度比SATWE与GSSAP的有限元分析实例[J].中国房地产业，2017（15）：30-31.

[27] 何和萍.装配式混凝土结构发展现状分析[J].建材与装饰，2018（24）：72-73.

[28] 王仪萍.预应力混凝土空腹桁架转换结构抗震性能分析[D].重庆：重庆大学，2014.

[29] 孟琳，罗碧玉.高层装配整体式剪力墙结构建筑设计及施工控制[J].粘接，2020，41（5）：120-123+136.

[30] 汤磊.预制装配混凝土剪力墙结构新型混合装配技术研究[D].南京：东南大学，2017.

[31] 彭翔.北京某高层EVE预制空心板剪力墙结构抗震设计分析[J].工程建设与设计，2020（2）：1-2.

[32] 陈群，蔡彬清，林平.装配式建筑概论[M].北京：中国建筑工业出版社，2017.

[33] 何政，来潇.参数化结构设计基本原理、方法及应用[M].北京：中国建筑工业出版社，2019.

[34] 曾旭东.参数化建模[M].武汉：华中科技大学出版社，2011.

[35] 厉见芬，李青松，耿犟，等.建筑结构设计软件（PKPM）应用[M].2版.北京：中国建筑工业出版社，2021.

[36] 张同伟，肖永，张孝存.PKPM结构软件应用与设计实例[M].北京：机械工业出版社，2022.

第**3**章

装配式混凝土结构 BIM 深化设计

1. 装配式混凝土结构 BIM 深化设计中拆分设计的主要内容；
2. 装配式混凝土结构 BIM 深化设计碰撞检查及出图算量的实施过程；
3. BIM 深化设计在装配式混凝土结构中的应用实例分析。

教学目标 📑

1. 学习和理解 BIM 深化设计的基本概念和主要内容；
2. 清楚并了解 BIM 深化设计与传统深化设计的区别；
3. 能举例说明 BIM 技术在应用于深化设计对各环节优化的主要内容。

案例引入 📄

传统深化设计遇到的问题

某建设项目总建筑面积 52 万 m²，由多栋住宅组成，项目采用装配整体式剪力墙结构，预制构件种类包括预制三明治墙板、预制外角模、预制外挂板、预制叠合板、预制叠合梁、预制楼梯、预制空调板。项目地下室及底部（大部分为 1~6 层，部分 1~5 或 7 层）为现浇结构，以上为装配整体式剪力墙结构，预制率达到 49%。

项目在进行深化设计的过程中遭遇以下问题：

一是深化设计与原设计、生产厂和施工之间的沟通协调需要处理大量的信息，并且这些信息之间存在高度的耦合性。深化设计需要吸收来自各方（如业主、设计方、生产厂、施工方和配件供应商等）的信息，并将这些相关且可能冲突的信息整合到深化设计中。

二是预制构件的数量较多，导致重复的工作量较大。随着深化设计的进行，机电设计、生产和施工单位的介入，可能会在一个预制构件设计的基础上产生多个外形类似但细微区别的构件。为了进行 CAD 绘图，会消耗大量的人力资源。

三是各层模型数据传递不畅，深化设计中需要进行信息的传递和整合，从而实现数据从设计到施工的无缝传递。而目前项目在信息传递方面，无法将各方信息进行有效传递。

为了降低这些问题带来的负担，可以考虑以下措施：

（1）优化沟通协调机制，确保信息的高效传递和整合，减少冲突和重复工作。

（2）使用数字化技术，如 BIM（建筑信息模型）可以实现不同方面的信息共享和实时更新，减少误差和重复。

（3）自动化工具和脚本的使用，可以大大减少 CAD 绘图的重复工作，提高效率。

（4）制定标准化的参数化设计规范，将相似但有细微区别的构件设计进行系统化管理，避免重复设计。

对于以上方面值得我们思考的是：

1. 在装配式混凝土结构中进行深化设计时，设计的任务和成本会增加，因此在装配式混凝土结构中进行深化设计是必要的吗？

2. 使用 BIM 技术进行深化设计在设计阶段会增加大量成本，如果深化设计质量无法保证，在施工阶段将会造成严重问题，因此，我们应该如何制定深化设计的质量标准，确保深化设计质量用以指导实际施工？

3.1 装配式混凝土结构 BIM 深化设计概述

装配式混凝土结构深化设计是将原有的设计方案、设计蓝图在国家规范的前提下结合施工现场的实际情况进行补充，使深化后的图纸更加准确，精度更高，达到指导构件工厂加工及现场施工的要求，并通过设计及相关审图单位认可。其目的主要是精准设计、方便制作、利于施工，主要深化内容包括构件拆分优化、钢筋深化、预留预埋深化、构造节点深化4项。

装配式混凝土结构 BIM 深化设计，是指在 BIM 技术的支持下，对装配式混凝土结构进行更详细、更精确、更全面地设计，包括构件的形状、尺寸、位置、连接方式、标注、编号等信息，以及构件的生产、运输、安装等过程的模拟和优化，以满足装配式混凝土结构的施工要求和质量控制。在装配式混凝土结构中应用 BIM 技术，可以实现装配式混凝土结构的数字化、标准化、智能化和绿色化，提高装配式混凝土结构的设计水平和竞争力。

3.1.1 BIM 深化设计概念

BIM 深化设计是指运用 BIM 技术为传统的各项深化设计工作赋能。基于 BIM 的深化设计，能够以 BIM 模型为基础，将多种软件和平台的数据信息耦合，同时利用 BIM 技术的可视化、协同化、模拟性的特点解决传统深化设计在信息互通过程中的诸多问题，提高设计质量，同时为预制构件的生产和现场施工提供指导。装配式混凝土结构的 BIM 深化设计，就是要在深化设计过程中，将结构设计计算与 BIM 技术的三维可视化、钢筋碰撞检查及施工模拟结合起来，实现对装配式混凝土预制构件的正确拆分，并利用 BIM 软件绘制出施工详图和三维可视化模型，更加直观地指导施工。

根据甘肃省 2023 年 6 月 1 日实施的《装配式混凝土建筑深化设计技术标准》DB62/T 3234—2023，其中对于装配式混凝土建筑深化设计的定义，深化设计指的是在装配式混凝土建筑的施工图基础上，综合考虑建筑、设备、装修各专业以及生产、运输、堆放、安装等各环节对预制构件的要求，进行预制构件加工图、装配图、安装图的设计以及生产、运输堆放和安装方案编制。

《装配式混凝土建筑深化设计技术标准》DB62/T 3234—2023 中对于装配式混凝土结构深化设计的内容主要包含以下四个方面：预制构件的深化设计、生产运输及堆放的深化设计、现场施工装配及安装深化设计和信息一体化管理深化设计。其中信息一体化管理深化设计主要包含 BIM 技术应用和智能建造两部分。装配式建筑深化设计见图 3-1。

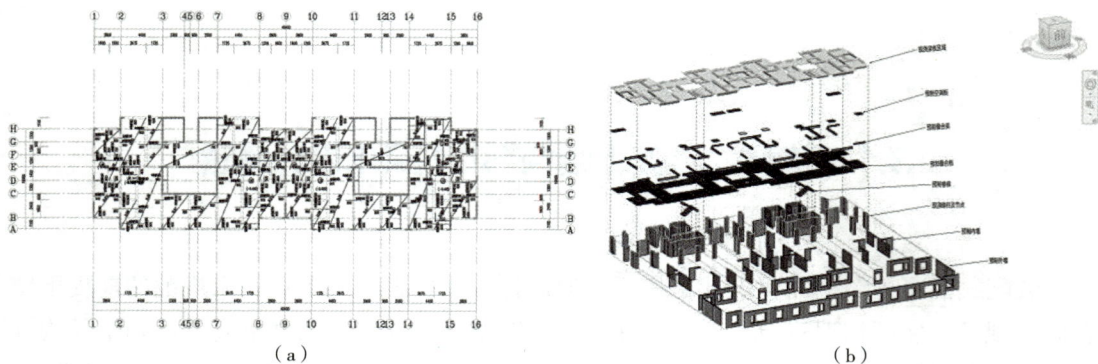

（a）　　　　　　　　　　　　　　（b）

图 3-1　装配式建筑深化设计
（a）传统深化设计；（b）BIM 深化设计

BIM 技术之所以能够在装配式建筑深化设计领域发展，主要由于传统装配式建筑深化设计存在以下 4 点问题：

1）传统的装配式建筑设计多使用二维 CAD 软件，绘图工作量大，难以发现和避免设计错误，对后期模具和构件生产安装造成影响；

2）传统的装配式建筑设计缺乏信息共享和协同机制，导致设计与施工、生产之间存在信息不对称和不一致的问题，影响工程的顺利实施；

3）传统的装配式建筑设计难以实现构件的标准化和优化，导致构件类型多、数量大、重量重、吊装难等问题，增加了工程的成本和风险；

4）传统的装配式建筑设计难以实现预制构件与现场施工的无缝对接，导致施工过程中出现误差和延误等问题，影响工程质量和进度。

目前发展的 BIM 深化设计能够有效应对以上问题，主要体现在以下 4 个方面：

1）BIM 装配式建筑深化设计采用三维可视化模型，可以对构件的外形、尺寸、位置、配筋、预埋等进行精确地描述和检查，提高设计的准确性和可靠性；

2）BIM 装配式建筑深化设计可以实现项目参与方之间的信息交换和共享，利用 BIM 模型作为沟通媒介，及时解决设计中的问题和冲突，提高沟通效率和协作水平；

3）BIM 装配式建筑深化设计可以利用参数化和自动化的特点，对构件进行优化拆分和减重处理，减少构件类型和数量，降低构件自重，方便后期吊装施工；

4）BIM 装配式建筑深化设计可以利用 BIM 模型输出预制构件的加工图、物料清单、吊点位置等信息，为生产制造和施工安装提供直接的数据支持，实现预制构件与现场施工的高效衔接。

表 3-1 是进行传统 BIM 深化设计与 BIM 深化设计的对比，主要有设计成果可视化、项目信息协同、预制构件设计优化、指导施工效果四项指标。

深化设计对比

表 3-1

对比指标	传统深化设计	BIM 深化设计
设计成果可视化	×	√
项目信息协同	×	√
预制构件设计优化	×	√
指导施工效果	×	√

3.1.2　BIM 深化设计软件简述

BIM 深化设计软件是建筑工程数字化设计的重要工具，它通过建模、信息管理、可视化展示、协同合作和数据分析等功能，帮助设计团队实现深化设计过程中的数据驱动决策和优化。通过 BIM 软件，设计师可以更高效地进行设计工作，并提升建筑项目的质量和效益。

BIM 深化设计的软件有很多，根据不同的专业和需求，可以选择不同的软件，如表 3-2 所示。一般来说，可以将这些软件分为以下 4 类，其中包括建筑、结构和机电等专业的软件。

深化设计常用软件介绍

表 3-2

软件名称	软件介绍
Revit	最常见的、应用最广泛的三维设计软件，能够对建筑、结构、机电运用于一体，进行协同设计，支持多种数据交换交换，进行碰撞检查以及一键出图，具有强大的参数化建模能力和多专业的集成功能
ArchiCAD	一款功能强大的建筑 BIM 软件，具备全面的建筑建模和图纸生成工具，适用于建筑师、室内设计师和城市规划师等专业人士
Vectorworks Architect	一款集成建筑设计和 BIM 功能的软件，适用于建筑师和设计团队
Sketch Up	一款简单易用的三维建模软件，广泛应用于建筑设计和可视化
Rhino	一款专业的曲面造型软件，可实现复杂的三维建模、分析、渲染等功能
Tekla Structures	别名 Xsteel，是芬兰 Tekla 公司开发的钢结构详图设计软件，支持复杂的结构建模和分析需求
STAAD.Pro	一款综合的结构分析和设计软件，适用于各种结构类型和规模
YJK-AMCS	一款基于 BIM 技术开发的全产业链装配式结构设计软件系统，搭载结构分析能力强大的 YJK 平台和普及程度较高的 Revit 平台

续表

软件名称	软件介绍
Robot Structural Analysis	一款专业的结构分析软件，可以进行静力和动力分析，并生成结构计算报告
MagiCAD	一款功能强大的 BIM 深化设计软件，提供专业、高效、节约的 BIM 解决方案，专注机电工程 36 年，覆盖全球 80 多个国家
Revit MEP	Revit 的衍生版本，专注于机电工程设计和协同，支持多专业协作和冲突检测
AutoCAD MEP	MEP（Mechanical，Electrical，Plumbing），是一款专业的机电工程设计软件，具备全面的机电系统建模和分析工具
Trimble MEP	一款专业的机电工程设计和协同软件，适用于电气、暖通空调和给水排水等领域
BIMMAKE	一款基于广联达自主知识产权图形平台和参数化建模技术，为 BIM 工程师打造的聚焦于施工全过程的 BIM 建模及专业化应用软件
MicroStation	一款通用的二维和三维设计软件，支持多种行业标准和格式，可以与 Revit 等软件进行数据交换
SolidWorks	一款专业的三维建模软件，适用于机械、工业、建筑等领域，可以进行结构分析、运动仿真、渲染等功能
CATIA	一款高端的三维设计软件，主要用于航空、汽车、造船等行业，可以进行复杂曲面建模、参数化设计、工程分析等功能

1. 建筑设计软件

这类软件主要用于建筑模型的创建、编辑和管理，生成施工图和渲染图像等任务，通常具有直观的用户界面和丰富的建模工具。比如 Revit 是 Autodesk 公司开发的一款集建筑、结构、机电于一体的 BIM 软件，可以借助一些插件如：建模助手、MagiCAD 等实现三维建模、协同设计、碰撞检测、出图等功能。还有 Sketch Up、ArchiCAD、Vectorworks Architect、Rhino 等软件，也是一些常用的建筑三维建模软件。

2. 结构设计软件

这类软件专注于结构模型的创建、编辑和管理，并生成详细的结构施工图纸，具有强大的结构建模和分析功能。比如 Tekla Structures，是芬兰 Tekla 公司开发的一款钢结构详图设计软件，可以进行钢结构建模、深化设计、出图出料等功能。还有 3D3S、STAAD. Pro、YJK、Robot Structural Analysis 等软件，也是一些常用的结构设计分析软件。

3. 机电工程设计软件

这类软件主要用于机电设备和系统模型的创建、编辑和管理，并进行工程分析和协调，通常涵盖了电气、暖通空调、给水排水等各个方面的设计需求。比如 MagiCAD，是芬兰 Progman 公司开发的一款基于 Revit 平台的机电设计软件，可以进行暖通空调、给水排水、电气等专业的设计和计算。还有 Revit MEP、AutoCAD MEP、Trimble MEP 等软件，也是一些常用的机电设计软件。

4. 综合管理软件

这类软件是用于对不同专业的 BIM 模型进行综合管理和应用的软件。比如 Navisworks，是 Autodesk 公司开发的一款 BIM 项目协作和管理软件，可以进行模型集成、碰撞检测、施工模拟等功能。还有 Solibri Model Checker、BIMMAKE 等软件，也是一些常用的 BIM 综合管理软件。

以上是目前市场上一些主流的 BIM 深化设计软件，它们具有不同的功能和特点，适用于不同类型和规模的建筑项目。设计师可以根据自己的需求和工作流程选择适合的软件，并结合实际项目使用。此外，要确保软件与其他工具和平台的兼容性，以便支持完整的 BIM 工作流程。建议在选择软件之前先了解其功能特点，并进行试用和评估，以确保最佳的软件选择和项目执行效果。

同时，随着 BIM 技术的快速发展，市场上还会不断涌现新的 BIM 软件和工具，为建筑工程数字化设计提供更多选择和可能性。但无论选择哪种 BIM 深化设计软件，都需要建筑专业人员具备相应的培训和技能，以充分发挥 BIM 工具的优势。此外，BIM 深化设计软件的选择还应考虑团队之间的协作和数据交流的便捷性，以确保项目的高效进行。因此，在选择 BIM 软件时，除了功能和特点外，还应考虑供应商的技术支持和软件的稳定性，以确保长期项目成功进行。

根据我国装配式建筑的设计规范、工厂生产线工艺要求以及施工现场的工法要求，单纯使用上述深化设计软件无法直接实现装配式建筑全产业链和全生命周期的应用。因为装配式建筑是一个系统工程，需要装配式建筑设计软件具备合理的架构，并与装配式建筑行业内普遍的流程标准相匹配。同时，软件的开发与装配式建筑设计标准可以相互促进，设计标准的制定可以推动软件的实际应用，而软件的实际应用又能提高设计质量和效率。

3.2 装配式混凝土结构 BIM 拆分设计

装配式混凝土结构 BIM 拆分设计是将 BIM 技术应用于装配式混凝土结构项目的深化设计中，通过将整体结构按照构件或组件进行拆分，并进行详细建模和设计，实现对装配式结构项目各个环节的优化和精细化控制，能够提高装配式混凝土结构的设计效率和质量，实现施工和运维的无缝衔接。

装配式混凝土结构 BIM 拆分设计的实施，为深化设计提供了更为精细化的工具和方法。通过将结构分解为构件或组件，实现详细的建模和设计，能够更好地控制施工质量和进度，并提供决策支持和优化方案，通常包含分阶段拆分建模、组件化建模、接口协调与碰撞检测及工序优化与物料管理，详见图 3-2。

分阶段拆分建模：装配式混凝土结构通常按照不同的施工工序进行拆分，如模板制

```
                    ┌─────────────────┐
                    │  装配式混凝土结构  │
                    │   BIM拆分设计     │
                    └────────┬────────┘
          ┌──────────┬───────┴───────┬──────────┐
    ┌─────┴─────┐ ┌──┴──────┐ ┌──────┴──────┐ ┌─┴─────────┐
    │ 分阶段拆分建模 │ │ 组件化建模 │ │ 接口协调与碰撞检测 │ │工序优化与物料管理│
    └───────────┘ └─────────┘ └───────────┘ └───────────┘
```

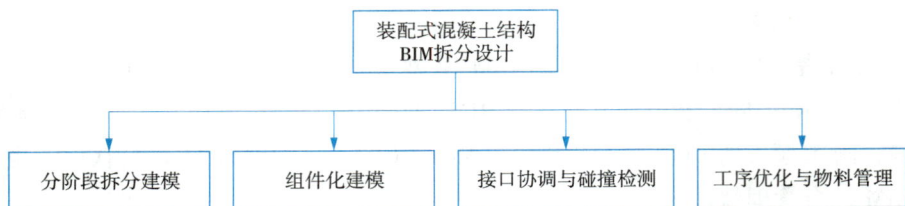

图 3-2　装配式混凝土结构 BIM 拆分设计

作、钢筋预制、构件浇筑等。BIM 拆分设计将建筑结构按照装配顺序进行阶段性地拆分建模，每个阶段对应一个详细的设计任务，保证设计和施工之间的一致性和协调性。

组件化建模：拆分后的装配式混凝土结构可以进一步按照构件或组件的粒度进行建模。通过将每个构件或组件单独建模，可以对其进行详细的几何和材料参数定义，以及施工工艺和安装方法的规划。这样可以实现对每个构件或组件的精细化控制和优化设计。

接口协调与碰撞检测：装配式混凝土结构的拆分设计强调组件之间的接口协调和一体化设计。BIM 拆分设计通过施工工序的规划、对接口位置和连接方式进行详细设计，保证构件的准确拼装和无缝连接。同时，利用 BIM 工具进行碰撞检测，及时发现并解决构件之间可能存在的干涉问题，确保施工的顺利进行。

工序优化与物料管理：通过拆分设计，可以更加精确地规划施工工序和物料管理。对于装配式混凝土结构来说，每个构件制作和安装的工序都是可以预测和计划的。BIM 拆分设计通过模拟和模型分析，优化工序安排和物料供应链，减少施工中的浪费和延误，提高工程效率和节约成本。

这种设计模式与传统的深化设计相比，在装配式混凝土结构项目中具有更高的协同性、可视化和可操作性，提供了更高效、精确和协调的深化设计方法，提升了设计、施工的效率和质量，推动了装配式混凝土结构的发展，使得装配式混凝土结构能够更好地符合项目需求，并为项目的成功交付创造更有利的条件。

3.2.1　拆分设计原则与方法

装配式混凝土建筑设计时，应按模数协调的原则集成各种要素，实现"模数统一、模块协调、少规格、多组合"的目标。根据建筑项目的特点和需求，合理确定装配件的尺寸、形状和材料等，以确保其适应不同的设计需求和环境条件，并尽可能采用标准化的模块和装配件，在尺寸、形状、接口等方面进行统一，以提高生产效率和工艺可控性；此外，还需综合考虑到运输的便利性、安装与拆卸的安全性、维修和更换的合理性等因素。

预制构件制造过程中模板制作占费用较高，采用标准化构件可以提高模板重复利用率，大大降低每个构件分摊的模板制作成本。只有达到标准化设计，采用更多的标准化构件，才能降低建造成本，提高建造速度与质量。

例如：为了减少预制叠合楼板和空调板的种类，降低叠合楼板的生产费用，在水平构件拆分设计时，应按照 2m 或 3m 进行模数协调。叠合楼板分成双向板和单向板，在板缝预留位置和规格的选择上，应尽量统一，以方便后续施工。在预制楼梯板的深化设计中，应该根据楼梯间的开间和进深，选择标准图集中的预制楼梯，并结合生产和施工工艺进行优化，以提高生产和施工效率。通过对设计的优化，可以采用少规格的定型模板和组合模板来进行现浇部分的施工，从而缩短工期并保证质量。

拆分设计是装配式混凝土结构 BIM 深化设计的核心内容，涉及将整体结构按照构件或组件进行拆分，并进行详细建模和设计的过程（图 3-3）。设计师可以将复杂的装配式混凝土建筑拆分为多个简单的模块和结构单元，从而实现装配建筑的高效设计和施工，主要包括以下方法：

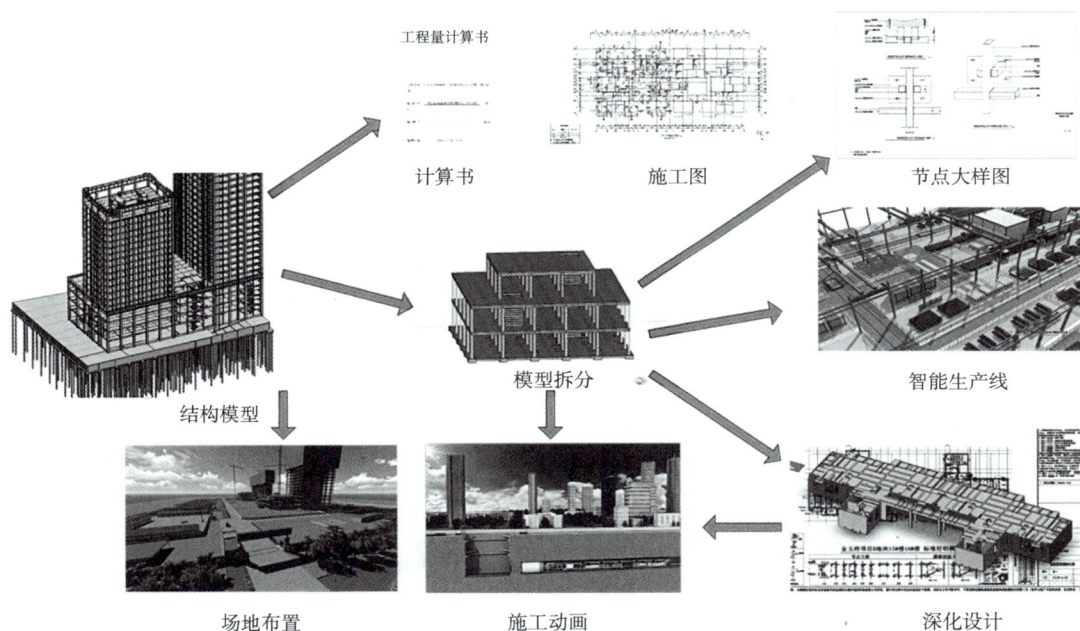

工程量计算书

计算书　　　　　施工图　　　　　节点大样图

结构模型　　　　　模型拆分　　　　　智能生产线

场地布置　　　　　施工动画　　　　　深化设计

图 3-3　装配式混凝土结构 BIM 拆分设计流程

1）模块化设计：将建筑设计分解为多个模块，每个模块都可以独立进行设计、制作和安装。模块化设计可以提高施工效率和质量，并且可以方便后期维护和改造。

2）功能分区：根据建筑的功能需求，将建筑物拆分为不同的功能区域。例如，办公楼可以拆分为办公区、会议区、休息区等。功能分区可以确保每个区域的建筑结构和装配件的设计都能满足相应的功能需求。

3）空间分割：根据建筑平面布局和立面形式，在垂直方向上将建筑分割为不同的空间层次。通过空间分割，可以使装配件的尺寸和重量变得更加合理，方便制造和安装。

4）结构分解：将建筑的整体结构分解为不同的结构单元，例如，框架结构、墙体结构、楼板结构等。每个结构单元可以独立进行设计和制作，并可以方便地进行集成和组装。

5）加工优化：对各个装配件进行加工优化，使其尺寸和形状更加标准化和规整化。通过加工优化，可以减少浪费和误差，提高装配精度和效率。

6）接口统一：各个装配件之间的接口应尽量统一，使其能够方便地连接和组装。接口统一可以提高装配速度，并减少施工过程中的错误。

装配式建筑目前面临的一个挑战是产业集成化程度较低。然而，装配式建筑可以借助 Revit 软件中的族文件来解决这个问题。通过使用族文件，我们可以快速布置同一类型、不同尺寸的构件，并结合装配式建筑的特点，实现一键生成钢筋的功能。例如，在设计带有窗户的外墙时，Revit 可以自动在外墙处布置洞口加强筋，使两侧的钢筋伸出墙体。这样的功能使得构件的布局更加自然和高效。通过 Revit 软件的支持，装配式建筑在产业集成化方面可以得到明显地改善，提高设计和施工过程的效率，并确保建筑的结构和安全性。

目前，利用 BIM 软件能对常见的构件进行拆分与深化设计，并且能够实现快速编号，快速导图，拆分后的构件，能保留单个构件的结构、材料、材质信息。对于预制梁、预制板、预制墙等常见预制构件，现有的软件也已经实现了参数化拆分。对于同一类型、不同尺寸的构件，可以建立参数化的族，能快速对大量构件进行设计，并且预制构件厂或者设计单位可以定制自己的族，用在不同建筑间，实现标准化（图 3-4）。

对于模型拆分，建筑标准化设计中的标准化又包括平面标准化、立面标准化、构件标准化和部品部件标准化。

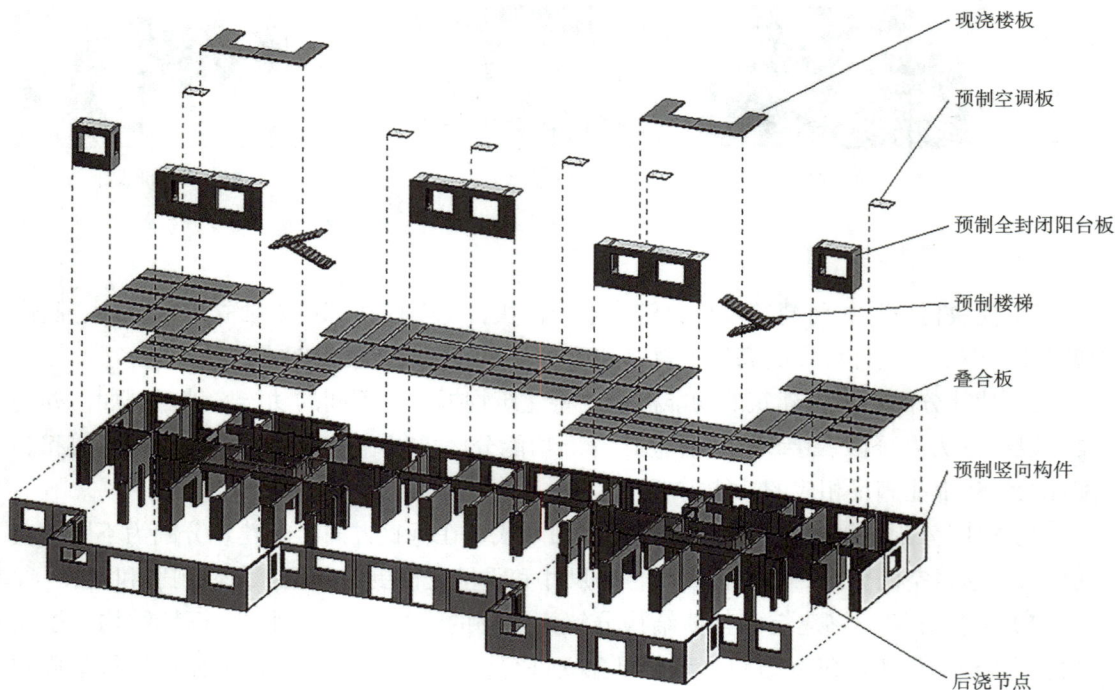

现浇楼板

预制空调板

预制全封闭阳台板

预制楼梯

叠合板

预制竖向构件

后浇节点

图 3-4　标准层拆分爆炸图

1）平面标准化：平面标准化即通过定义出一些常用的标准户型、功能单元，在建筑平面设计时由这些标准单元进行不同的模块化组合，实现建筑平面的多样化，即有限模块的无限生长。

2）立面标准化：立面标准化是指将外墙板、门窗、阳台、空调板、色彩单元等进行模块化集成。

3）构件标准化：装配式建筑是将工厂生产的预制构件和部品部件在工地装配而成的建筑，必然要求构件标准化。

通过采用标准化的户型模块，可以保证预制构件的规格较少，且具备较高的标准化程度。在非承重的竖向部分，如外墙和内墙，可以采用专门的技术将其制作成标准化的构件，从而有效地降低成本。对于现浇部分的节点，通过进行结构优化，也可以实现标准化设计，以方便施工。在构件的标准化设计中，可以通过确定最大公约数来确定构件的基本规格，以提高重复使用率。对于其他构件，可以采用统一的边长，并按照模数系列进行变化，以方便生产组织。

4）部品部件标准化：建筑部品部件是指具有相对独立功能的建筑产品，如厨房、卫生间、装饰部件等。对厨房、卫生间等功能模块进行标准化设计，能覆盖多种标准户型，可有效提高标准化程度。

3.2.2 基于 BIM 拆分设计的协同优化

一个建筑工程项目需要从多个专业出发进行设计和分析，包含了建筑的结构、相关施工技术、施工设备仪器等，而对于同一个专业领域中的设计问题，也需要多名设计师进行共同设计作业，从而最大程度保障设计方案的科学性、合理性。而传统的设计中以二维图纸交付，许多专业领域之间的设计是相互分开的，并没有一个信息交流和传递的过程，从而不能得到很好地合作，存在信息沟通不畅，常出现漏、错、缺、碰等问题。

采用 BIM 技术可以很好地规避此类问题，BIM 核心软件提供有模型链接、工作集两种协同方案。如双方设计内容有交叉，可以直接基于三维模型进行线上交流，向对方发送申请编辑权限请求进行修改，最后将完成的设计成果通过局域网同步上传到服务器的中心文件，实现专业间及专业内部之间设计信息的有效传递和交流，减少设计变更。基于 BIM 的设计要求各专业间配合、协调、精确、同步。通过协同化设计，使得建筑工程设计之间的各个专业可以实现信息的共享和传递，合作更加和谐和紧密，提升设计效率。图 3-5 为 BIM 协同设计原理图。

BIM 技术还可以通过碰撞检测和冲突解决等功能，帮助设计团队在拆分设计过程中，实现协同工作和信息共享。拆分设计涉及多个专业领域的设计师，他们需要共同合作来完成各自专业的设计任务。BIM 模型的创建和共享，使得各方设计师可以在同一个模型中进行设计，通过实时协作和信息共享，可以减少设计错误和冲突，提高设计的准确性和一致性。

基于 BIM 的拆分设计可以通过模型细化和模块化设计实现各个构件的优化。拆分设计将建筑设计分解为多个模块或构件，BIM 技术可以对每个模块进行细化建模，并进行优化设计。通过 BIM 软件的功能，设计师可以对构件的材料、尺寸、连接方式等进行模拟和分析，以优化构件的性能和成本。同时，基于 BIM 的拆分设计也可以将改进后的构件参数更新到模型中，实现模型的实时更新和一致性。

基于 BIM 的拆分设计可以利用

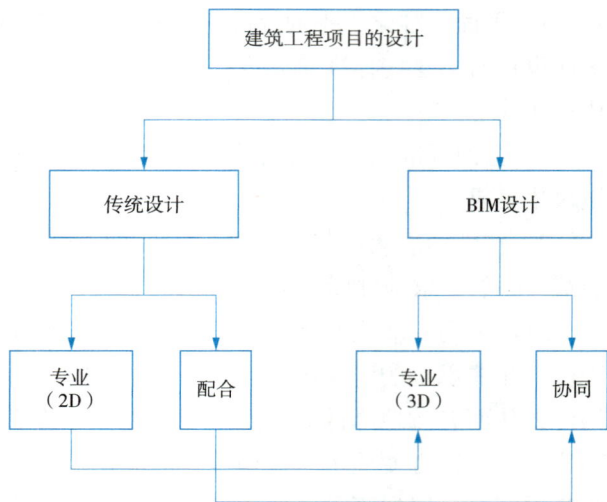

图 3-5　BIM 协同设计原理图

BIM 模型与其他工程领域模型的协同，进行各环节的优化设计。在拆分设计中，与结构、机电等其他工程领域的设计密切相关。通过将 BIM 模型与这些领域的模型进行协同，可以实现各领域的优化设计。例如，在结构设计中，BIM 模型可以与结构分析软件进行集成，进行结构模拟和优化；在机电设计中，BIM 模型可以与模型检测软件进行协同，进行设备布置和系统分析。这样的协同优化设计可以提高各个领域之间的协同效率，减少重复设计和修改工作，同时也能够提高整体建筑的性能和可行性。

基于 BIM 的拆分设计还可以通过可视化和模拟等功能，实现对设计方案的评估和优化。BIM 模型可以用于可视化展示设计方案，在设计过程中，设计师可以通过模拟和演示等方式来评估设计方案的效果和可行性。当发现问题或需要改进时，可以对设计进行调整，并通过 BIM 模型进行实时更新和反馈。这样的可视化和模拟功能可以帮助设计团队更好地理解设计方案，提出合理化建议，并在早期阶段进行适当的调整，以优化设计，减少后期更改的成本和风险，并且能串联起装配式建筑设计、生产、施工、装修和管理的全过程，使得设计过程运转流畅，实现了 BIM 技术的真正价值。

基于 BIM 的拆分设计的协同优化体现在协同工作和信息共享、构件的细化优化、与其他工程领域的协同设计以及可视化评估和模拟等方面。通过 BIM 技术的支持，可以提高设计的准确性和一致性，优化构件和整体建筑的性能，减少冲突和错误，并增强设计团队的协同效率和工作效果。

3.2.3　基于 BIM 的预留预埋深化设计

装配式混凝土结构预留预埋涉及电、水、暖专业的预埋，应充分考虑预制构件与预埋管线、预留洞口的关系，提前进行准确定位，减少现场预埋工作，避免后期在预制构件的基础上进行二次剔凿开洞。对于叠合板、预制外墙、内墙板构件等进行电气、给水排水、供暖等专业的预留预埋深化设计，需结合各专业的施工图纸，考虑设备的安装位置、尺寸大小及便于安装等因素，建立 BIM 深化模型，与深化后的钢筋模型进行整合，依照图纸的点位进行 BIM 三维开洞，并对洞口及点位进行定位标注，导出三维与平面一一对应的构件深化图。同时各专业预留预埋如与构件内部钢筋安装发生冲突，冲突位置直观地在三维 BIM 深化模型中体现，对与钢筋冲突部位进行钢筋避让洞口调整，避免在管道及设备受钢筋影响无法安装。预留设计是基于建筑设计和相关规范要求，确定预留预埋位置、尺寸、形状等，预留设计通常涉及管线、电缆、设备、固定件等预留项目。基于 BIM 的预留预埋深化设计主要内容见表 3-3。

基于 BIM 的预留预埋深化设计主要内容   表 3-3

分类	设计内容
管道预留设计	确定建筑内外各类管线的预留位置和尺寸，例如供水管、排水管、通风管道等。预留设计需要考虑管道的布局、走向、连接方式以及与其他系统的协调
电缆预留设计	确定电力、通信、控制等各类电缆的预留位置和尺寸。预留设计需要考虑电缆的走线路径、接线盒、接口等，以满足后续电气设备的连接需求
设备预留设计	确定建筑内外的各类设备的预留位置和尺寸，例如空调机组、消防设备、安防设备等。预留设计需要考虑设备的尺寸、安装要求以及与其他系统的协调
固定件预留设计	确定建筑内外需要进行固定的各类构件、设备的预留位置和尺寸。预留设计需要考虑固定件的类型、尺寸、数量等，以确保后续设备和装置能够稳固固定在预留位置

在预制构件设计中，还应包含涉及机电专业的各种预埋件、管线、预留孔槽以及涉及施工安装所需的吊件、安装预埋件、安装孔洞等设计。

涉及机电专业的预埋件主要有：预制楼板中的电气（灯具等）预埋吊件、管道支吊架所需预埋件等；预制墙板中的电气预埋件（接线盒、配电箱、开关、插座等）、散热器支托架螺栓等。涉及预制墙、楼板开洞的机电设备主要有：风管、水管、桥架、线管等。预制墙体中线盒预埋深化设计见图 3-6，预制叠合板中线盒预埋深化设计见图 3-7。

涉及施工安装的预埋件主要有：各种预制构件脱模、吊装所需的吊件；预制墙、预制柱施工安装所需支撑、拉结等预埋件。深化过程中还要考虑模板安装的对穿螺栓孔、外防护架安装时固定螺栓孔、预制墙体支撑的斜撑预埋套筒等施工措施的预留预埋。通过三维 BIM 模型对措施进行表达，直观地反映斜撑与预埋套筒之间、上下对穿孔之间的

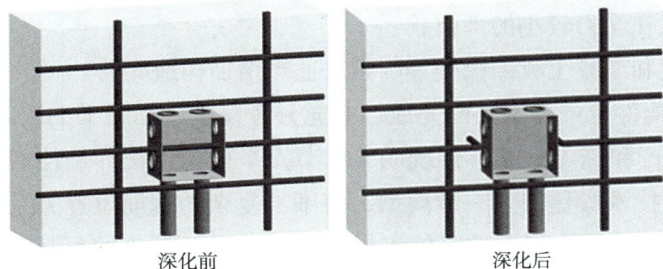

深化前   深化后

图 3-6 预制墙体中线盒预埋深化设计

预埋线盒

图 3-7 预制叠合板中线盒预埋深化设计

位置能否对应，转角位置支撑是否冲突，保证现场施工质量，防止因预制构件中施工措施的预埋出现偏差导致墙体无法施工。吊件形式可为吊钩或螺栓，吊点周围应增补加强筋，且吊件本身尺寸及布置位置还需要设计计算，其计算方法在此不做介绍。预制墙中预留预埋深化设计见图3-8。

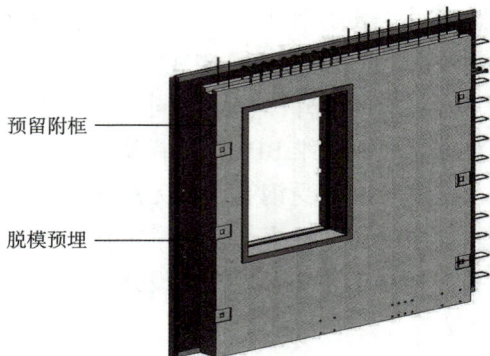

图3-8　预制墙中预留预埋深化设计

基于BIM技术的PVC排水管件直埋技术施工中，通过模型达到准确定位，解决了预留预埋件的问题隐患，可有效避免装配式结构渗漏的质量通病现象发生（图3-9）。

涉及预制构件开洞的施工因素主要有施工模板或外脚手架等所需的预留孔等。预埋件及预留孔洞的布置会影响到预制构件中已设计好的钢筋排放，需要设计者合理调整钢筋排放位置，避免碰撞。当开孔较大时，还可能会引起楼板或墙板分布筋的部分钢筋截断，此时应在洞口周边添加钢筋补强。在专业装配式建筑设

图3-9　预制叠合板中PVC排水管件预埋深化设计

计软件中，无论预埋件与钢筋间的避让，还是预留空洞的钢筋补强，程序都能自动完成。通过BIM精细化设计可充分考虑管线及其他的相关预留预埋，构件精细化设计也使得钢筋的浪费减到最少，并实现预制构件现场无差错安装。

3.2.4　基于BIM的构造节点设计

由于装配式结构要求等同于现浇结构，因此装配式结构的连接设计就非常重要。构件连接节点的选型和设计，是装配式结构安全的基本保障。在结构现浇节点设计中，需注重耐久性要求和概念设计。通过合理的连接节点和构造设计，保证构件连续性和结构整体稳定性。根据《装配式混凝土建筑技术标准》GB/T 51231—2016要求，预制构件的拼接部位应满足以下规定：

1）预制构件拼接部位的混凝土强度等级不得低于预制构件本身的强度等级；

2）预制构件的拼接位置宜设置在受力较小的部位；

3）预制构件拼接时应考虑温度和混凝土收缩徐变等因素，适当增加构造配筋。

节点设计应由设计单位与预制构件生产厂家共同完成，并充分考虑生产和施工工艺。合理的节点深化设计可极大提高生产和施工效率。传统的二维节点平面图无法详细地表达节点复杂的位置关系，通过BIM技术搭建节点三维模型，将细部复杂的钢筋位置关系通过三维模型直观地表达出来，便于施工。根据实际施工中的尺寸情况及深化的预制混凝土构件的尺寸情况，依照设计图纸给出的构造节点及图集节点建立三维模型，并进行

连接节点深化设计。可将预制构件在水平结构模型上进行节点复核，并根据实际施工安排模拟吊装过程，验证吊装方案的可行性，制订吊装顺序。BIM 技术的介入，还能有效解决竖向连接节点中，灌浆套筒与剪力墙内钢筋冲突问题，大大提高预制效率，有效避免了二次返工，提升构件质量。

1. 构造节点设计关键问题

在针对装配式建筑预制构件的深化设计节点优化问题上，需要首先明确其深化设计的三个关键问题，具体如下。

首先，节点连接技术（图 3-10）。在深化设计预制构件过程中，易发现节点连接方面存在的问题。从结构受力的角度来看，湿式连接技术如套筒灌浆和浆锚搭接可以确保预制构件连接节点具备一定的受力和变形能力，从而提高装配式建筑的延展性能和抗震性能。干式连接技术则会导致连接节点的延展性能和抗震性能较差。从现场安装工艺的角度来看，套筒灌浆和浆锚搭接技术操作复杂，需要较长的养护时间。相比之下，螺栓和焊接等干式连接技术无须湿作业，操作便捷，工时较短。而从震后修复的角度来看，湿式连接节点通常需要进行二次浇筑才能恢复，修复工艺复杂，而干式连接节点在地震时通常只需要较简单的恢复工作，人力和工时的消耗较少。

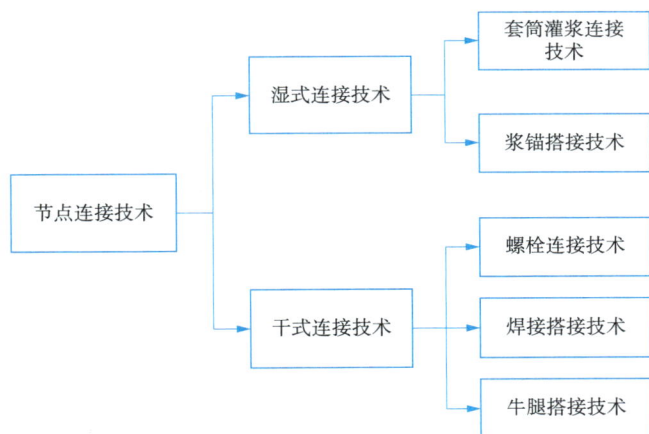

图 3-10　节点连接技术

其次，在预制设计方面，设计者应该充分考虑到设计、预制和施工等各个环节的实际情况，并与水、暖、电、气等技术人员共同设计，以确保预制构件孔道、预埋钢筋和预埋件的准确性。同时，需要参考相关规范和成功案例进行钢筋配筋设计，这是确保建筑安全的基础工作，必须精确进行。另外，还要参考各类生产模具，确保模具的强度、刚度和稳定性达标，并且尺寸和规格符合预制构件的设计要求。

最后，在施工安装阶段，应在预制构件安装之前，准确测量和核对构件边缘位置和预埋件的尺寸。使用测垂传感尺等测量工具，确保构件的尺寸和垂直度符合标准，并确保构件预埋件的数量、尺寸和位置准确，以避免安装过程中出现较大误差。在将预制构件放置在安装位置后，应使用调斜支撑进行临时固定，并进行构件安装位置的复测。如发现构件安装位置存在较大误差，应进行微调。在使用湿式连接技术时，在灌浆作业前应检测灌注浆液的强度和流动性等参数，确保达到要求后再进行灌浆，并在灌浆后进行充分养护，以确保预制构件连接部位的强度达标。通过以上措施，可以优化预制构件的设计和施工过程，提高装配式建筑的质量和安全性。

2. 构造节点大样图

装配式混凝土结构节点大样图包括一字形节点大样图、预制外墙与板连接节点大样图、L形节点大样图、T形节点大样图、楼梯节点大样图等，如图3-11所示。

3. 深化设计难题及解决方案

现浇与预制部分出现冲突问题时，深化结构第一步是在结构模型的基础上修改生成结构施工图，剪力墙被拆分为现浇段和预制段，但是在后续外墙深化拆分时出现了现浇段与预制外墙垛重合段，该部分预制还是现浇成为一个棘手的难题。

对于剪力墙结构中翼缘长度，有两种不同的思路：

第一种情况是指对于L形外墙翼缘的长度一般不超过600mm，而T形翼缘分长度一般不超过1000mm。在门窗位置上，要留出至少200mm的窗台。具体可以参考图3-12。

具体解释如下：

1）窗户的宽度为1800mm，留出的窗台宽度为200mm（方便进行拆卸），翼缘的长度为1000mm。

2）箭头所示的方向是层高方向，只有梁与现浇边缘构件的钢筋进行了锚固，下方的200mm窗台与现浇边缘构件之间没有钢筋连接，只靠预制混凝土与现浇混凝土相连。因此，在地震作用下，这个区域是比较薄弱的部分，不会与边缘构件一起承受力，所以是没有安全问题的。

3）当窗台宽度不小于600mm时，可以在外隔墙中留有空心结构，这样与现浇边缘构件交接处形成了薄弱部分，同样不会与边缘构件一起承受力，也不会有安全问题。

4）装配式规范要求约束边缘构件的部分应该现浇，而且窗户一般应该带有200mm的窗台，因此留出200mm的混凝土窗台也是出于这方面的考虑。

第二种情况是指对于L形外墙翼缘的长度可以不小于600mm，而T形翼缘分长度可以不小于1000mm，而且翼缘的端部紧贴窗户。具体可以参考图3-13。

具体解释如下：

1）窗户的宽度为1800mm，翼缘的长度为1400mm，其中600mm为现浇部分，400mm为预制部分。

2）梁与外隔墙（包括窗户）和400mm的剪力墙一起进行预制，然后将钢筋锚入600mm的现浇混凝土中。

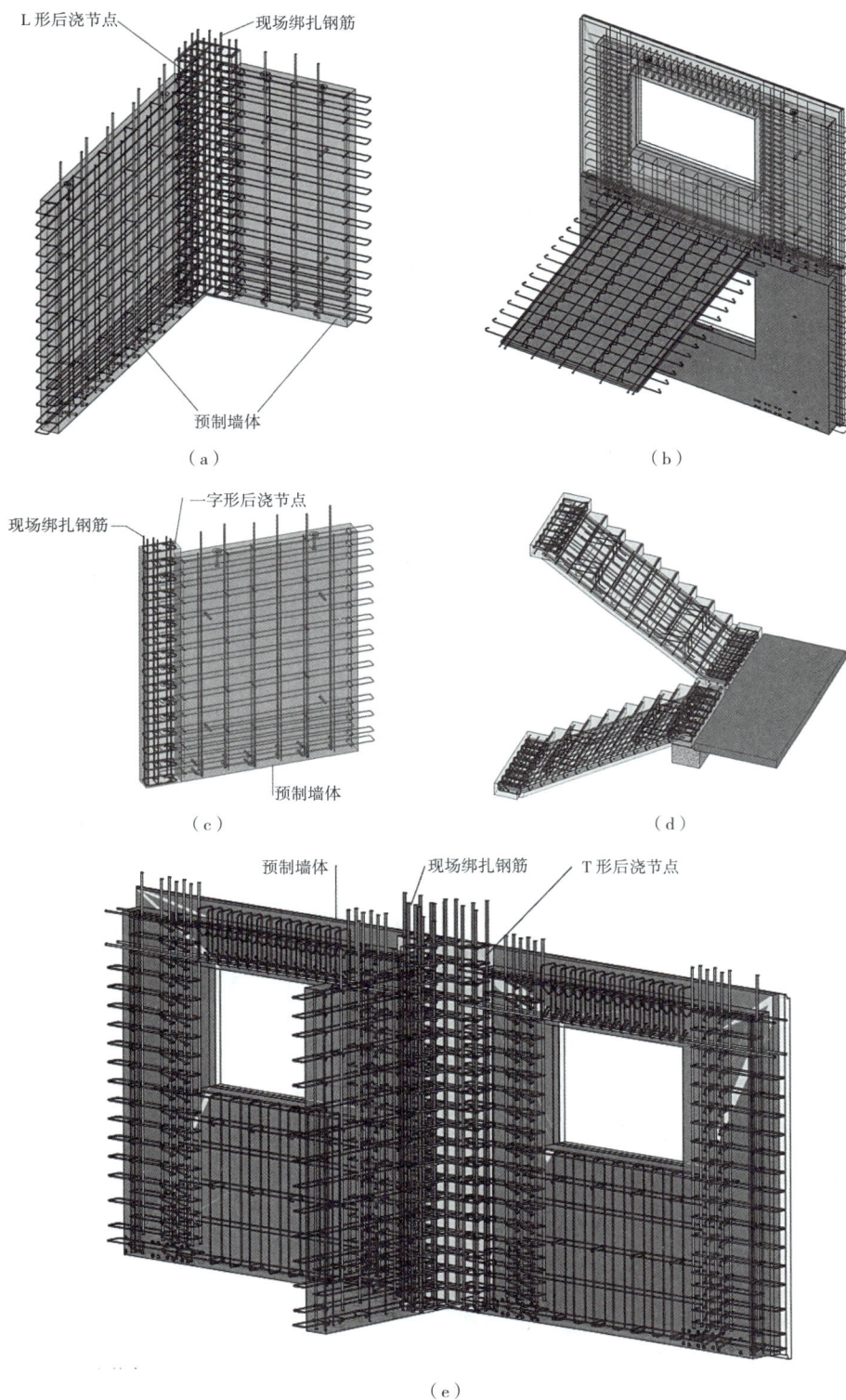

图 3-11　装配式结构节点设计

（a）L形后浇节点连接；（b）墙体与楼板连接；（c）一字形后浇节点；（d）楼梯梯段与平台连接；（e）T形后浇节点连接

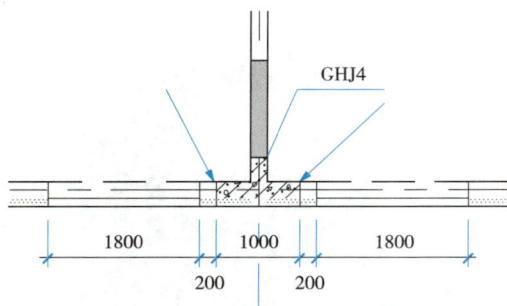

图 3-12　冲突部位方案一示意图

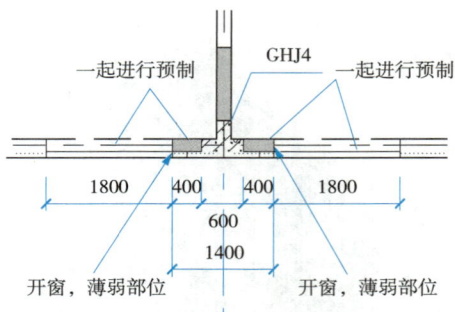

图 3-13　冲突部位方案二示意图

3）箭头所示的方向也是层高方向，与 400mm 的预制边缘构件整体相连。由于窗户开了很大的洞口，在箭头所示的位置成为薄弱部分（在地震作用下），因此不会与边缘构件一起承受力，所以也是没有安全问题的。

经比对数据与方案条件，所设计的 L、T 形剪力墙均满足方案二的要求。

选取模型中左上角的预制外墙为例（图 3-14），L 形剪力墙长度大于 600mm，T 形剪力墙长度大于 1000mm。选取方案二作为解决方法，红圈位置为冲突位置，将冲突部分与预制外墙一起预制，尺寸根据规范要求保留 450mm。在保证安全的同时，也解决了冲突矛盾。视角处于层高位置，窗与 450mm 预制边缘构件整体相连，由于开了很大的窗洞，窗旁边的垛是薄弱部位（地震作用时），不会与边缘构件形成整体一起受力，不应有安全问题，解决方案如图 3-15 所示。

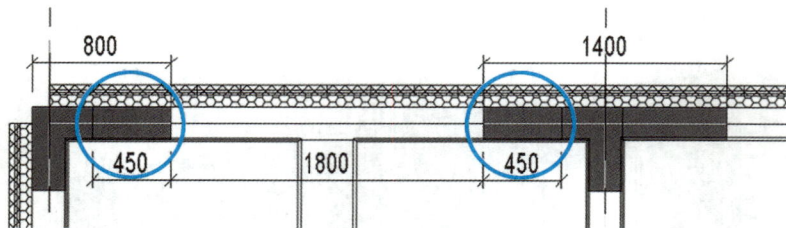

图 3-14　方案二解决方法

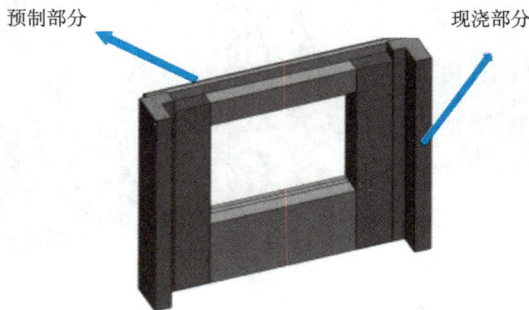

L 形外墙翼缘长度小于 600mm，T 形翼缘分长度不大于 1000mm

图 3-15　解决方案

二维码 3-2
现浇节点

4. 构造节点设计模拟施工

构造节点设计模拟施工利用 BIM 技术和相关工具，深化各连接点的施工步骤，模拟模板施工工艺流程，用于可视化交底，直观清晰，提高工作效率。可以预测并解决在施工过程中与构造节点的相关问题，确保节点的顺利施工和质量控制。现浇节点施工模拟流程图见图 3-16。

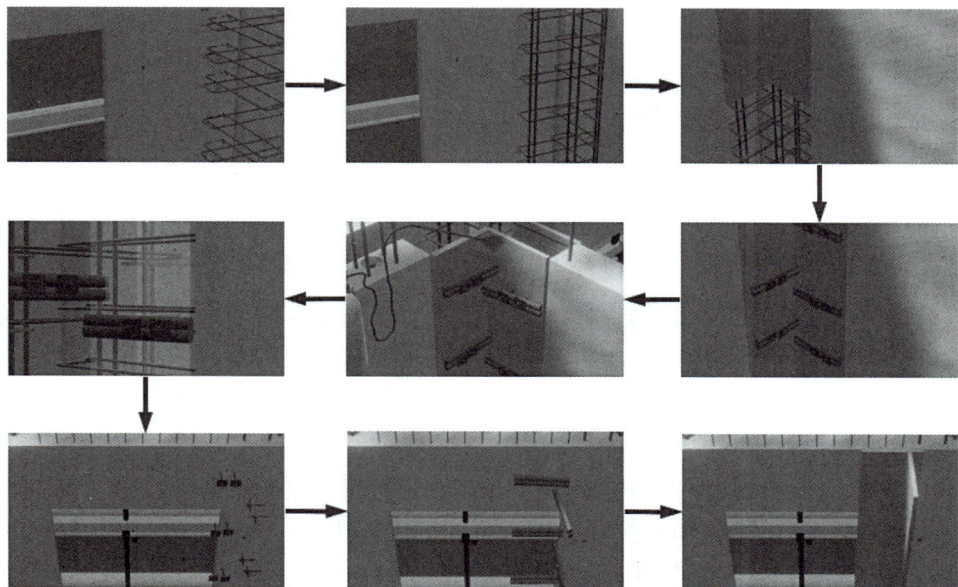

图 3-16　现浇节点施工模拟流程图

此外，还可以利用 BIM 技术进行可视化交底，使得工人对于关键节点的施工技术有更为直观地了解，进而保证工程施工质量。现场贴设二维码，扫描二维码即可浏览技术交底情况。

3.3　预制构件 BIM 深化设计

装配式混凝土结构设计以《装配式混凝土结构技术规程》JGJ 1—2014 为主要设计依据。通过采用可靠的连接技术以及必要的结构构造措施，装配式结构设计可等同现浇结构设计，与现浇结构一样采用极限状态设计方法。其中规定：装配式结构构件及节点应进行承载能力极限状态及正常使用极限状态设计，并应符合现行国家标准《混凝土结构设计标准》GB 50010—2010（2024 年版）、《建筑抗震设计标准》GB 50011—2010（2024年版）和《混凝土结构工程施工规范》GB 50666—2011 等的相关规定。

因此在装配式混凝土结构拆分计算中考虑各种荷载作用时，与现浇结构采用相同的作用和作用组合。除此之外，PC（Precast Concrete，混凝土预制件）构件在工厂生产以及施工生产环节涉及的脱模、吊装的短暂工况验算等需要额外考虑。

在制定拆分方案时，需要符合建筑预制率和装配率的要求。预制率通常是指在工业化建筑中，室外地坪以上的墙体、梁柱、楼板、楼梯、阳台等预制构件所占预制构件混凝土总用量的体积比。而装配率通常是指在工业化建筑中，使用的预制构件和建筑部件数量（或面积）占同类构件或部件总数量（或面积）的比率。一些地区的装配率是按支模面积统计的。

3.3.1 预制构件的分类和标准

预制构件的分类和标准非常重要。在装配式结构中应用 BIM 技术的关键是实现信息共享，而构件库的建立是实现信息共享的前提。基于 BIM 的预制构件库应该是设计单位和预制构件单位所共有的，这样设计人员所选择的预制构件可以在预制构件厂随时查询到，避免设计的过度定制给预制构件厂制造麻烦。预制构件库是构成模块化建筑设计的预制构件，每个预制构件都是一个不重复的模块。在 BIM 模型中，预制构件是整个构造的组成部分，其他的图纸、材料报表等信息都是通过预制构件来实现的。预制构件具有复用性、可扩展性和独立性等特点。

1）复用性是指预制构件库中的同一个预制构件可以重复应用到不同的工程中。

2）可扩展性是指当将预制构件调用到具体的工程中时，需要添加深化设计、生产、运输等信息，这些信息都添加在预制构件的信息扩展区中，以便预制构件能够满足信息扩展的需要。

3）独立性是指预制构件库中的预制构件相互独立，每个预制构件都拥有自己的独立性，不会因为被调用次数的增加而属性发生改变。

在装配式混凝土结构的 BIM 深化设计中，预制构件可按竖向和水平两个方向进行分类；按照竖向分类可分为结构上延伸的预制构件和非结构上延伸的预制构件；按照水平分类可分为整层预制构件和局部预制构件。

1）竖向分类

（1）结构上延伸的预制构件

结构上延伸的预制构件指的是能够承担荷载、传递力和变形的构件，如柱、结构墙、内隔墙、外挂墙板、楼梯等。这些构件在制造过程中需要符合国家或地区的相关标准和规范，例如混凝土强度等级、预应力张拉工艺、混凝土浇筑质量控制等。

（2）非结构上延伸的预制构件

非结构上延伸的预制构件指的是不直接承担荷载和传递力的构件，如墙板、边坡板等。这些构件在制造过程中同样需要符合国家或地区的相关标准和规范，例如构件的尺寸公差、表面质量、抗冲击能力等。

2）水平分类

（1）整层预制构件

整层预制构件指的是构件跨越整个楼层的构件，如整层楼板等。这些构件具有较大的面积和承载能力，需要具备一定的抗震性能和隔声性能。制造这类构件需要遵循相应的标准和规范，例如构件的承载能力、拼装方式、安全连接等。

（2）局部预制构件

局部预制构件指的是只覆盖部分楼层或局部用途的构件，如局部墙板、梁、阳台板等。这些构件在承载和连接方面相对较小，但同样需要符合相应的制造标准和设计要求，包括几何形状、尺寸公差、安装方式等。

预制构件按竖向和水平进行分类，并遵循相应的材料、制造、设计和安装标准，有助于实现装配式混凝土结构的精细化控制和优化设计。通过 BIM 技术的应用，可以更好地进行预制构件的设计、模拟、协调与管理，从而提高施工效率、优化工程质量，并实现工程数字化设计的目标。在预制构件的制造和应用过程中，还需遵循其他一些通用的标准和规范，例如质量检验、材料控制、现场组装与安装等方面的要求。这些标准和规范的制定和应用，有利于确保预制构件的质量和安全性，提高工程的施工效率和工期控制。

本小节将以第九届全国 BIM 毕业设计创新大赛 F 模块特等奖参赛作品为例讲解，整体模型如图 3-17 所示。

装配整体式剪力墙结构是一种钢筋混凝土剪力墙结构形式，由预制混凝土剪力墙构件和现浇混凝土剪力墙以节点连接的方式形成整体。这种结构具有可靠的传力机制。

预制混凝土剪力墙通过等强连接与相邻的竖向现浇段形成剪力墙墙段，在水平方向上连接相邻楼层的预制墙板成为整体，竖向则通过套筒灌浆连接、水平现浇带和圈梁进行衔接。预制混凝土剪力墙和现浇剪力墙是结构的竖向承重和水平抗侧力构件，通过楼板、连梁等水平构件的形成，实现整体结构体系。

在预制构件深化设计时应当满足以下要求：

1）构件规格要求：考虑生产、堆放、运输等对构件规格的限制，构件高度一般不超过 4m，宽度在 6m 左右。

2）构件重量要求：考虑构件运输、现场吊装等条件限制，墙体构件一般在 5~8t 比较适宜。

3）构件外观要求：构件外观线条简洁规整可降低生产过程中脱模难度，减少缺棱掉角现象；凹角利于模具设计；预留洞口、接槎部位、滴水线等部位做脱模坡度。

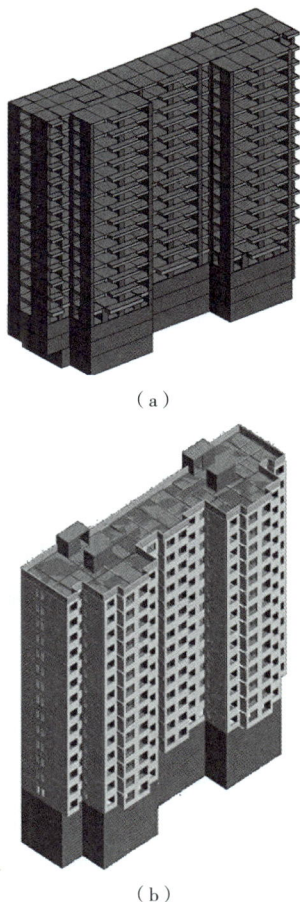

（a）

（b）

图 3-17　整体模型
（装配整体式剪力墙结构）

（a）结构模型；（b）深化模型

4）构件外露钢筋要求：一般要求均匀、统一布置，减少钢筋间距、型号的变化，避免密集排布，这都可以给构件生产及现场安装带来便利。细部设计：脱模的方式、脱模角度、脱模吊点、吊装吊点、对埋件的要求、窗框的做法、滴水线（或鹰嘴）的做法、踢脚做法等。

本模型使用的深化设计软件为 GSCAD。广厦结构 BIM 正向设计系统可让工程师直接使用 BIM 模型计算、出图和预算，通过 GSCAD 建立的结构模型，每个结构构件都保留有结构属性，可直接通过广厦软件进行结构计算，解决结构专业在 Revit 中结构信息缺失的问题，并实现在 Revit 平台上自动生成符合国内设计要求的施工图。

在本项目中，基于 GSCAD 的计算结果，以 Revit 为依托对模型进行了拆分设计，对构件进行深化设计，对于设计结果利用 Navisworks 对构件内部的钢筋和预埋件进行碰撞检查，最后利用 CAD 对最终的设计图纸进行美化修改。预制构件深化流程如图 3-18 所示。

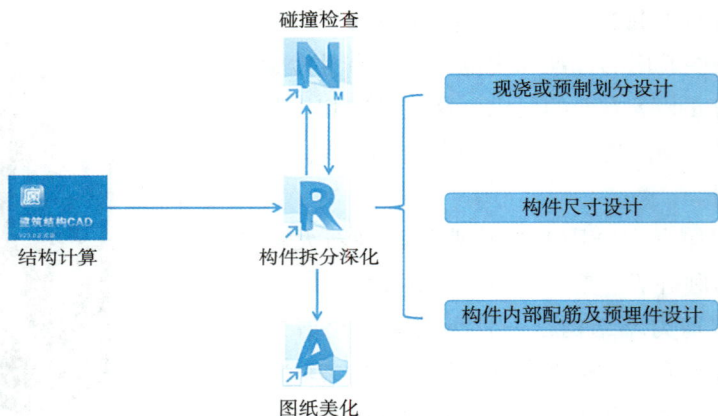

图 3-18　预制构件深化流程图

3.3.2　竖向预制构件 BIM 深化设计

1. 竖向构件拆分设计

1）在装配式剪力墙结构中，L、T 形等外部或内部剪力墙中墙身长度不小于 1000mm 时，墙身（非阴影部分）一般预制，但其边缘构件处现浇（阴影部位）。外隔墙（带梁）一般为预制。

2）在竖向构件拆分过程中，会遇到预制外墙较短，且全部开窗或开洞的情况，因此，在处理这部分构件拆分，可将预制外墙与相邻的剪力墙边缘构件（暗柱）一起预制，将现浇部位向内移，以满足《装配式混凝土结构技术规程》JGJ 1—2014 中洞口两侧的墙肢宽度不小于 200mm 的要求（图 3-19）。

3）由于 GSCAD 中自动出施工图会对边缘构件位置进行自动配筋，但其配筋常存在配筋率不满足要求的情况，为此可以通过软件内部的校核审查功能，查找配筋率相差大于 2% 的边缘构件（暗柱）并手动配筋以达到配筋率的要求。

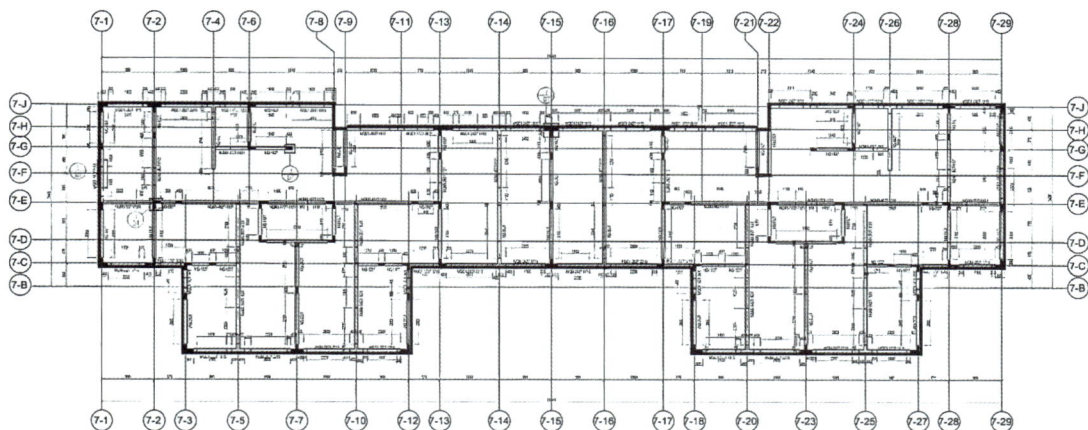

图 3-19　竖向预制构件拆分布置图

2. 预制外墙设计

本项目采用预制混凝土夹心保温外墙板（建筑装饰、保温、结构一体化的复合墙板）作为外墙，如图 3-20 所示，这一构件设计在装配整体式剪力墙结构中应用最为广泛。

预制混凝土夹心保温外墙板的具体设计如下：

1）内叶墙板为结构层，厚度为 200mm，内部配置钢筋满足预制外墙的受力要求。

2）保温层根据不同地区取值不同，本项目根据北京地方标准要求，采用 B1 级保温材料的

图 3-20　预制单窗外墙深化设计图

外保温系统应采用不燃材料做防护层，防护层厚度为 50mm。

3）外叶墙板是建筑的装饰层，厚度为 60mm。外叶墙板不仅可以作为现浇节点模板，其防火性能也比现浇墙体更好。外叶板的表面可以采用清水混凝土、瓷砖、石材、纹理和涂料等不同的饰面材料。如果需要在外叶板上设置线条等造型，建议采用凹槽的形式，但深度不宜大于 20mm，并且要确保外叶板钢筋网片的保护层厚度。

在预制外墙的三层材料之间，需要使用保温连接件将各部分连接为整体。此外，夹心外墙板还具有以下特点：能够满足结构受力、建筑装饰和保温的需求，同时解决了预制墙体接缝的防水问题。

3. 预制内墙设计

本项目抗震设防烈度为 8 度，层数为 14 层，根据比赛项目的建筑施工图可知，仍采用预制承重内墙板与轻质隔墙相结合的方案，结构施工图中拆分出的内墙为承重内墙板，未标出起隔断作用的墙为轻质隔墙。

预制承重内墙板厚度为 200mm，内部填充聚苯板实现结构开洞，聚苯板填充范围内的墙体按构造填充墙体设计，可避免现场湿作业且质量可靠。这种预制内墙板的材料轻、承重力高、隔声、隔热，并且成本还低于传统的材料，物美价廉，性能优化，如图 3-21 所示。

4. 预制楼梯设计

住宅预制楼梯的标准化程度较高，安装便捷，实现免装饰，在装配整体式剪力墙结构中应用广泛。为增强楼梯间四周墙体的侧向约束，休息平台板采用现浇，如图 3-22 所示。

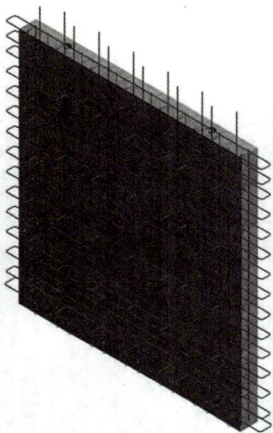

图 3-21 预制内墙深化设计图　　　　图 3-22 预制楼梯深化设计图

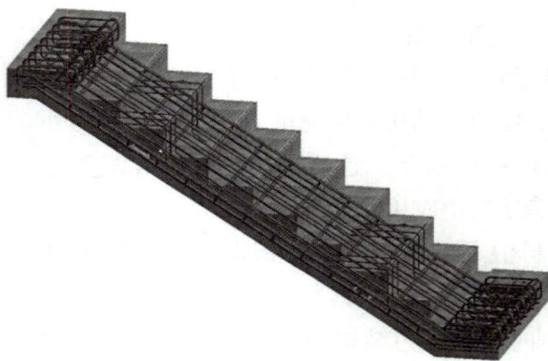

预制楼梯生产中，扶手预埋件可提前埋好，与防滑条、滴水线等构造通过定模生产一次浇筑成型，减少现场楼梯二次处理工艺；预制楼梯较现浇楼梯质量高、观感好，具有清水混凝土的美观效果。

根据《预制钢筋混凝板式楼梯》15G367-1、《装配式混凝土结构连接节点构造（楼盖结构和楼梯）》15G310-1、《装配式混凝土结构连接点构造（剪力墙结构）》15G310-2，本项目采用了上端铰支座，下端滑动支座。

3.3.3　水平预制构件 BIM 深化设计

1. 水平构件拆分设计

1）根据建筑图以及户型大样图对建筑进行房间划分，通过设置剪力墙以及梁来划分不同的房间，根据房间的长宽比来指定单向板和双向板，长宽比大于 3 的板为单向板，长宽比小于 2 的板为双向板，长宽比介于 2 和 3 之间的板可按单向板或双向板计算，通过划分确定本建筑标准层不存在长宽比大于 3 的预制楼板，因此均按双向板进行装配式叠合楼板设计。

2）根据《桁架钢筋混凝土叠合板（60mm 厚底板）》15G366-1 为保证达到标准化设计的要求，确定预制叠合板的宽度采用 1200mm、1500mm、1800mm、2000mm 为控制尺寸。楼板拆分的原则有：在满足吊装要求和运输要求的前提下，尽量不拆分；通过划分房间，调节板缝尺寸等方式实现"少规格，多组合"；同一标准层内尽量统一楼板拆分后的尺寸。

3）双向叠合板板侧的整体式接缝宜设置在叠合板次要受力方向且宜避开最大弯矩截面。接缝采用现浇方式。

4）根据户型大样图中的标高设置，对楼板进行降板，其中普通楼板结构标高降低 100mm，卫生间采用小降板形式，结构标高降低 140mm，卫生间室内外高差 40mm，经查阅相关材料，本结构卫生间为微降板，可采用装配式叠合楼板，因此水平构件拆分布置中包括对卫生间叠合楼板拆分布置（图 3-23）。

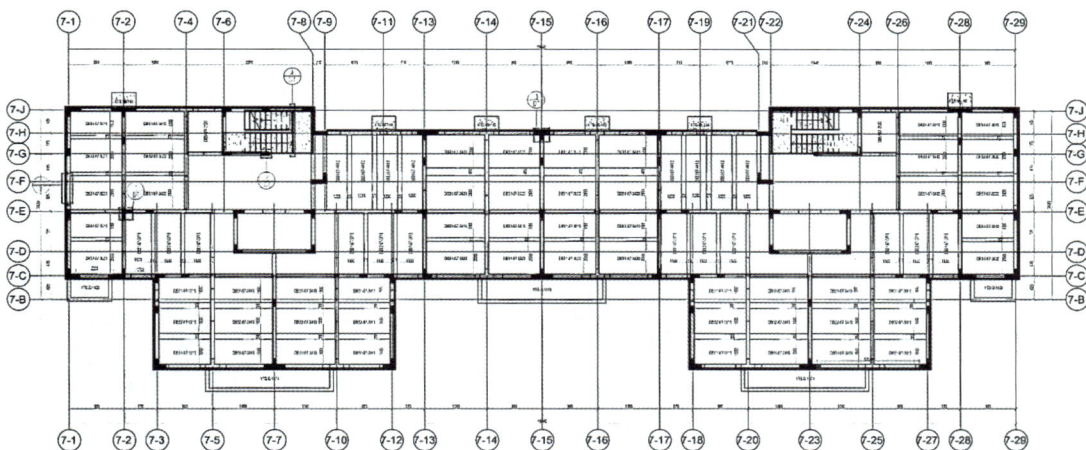

图 3-23 水平预制构件拆分布置示意图

2. 预制叠合板设计

叠合楼板是将预制板和现浇钢筋混凝土层叠合而成的，以形成装配式整体楼板，如图 3-24 所示。叠合楼板具有整体性好、上下表面平整、适于饰面层装修的优点，适用于要求整体刚度较高的高层建筑和大开间建筑。预制板不仅是楼板结构的组成部分之一，还是现浇钢筋混凝土叠合层的永久性模板，现浇叠合层内可以敷设水平设备管线。

3. 预制阳台设计

为增加建筑的整体性，本项目采用预制钢筋混凝土叠合阳台板结构设计（图 3-25），该设计可与叠合楼板配套使用，在工厂中完成阳台的部分预制，并在现场进行吊装和剩余的钢筋绑扎与混凝土浇筑。设计时，新定制阳台板族可在 Revit 内调整相关参数，完成模型建立，通过计算配筋预制阳台板配筋设计，并对其进行吊装验算和脱模验算，结果

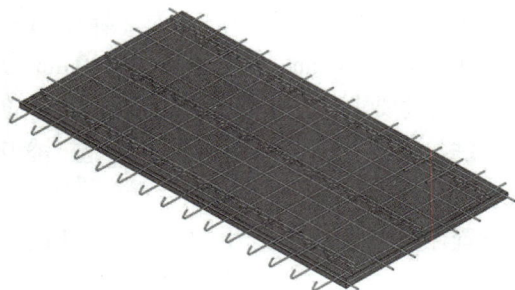

图 3-24 叠合板深化设计图

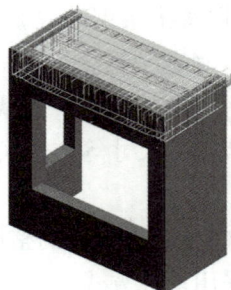

图 3-25 叠合板深化设计图

均满足受力要求。叠合阳台板钢筋架的外伸钢筋长度为 300mm，方便后期施工时阳台与叠合楼板的绑扎固定。

3.3.4 预制构件基于 BIM 的质量控制和信息管理

通过数据转换，可将深化设计阶段得到的三维模型数据传递至加工工厂，实现 PC 构件自动生产。基于 BIM 智慧平台，对生产合同进行管理，包括订单列表显示、生产订单维护。合同签订后生产部可根据产能规划安排生产方案，同时采购部门开始进行该工程项目的物资采购、车间成品堆场开始整理准备等工作，全工厂实现信息化管理。

项目可通过二维码进行 PC 加工、运输、安装等全流程跟踪，各参与方可以通过 PC 构件上的二维码获取相应构件设计、加工、运输、施工全流程信息，如图 3-26 所示。

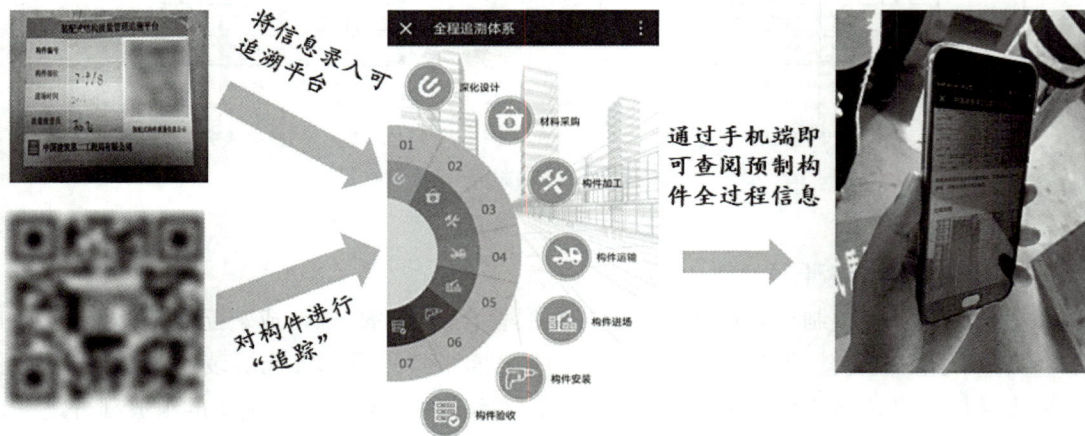

图 3-26 预制构件二维码全流程跟踪

装配式建筑的构件拆分编号常见规则有：

1）预制构件编号一般表示为"编号前缀 – 顺序号 – 分类序号"或"编号前缀 – 顺序号"。当考虑了全楼预制构件之间的归并后，具体由归并原则决定。

2）当不考虑本楼层中预制构件间的相同归并时，预制构件编号也可直接表示为"编号前缀 – 顺序号"，即相同标准层之间，同一位置采用统一顺序号。

编号内容：

1）编号前缀。常规情况下，参与的预制构件编号的构件类型与默认编号前缀为：叠合梁（PCL）、预制柱（PCZ）、叠合板（PCB）、预制内墙（NQ）、预制外墙（WQ）、外挂墙板（GB）、空调板（KTB）、阳台板（YTB）、预制楼梯（LT）等。各设计单位也可按各自的惯例自定义前缀，并在说明中标注出。

2）顺序号。不论是否考虑了预制构件间的归并，常规的编号顺序是由左至右、由下至上。如果不考虑归并，本楼层内每个预制构件都有一个序号；考虑归并时，相同构件为同一序号。

3）分类序号。如果预制构件编号分类原则是当几何尺寸（包括细部构造）与配筋设计均相同时才归并为一类，则不需要分类序号。当预制构件编号分类原则是仅按几何尺寸（包括细部构造）进行归并排出序号时，配筋设计的差异用分类序号表示。

预制构件的归并有利于生产排产，节省模具，但归并是一个细致、烦琐的工作，靠一般通用的非专业软件是难以实现的，此时只能采用不归并的方法。当应用专业的装配式建筑设计软件时则可方便地进行自动归并，还能指定归并规则、进行修改调整等一系列功能。

构件信息是预制构件类中的基本参数。在深化设计阶段，需要对预制构件的细节进行设计，包括混凝土尺寸及细部构造、连接设计、内部钢筋的设计调整、预留预埋设计等大类，每中均含有一系列参数信息。

PC 构件除外形尺寸基本信息外，还包含常见的混凝土墙板或楼板细部构造做法，如预制构件在脱模的过程中，为了保证与模板顺利分离，需要做一些倒角，倒角也需要在拆分设计中形成。

上述项目模型中，项目成员通过调研装配式预制构件生产工艺流程、施工工艺流程及对 BIMFILM 软件的系统学习，完成预制带窗外墙、预制叠合板生产工艺动画及各预制构件施工吊装动画，熟悉预制构件生产工艺流程及施工吊装流程，了解生产制作及施工吊装时需要注意的质量及安全保证措施。装配式施工质量控制主要有八个方面，针对这八个方面，需在建模过程中对其进行处理和调整，以达到质量合格的要求。

1）预制构件进场检验。预制构件进场时应全数检查外观质量，不得有严重缺陷，且不应有一般缺陷。结构外观质量缺陷评价标准参考表 3-4。

结构外观质量缺陷评价标准   表 3-4

名称	现象	严重缺陷	一般缺陷
结合面	未按设计要求将结合面设置成粗糙面成键槽以及配置抗剪（抗拉）钢筋	未设粗糙面，键槽或抗剪（抗拉）钢筋缺失或不符合设计要求	设置的粗糙面不符合要求
露筋	构件内钢筋未被混凝土包裹而外漏	纵向受力钢筋有露筋	其他钢筋有少量露筋
蜂窝	混凝土表面缺少水泥砂浆而形成石子外漏	构件主要受力部位有蜂窝	其他钢筋有少量蜂窝
孔洞	混凝土中孔穴深度和长度均超过保护层厚度	构件主要受力部位有孔洞	其他钢筋有少量孔洞

续表

名称	现象	严重缺陷	一般缺陷
夹渣	混凝土中夹有杂物且深度超过保护厚度	构件主要受力部位有夹渣	其他钢筋有少量夹道
疏松	混凝土中局部不密实	构件主要受力部位有疏松	其他钢筋有少量疏松
裂纹	缝隙从混凝土表面延伸至混凝土内部	构件主要受力部位有影响结构性能或使用功能的裂缝	其他部位有少量不影响结构性能或使用功能的裂纹
连接部位缺陷	构件连换处混凝土缺陷及连接钢筋、连接件松动	连接部位有影响结构传力性能的缺陷	连接部位有少量不影响结构传力性能的缺陷
外形缺陷	缺棱角、棱角不直，翘曲不平，飞边凸肋等	清水混凝土构件有影响使用功能或装饰效果的外形缺陷	其他混凝土构件有不影响使用通通的外形缺陷
外表缺陷	构件表面麻面，掉皮、起砂、玷污等	具有重要装饰效果的清水混凝土构件有外表缺陷	其他混凝土构件有不影响使用功能的外表缺陷

在施工动画整户型安装的过程中，可在视频中设置人员对于构件进场进行检查这一步骤，以避免出现存在缺陷的情况，如图3-27所示。

图3-27 构件质量检查

2）吊装精度控制与校核。吊装质量的关键在于准确控制施工测量的精度。为确保构件整体拼装的紧密性，并避免累积误差超出允许偏差值导致后续构件无法正常吊装的问题，需要在吊装前仔细检查所有吊装控制线，并由项目部质检员和监理工程师共同验收构件的安装精度。只有在安装精度经过验收并签字通过后，才能进行下一道工序的施工。

在施工吊装动画中，可对每一个吊装就位的构件通过水准仪、经纬仪对其定位点进行校核，以确保吊装达到图纸要求的安装精度，在动画中可以详细地展示这一过程（二维码3-3~二维码3-5），如图3-28所示。

二维码3-3
预制叠合板吊装

二维码3-4
预制楼梯吊装

二维码3-5
预制外墙吊装

图 3-28　吊装精度控制与校核

3）叠合楼板及钢筋深入梁、墙尺寸不符合要求。吊装质量的关键在于准确控制施工测量的精度。为确保构件整体拼装的紧密性，并避免累积误差超出允许偏差值导致后续构件无法正常吊装的问题，需要在吊装前仔细检查所有吊装控制线，并由项目部质检员和监理工程师共同验收构件的安装精度。只有在安装精度经过验收并签字通过后，才能进行下一道工序的施工，如图 3-29 所示。

图 3-29　叠合板裂缝处理

4）安装顺序错误，预制楼梯安放困难等。工人操作时乱撬硬安，导致钢筋偏位，构件安装精度差。如图 3-30 所示，在预制楼梯吊装视频中，可以就位后用撬棍通过楔子进行微调，严禁乱撬硬安。

5）钢筋连接的偏位对于安装和连接质量都带来了困难。在预制外墙的吊装视频中提到，在吊装前需要进行插钢筋的复核，并对偏位的钢筋进行纠正，如图 3-31 所示。

6）墙板的找平垫块和灌浆不规范也会影响连接质量。在进行灌浆操作之前，应制定专门的质量保证措施，并由专职检验人员全程监督并保留现场影像资料，如图 3-32 所示。

图 3-30　预制楼梯吊装

图 3-31　钢筋偏位处理

图 3-32　灌浆找平

7）在混凝土浇筑之前，模板或连接处的缝隙封堵不好会影响观感和连接质量。应该使用胶水来封堵模板或连接处的缝隙，并加强质量控制和验收，以确保现浇结构的质量。

8）预制构件若龄期不达要求就进行安装，会导致部分构件在安装后出现质量问题。在预制构件安装之前，预制构件的混凝土强度应符合设计要求。如果设计没有具体要求，则混凝土同条件的抗压强度不应小于混凝土强度等级值的 75%。

施工质量控制体系按照 PDCA 的循环管理活动进行科学的程序运转，通过制定计划、实施、检查和处理四个阶段，将经营和生产过程的质量有机地联系起来，以确保施工质量达到工程质量的要求。

基于质量目标，制定相应的分项工程质量目标计划。在目标计划确定后，各施工现场管理人员应编制相应的工作标准，并在施工班组实施。在实施过程中，需要不断调整方式和方法，完善工作标准。施工工长和质检人员都应加强检查，及时发现问题并解决，以确保质量问题都能在施工过程中得到解决。同时，对问题进行汇总，并制定预防措施，以确保今后或下次施工中不会出现类似的问题。

3.4 装配式混凝土结构 BIM 碰撞检查与出图算量

3.4.1 碰撞检查的目的和步骤

装配式建筑深化设计需要多方协同合作，但在不断输入信息的过程中，可能会出现多种类型的碰撞问题。为了确保设计的一致性、完整性和施工可行性，可以利用 BIM 软件和相关技术进行碰撞检查，以检查和分析结构内各构件在几何和物理层面上的碰撞情况。

碰撞问题大致分为软碰撞和硬碰撞。软碰撞指实际上没有碰撞发生，但间距和空间无法满足相关施工要求（如安装、维修等）。软碰撞还包括基于时间的碰撞需求，即在动态施工过程中可能发生的碰撞情况，例如场地中车辆行驶和塔式起重机等施工机械的操作。硬碰撞指实体与实体之间的交叉碰撞。

其主要涉及以下方面：

1）预制构件组装时可能出现预制构件拼接冲突或不协调等问题，特别是在拐角和标高变化处容易出现。

2）预制构件内部的钢筋和施工埋件会对钢筋布置产生影响，需要调整钢筋或施工埋件的位置以避免碰撞。

3）预制构件外伸的钢筋之间在组装时可能会出现碰撞问题。

4）预制构件与机电管道和埋件需要考虑在预制构件上的预留预埋，以避免现场开槽。

5）预制外挂板的埋件位置需要核对，以避免错位。

6）预制墙板的灌浆套筒和连接钢筋需要核对位置，以避免错位。

碰撞检查通常包括以下 6 个步骤：

1）BIM 模型准备。在进行碰撞检查之前，需要准备好相关的 BIM 模型。这包括各相关专业的模型，如建筑、结构、机电等。确保模型的精确性和完整性，包括构件的几何形状、属性信息、材料等。

2）构件识别和分类。将各专业的构件进行识别和分类，确定每个构件的属性信息和关联关系。这样可以建立构件间的连接关系，从而进行后续的碰撞检查。

3）碰撞检查设置。在进行碰撞检查之前，需要设置检查的参数和规则。这包括定义碰撞检查的检测范围、距离容差、冲突类型等。根据具体项目的需求，制定适当的检查标准和规格。

4）碰撞检查执行。通过 BIM 软件的碰撞检查功能，对各个构件进行检查。软件会自动分析并报告出存在的冲突问题，可以通过可视化的方式呈现出冲突的位置、类型和程度。

5）冲突解决和优化。根据检查结果，设计团队需要分析和解决冲突问题。这可能需要进行构件的调整、重组、替换等操作，以消除冲突。同时，还需要考虑其他因素，如系统功能、施工可行性、成本效益等。

6）更新 BIM 模型和文档。在解决冲突问题后，需要及时更新 BIM 模型和相关文档。确保设计的一致性和完整性。这些模型和文档将为后续的施工和维护提供准确的依据。

3.4.2　BIM 碰撞检查的软件工具和结果分析

Navisworks 是一款专业的模型审阅和协调软件，可以导入多种格式的模型文件，进行模型整合、碰撞检查、动画模拟等功能。Autodesk Navisworks 解决方案支持所有项目相关方可靠地整合、分享和审阅详细的三维设计模型，在建筑信息模型（BIM）工作流中具有重要地位。Navisworks 整体软件界面如图 3-33 所示。

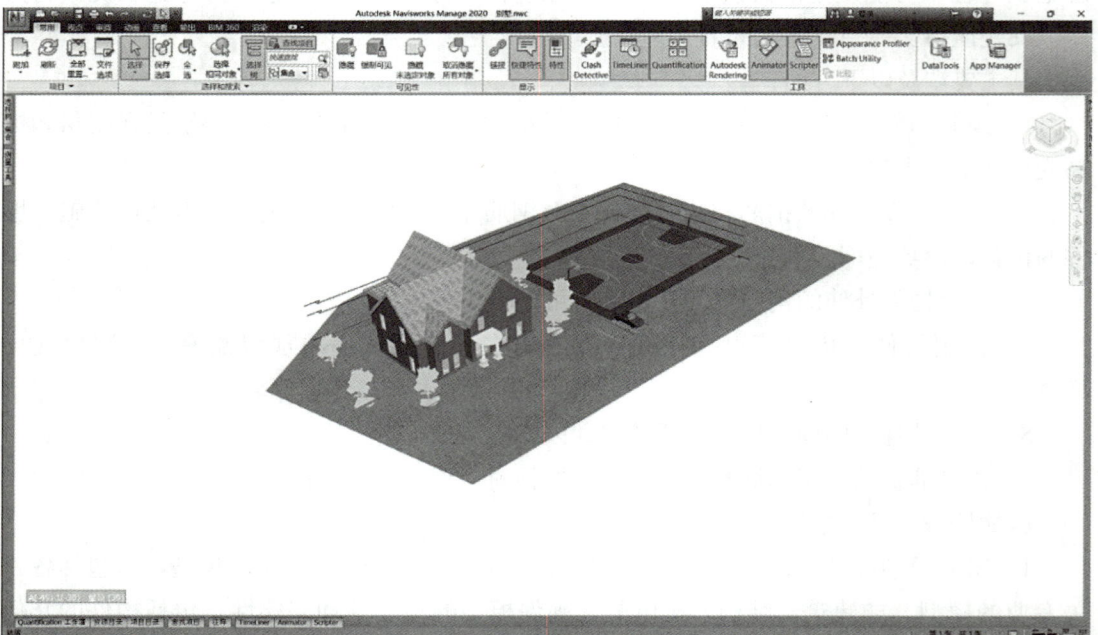

图 3-33　Navisworks 整体软件界面

Navisworks 可以导入 Revit 生成的 NWC 或 NWD 格式的模型文件，进行模型审阅和协调。导入模型后，可以在项目浏览器中查看模型的层次结构，也可以在选择树中按照不同的标准对模型进行筛选和分组。在属性窗口中，可以查看和修改模型的各种属性，如名称、颜色、材质等。在视图窗口中，可以对模型进行各种视觉效果的设置，如隐藏、透明、着色等。

Navisworks 还可以与 Revit 进行双向的交互，实现模型信息的同步和更新。在 Navisworks 中，可以使用"切换回"功能，将当前的视图切换回 Revit 中，并在 Revit 中进行修改。修改后，可以使用"刷新"功能，将修改后的模型重新导入到 Navisworks 中，并保留之前在 Navisworks 中做过的设置，这样就可以实现模型审阅和协调的闭环流程，需要注意的是本小节示例使用 Navisworks 2020 版本的软件。

Navisworks 是支持建筑或基础设施的建筑信息模型，提供建筑物建造的相关建筑、工程和营造专业人员一个审查建筑、结构、机电模型等综合模型的平台。它能帮助建筑物建造的各相关人员整合、协调、分析建筑物的相关数据，并在项目开始前了解或解决一些建造上的问题。

Navisworks 模型审阅与 Revit 交互的目的是利用 Navisworks 强大的项目检视功能，对来自 Revit 等不同来源的 BIM 模型进行整合、协调、分析和可视化，从而提高项目质量、效率和安全性，降低项目风险和成本。

Navisworks 模型审阅与 Revit 交互的操作步骤主要包括以下几个步骤：

从 Revit 导出 BIM 模型到 Navisworks，在 Revit 中打开需要导出的 BIM 模型，选择【文件】–【导出】–【NWC 格式】。在弹出的对话框中，选择导出位置和文件名，点击【保存】。等待导出完成，即可得到 NWC 格式的 BIM 模型文件，Revit 软件导出 NWC 格式文件界面如图 3-34 所示。

Navisworks 的一个重要功能是三维模型中的碰撞检测。利用【Clash Detective】工具，可以有效地发现、审查和报告三维项目模型中存在的冲突。碰撞检测不仅可以取代传统的、耗时的手动过程，还可以在一定程度上减少人为错误的风险，同时也可以突出显示潜在的冲突或不完善、不协调的施工顺序。

为了改善碰撞检测的可视效果，可以在【选项编辑器】–【工具】–【Clash Detective】面板中自定义高亮显示的颜色。碰撞检测功能与其他 Navisworks 工具结合使用，为解决冲突问题和可视化报告提供了强大的解决方案。越来越多的项目管理人员和协作人员正在使

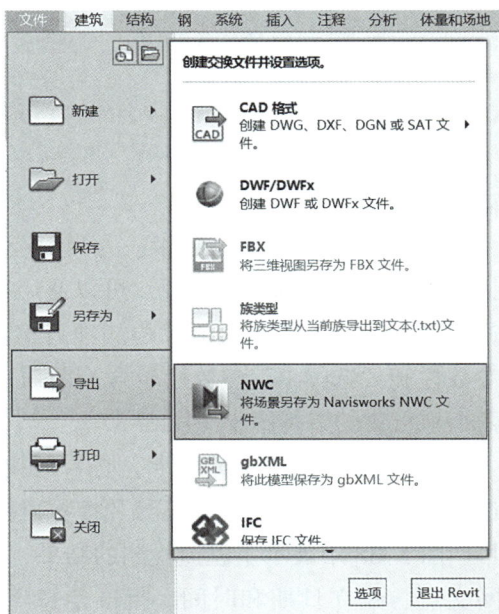

图 3-34　Revit 软件导出 NWC 格式文件界面

用这个软件来解决设计和施工效率低下的问题，提高项目的协作水平和效率。

1）打开 Navisworks 软件，导入或附加需要进行碰撞检查的模型文件。

2）单击选项卡下方面板【Clash Detective】，打开 Clash Detective 窗口，如图 3-35 所示。

3）单击【添加检测】选项卡，创建一个或多个碰撞检测。每个碰撞检测都有一个名称和一组规则，用于定义要进行碰撞检测的项目集和要忽略的条件。

4）在【规则】选项卡（图 3-36）中，可以定义和自定义适用于当前选定的碰撞检测的忽略规则。【规则】选项卡用于定义碰撞检测的忽略规则，列出了当前可用的所有规则，这些规则可用于让 Clash Detective 在碰撞检测期间忽略某个模型的几何图形。可以编辑每个默认规则，并根据需要添加新的规则。

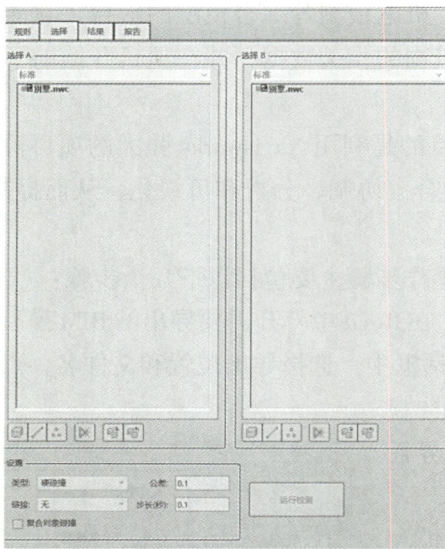

图 3-35　Clash　Detective 窗口

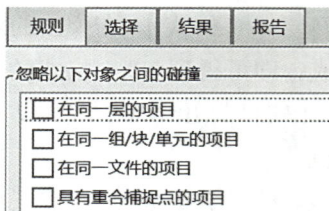

图 3-36　规则选项卡

5）单击【选择】选项卡，为当前选定的碰撞检测配置参数。在左窗格和右窗格中选择要进行碰撞检测的项目集。可以使用搜索集、选择集或直接选择项目树中的项目。通过"选择"选项卡，可以仅检测项目集，而不是针对整个模型进行碰撞检测。"选择 A"参数栏和"选择 B"参数栏包含当前项目中所有模型内容，并以相互参照的方式显示在两个项目集的树视图中（图 3-37）。

6）单击【结果】选项卡，查看已找到的碰撞。可以使用不同的控件来管理、分组、过滤、排序、高亮显示、隐藏和模拟碰撞，也可以在场景视图中直接选择和查看碰撞项目。图 3-38 中展示了碰撞检测的结果，每个结果包括碰撞名称、注释、状态、级别、轴网交点、建立日期和时间、批准信息等多个属性，可以通过右键点击属性名称，选择【选择列】选项，自定义显示或排序的属性。

图 3-37 选择选项卡

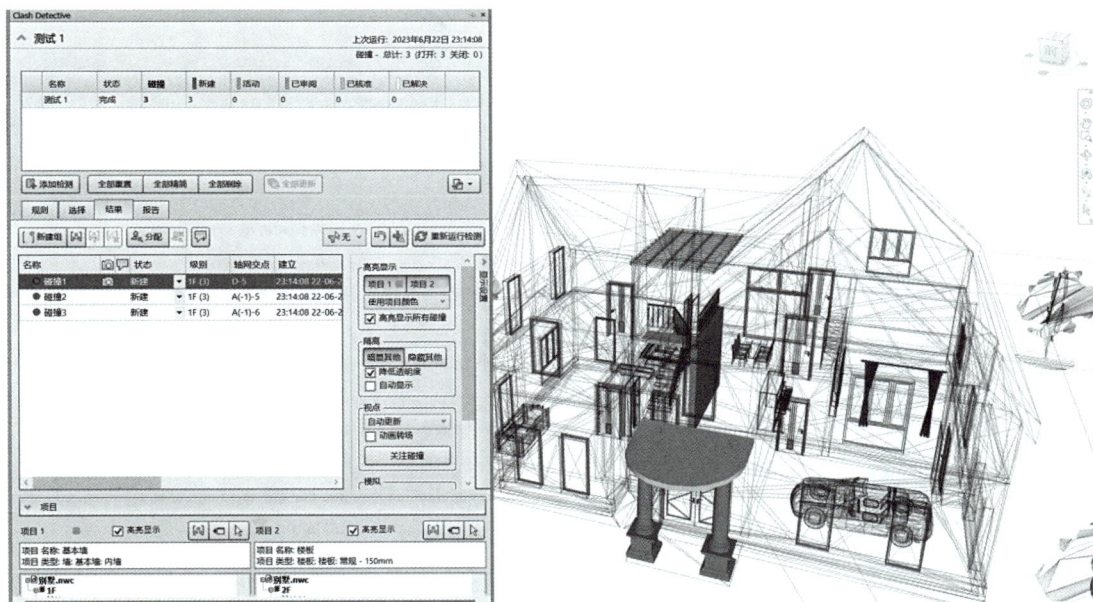

图 3-38 碰撞检测结果示意图

碰撞检测结果的组织和管理非常重要，可以对碰撞进行重命名，或者将它们归类到不同的文件夹中，方便以后查阅。有时候一个碰撞可能包含多个子碰撞。例如，一面由多个构件组成的墙与地基发生碰撞，就会显示出每个构件与地基的子碰撞。

7）单击【报告】选项卡，设置和生成包含选定测试中找到的所有碰撞结果的详细信息的报告（图 3-39），可以选择报告的格式、内容、范围和位置，导出的碰撞报告见图 3-40。

通过软件自动生成的碰撞检查报告可提交给深化设计部，用于设计协调会上讨论。碰撞检查后，模型调整可以 Revit 与 Navisworks 交互演示，需要对每一个检查产生的碰撞点进行核查。例如，当进行“硬碰硬”的碰撞检查后，选择“碰撞 2”这个点，右侧模型区域就会将该碰撞点高亮显示，此时作为管理人员便会核查该点。经检查交点并未发生交叉，模型构件位置正确，因此，可以调整该碰撞点的状态。每个碰撞点的后面都有一个“状态”栏，单击“状态”栏中的倒三角按钮，可以根据每个碰撞的实际情况选择“新建”“活动”“已审阅”“已核准”“已解决”，方便后期管理使用。

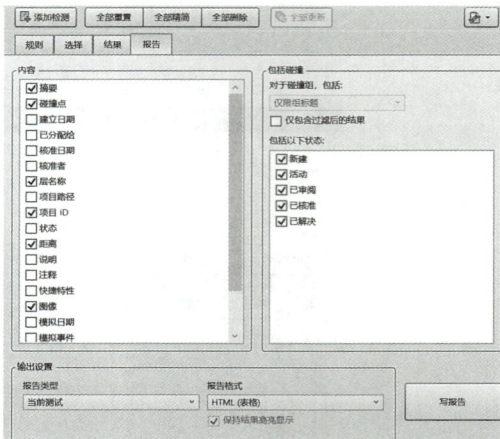

图 3-39　报告选项卡

AUTODESK® NAVISWORKS®　　碰撞报告

测试 2	公差	碰撞	新建	活动的	已审阅	已核准	已解决	类型	状态
	0.001m	6	0	0	0	0	6	硬碰撞	确定

					项目 1		项目 2	
图像	碰撞名称	距离	网格位置	碰撞点	项目 ID	图层	项目 ID	图层
	碰撞1	-0.250	H-10：标高 1	x:3.684、 y:4.907、 z:2.700	*元素 ID*: 625255	<无标高>	*元素 ID*: 577430	标高 2
	碰撞2	-0.190	B-10：标高 1	x:3.744、 y:-3.857、 z:2.700	*元素 ID*: 624448	<无标高>	*元素 ID*: 577507	标高 2
	碰撞3	-0.190	B-8：标高 1	x:-1.496、 y:-3.685、 z:2.760	*元素 ID*: 622517	<无标高>	*元素 ID*: 576772	标高 2
	碰撞4	-0.190	H-8：标高 1	x:-1.496、 y:5.063、 z:2.700	*元素 ID*: 623623	<无标高>	*元素 ID*: 576657	标高 2
	碰撞5	-0.130	H-15：标高 1	x:18.704、 y:4.625、 z:2.870	*元素 ID*: 624633	<无标高>	*元素 ID*: 576906	标高 2
	碰撞6	-0.130	H-2：标高 1	x:-16.456、 y:5.063、 z:2.870	*元素 ID*: 622794	<无标高>	*元素 ID*: 575701	标高 2

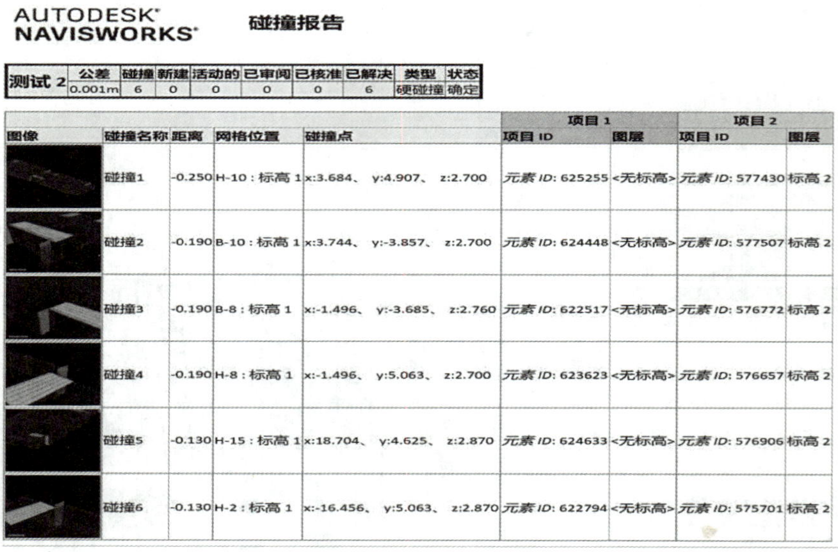

图 3-40　导出的碰撞报告

3.4.3　基于 BIM 的出图算量自动化和精确化

采用 BIM 技术出图时，必须符合现行的二维制图标准。与传统现浇结构有所区别的是，装配式建筑结构设计增加了构件平面布置图（用来区分现浇部位与预制构件部位）、装配式混凝土结构的连接构造节点详图、单构件的深化模板图及配筋图、构件的材料以及相关的工程量、钢筋及预埋件的定位及规格型号等。

装配式建筑结构施工图的出图主要包含图纸目录、结构施工图设计总说明、装配式混凝土结构设计总说明、装配式混凝土结构通用节点详图、预制构件平面布置图、单构件模板图、单构件配筋图等。

深化设计的后浇节点一字形节点大样图、L 形节点大样图、T 形节点大样图见图 3-41~ 图 3-43。在节点大样图的设计过程中，利用 BIM 参数化设计和可出图的优势，

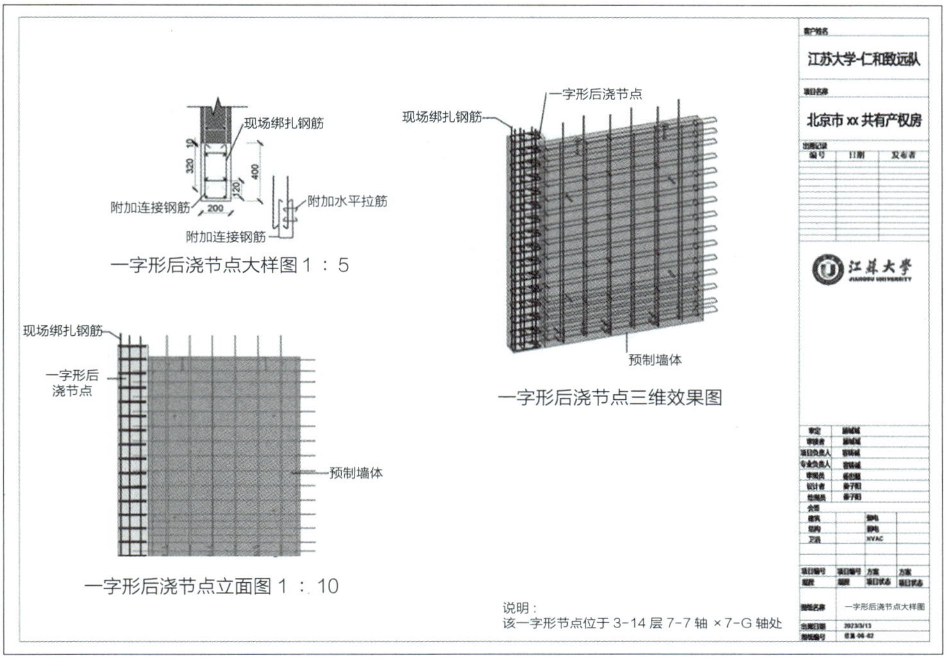

图 3-41　一字形节点大样图

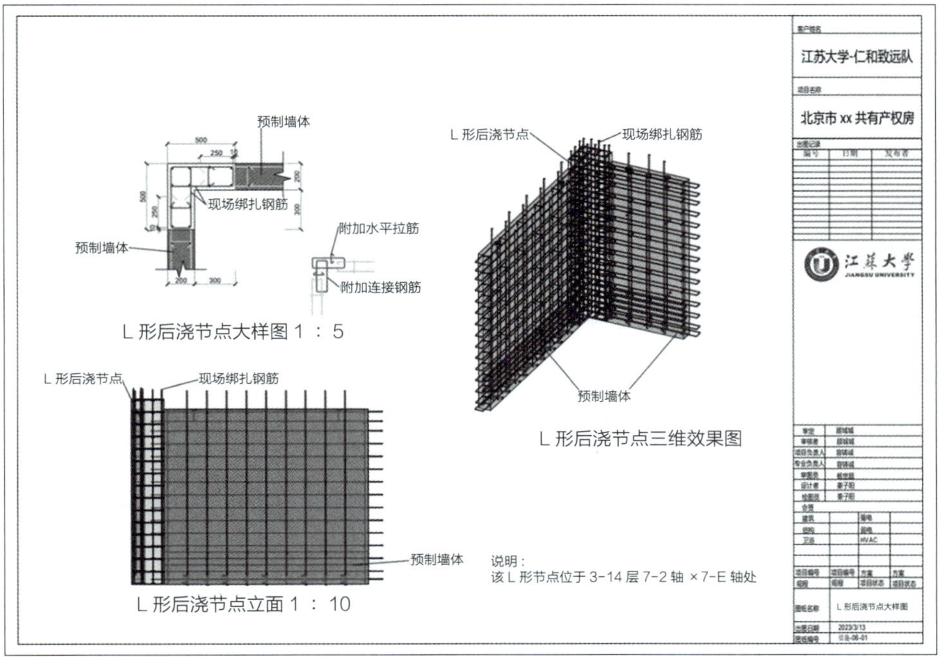

图 3-42　L 形节点大样图

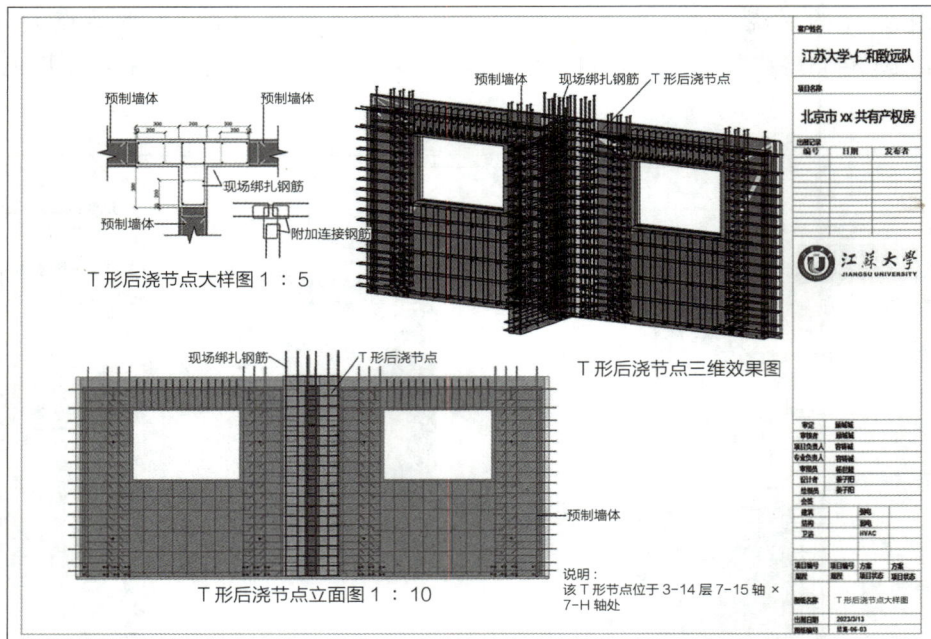

图 3-43　T 形节点大样图

采用 2D+3D 结合的展示方式呈现各现浇节点的设计结果，并且通过颜色区分预制构件内的钢筋和现浇节点内的钢筋，使得效果更加直观，同时图纸内详细标注该节点的准确位置，出图结果具有指导意义。

基于 BIM 的算量从传统的人工算量方法转向基于数字化模型的算量方式，通过 BIM 模型中的几何、材料和构件信息，提供快速、准确和一致的数量计算和报价。算量自动化旨在替代传统的手工计算方法，通过 BIM 软件的智能特性和数据提取功能，自动识别和收集构件的信息，如长度、面积、体积等。这种自动化的过程不仅大大缩短了算量的时间，还降低了人为错误的风险，并提供了可靠的计量结果。

精确化是指在算量过程中，利用 BIM 模型提供的准确数据进行计算和报价。通过 BIM 模型的几何精度和材料描述，可以确保算量结果的准确性和一致性。此外，BIM 模型还可以与供应商和承包商的数据库进行对接，获取实时的价格和材料信息，从而实现更加精确的报价。

3.5　装配式混凝土结构 BIM 深化设计案例分析

本章将以如图 3-44 所示的整体模型为例，具体讲述如何进行装配式混凝土结构 BIM 深化设计。

本项目使用正向设计平台软件 Revit 及 GS-Revit 软件进行装配式的方案选择、构件布置、结构计算、验算以及构件拆分、深化设计和出图。使用 BIMFILM 软件完成预制带窗外墙、预制叠合板生产工艺动画及各预制构件施工吊装动画，熟悉预制构件生产工艺流程及施工吊装流程，了解生产制作及施工吊装时需要注意的质量及安全保证措施，使用广联达 BIM 施工场地布置软件系统完成本项目的场地布置工作，并制作场地漫游动画。

在场地布置时，考虑了智慧工地的应用场景，例如，在工地门口设置员工实名监测通道，

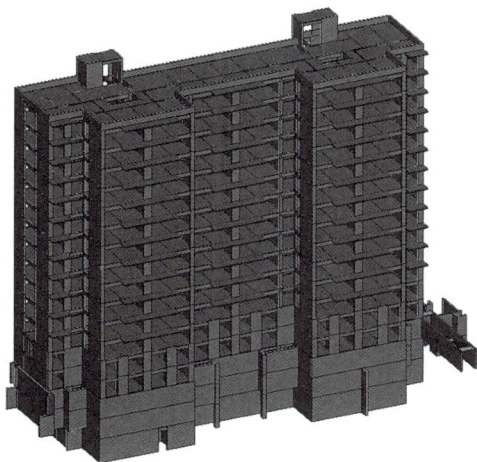

图 3-44 BIM 三维模型

通过人脸识别，还能检测员工是否正确佩戴安全帽等装备，通过物流、监控等五个模块将广联达 BIM ＋智慧工地管理系统很好地运用在施工项目中；利用了 VR 沉浸式交互体验，直观且近距离地体验施工安全项目；将数字孪生系统运用于预制构件厂生产中，集成工业智能化管理系统，实现了设备可视化。

3.5.1 案例工程的基本情况介绍

本项目位于北京市顺义区某路东侧，为北京市顺义区后沙峪镇某街区共有产权房地块项目。项目中 7 号住宅楼，地上 14 层高度，地下 3 层，地上建筑面积 10 090.52m²，地下建筑面积 1954.39m²，总建筑面积 12 044.91m²。1~9 号楼均按住宅产业化设计。为装配整体式剪力墙结构，7 号住宅楼设计使用年限 50 年。施工阶段处于主体和二次结构穿插阶段。

本次设计 7 号楼主体结构设计参数如表 3-5 所示。

7 号楼主体结构设计参数　　　　　　　　表 3-5

结构形式		装配整体式剪力墙结构
防火设计	建筑分类	高层二类
	耐火等级	地上二级 地下室一级
抗震设计	抗震设防类别	标准设防类（丙类）
	抗震设防烈度	8 度（0.20g）
	设计地震分组	第二组
	场地类别	Ⅲ类
	场地特征周期	0.55s
	结构阻尼比	0.05
	水平地震影响系数最大值	多遇地震 0.16

续表

结构形式	装配整体式剪力墙结构			
防水设计	屋面防水等级为一级，地下室防水等级为一级			
防火设计	建筑分类为高层二类、其耐火等级为地上二级，地下室一级			
混凝土强度等级	墙、柱		梁、板	
	地下 3 层	C40（车库柱） C35 车库墙	地下 3 层	C35
	地上 1~3 层	C45	地上部分	C30
	地上 4~7 层	C40		
	地上 8~11 层	C35		
	地上 12~14 层	C30		
钢筋级别	HPB300、HRB400			

3.5.2 案例工程的 BIM 深化设计过程描述

案例工程的 BIM 深化设计过程包括数据收集和建模、方案选择和构件布置、结构计算和验算、构件拆分和深化设计、出图和文档编制以及智慧工地应用等。通过使用 Revit、GS-Revit、BIMFILM 等软件和技术，实现了 BIM 模型的建立和使用，提高了设计的效率和质量，同时结合智慧工地管理系统和数字孪生系统，实现了智能化和工业化的施工过程管理。

1. 数据收集和建模

在开始 BIM 深化设计之前，需要收集项目相关的基础数据和文件，如设计图纸、规范要求、土地条件等。然后，利用 Revit 软件建立项目的整体 BIM 模型。根据项目需求，绘制建筑物的平面、立面和剖面，设置楼层高度和结构信息。

2. 方案选择和构件布置

通过 Revit 和 GS-Revit 软件，设计团队可以使用预设的构件和模块化的设计方法选择合适的装配式剪力墙结构方案，并进行布置。根据建筑物功能和要求，确定每个房间和楼层的功能区域和空间布局。

3. 结构计算和验算

根据选定的方案和布置情况，使用 Revit 软件进行结构计算和验算。输入结构参数和荷载条件，进行静力分析和性能评估。通过 BIM 模型，可以快速获得结构设计的结果，并进行相关验算，确保结构的安全性和合理性。

4. 构件拆分和深化设计

根据结构计算的结果，对装配式剪力墙结构进行构件拆分和深化设计。根据项目需求和施工要求，将墙体、楼板、阳台板、楼梯等构件进行划分，并设定构件的尺寸、位置和连接方式。在 Revit 中，实现对构件的精确建模和参数设置。

5. 出图和文档编制

根据深化设计的结果，生成施工图纸和相关文档。利用 Revit 软件，自动生成平面图、立面图、剖面图和详图，并标注尺寸、材料和构造等信息。同时，还可利用 BIMFILM 软件制作预制构件生产工艺动画和施工吊装动画，方便施工方了解施工流程和工艺细节。

6. 智慧工地应用

在场地布置阶段，结合广联达 BIM 施工场地布置软件系统，考虑智慧工地的应用。通过智慧工地管理系统，设置员工实名监测通道，利用人脸识别技术检测员工是否正确佩戴安全帽。同时使用物流、监控等模块来实现项目的管理。通过 VR 沉浸式交互体验，直观近距离地体验施工安全项目。另外，还将数字孪生系统运用于预制构件厂生产中，集成工业智能化管理系统，实现设备可视化和自动化。

3.5.3　案例工程的 BIM 深化设计效益评价

案例工程的 BIM 深化设计在项目的效益方面表现出高效率、优化质量、降低成本、提升效率和改进管理等方面的优势。通过 BIM 的应用，整个项目的设计、施工和管理各环节得到了有效的优化和协同，提高了整体项目的成功实施和交付质量。

1. 提高设计效率

通过使用正向设计平台软件 Revit 和 GS-Revit，设计团队可以快速选择装配式方案、布置构件、进行结构计算和验算，并进行构件的拆分和深化设计。BIM 模型的建立和数据提取功能大大缩短了设计团队的工作时间，提高了设计效率。

2. 优化设计质量

BIM 深化设计过程中，通过对装配式剪力墙结构的优化设计和结构计算验算，确保了设计的合理性和安全性，降低了施工风险。同时，通过 BIM 模型的精确建模和参数设置，可以减少设计错误和偏差，提高了设计的准确性和一致性。

3. 降低施工成本

BIM 深化设计过程中，利用 BIMFILM 软件完成预制构件的动画制作和施工吊装动画，熟悉了预制构件生产工艺流程和施工吊装流程，对生产和施工中的质量和安全保障措施有了更深入地了解。通过提前进行模拟和调整，可以减少施工过程中的错误和返工，从而降低施工成本。

4. 提升施工效率

利用广联达 BIM 施工场地布置软件系统进行场地布置工作，并制作场地漫游动画，能够在施工前对场地布置进行优化和预判，减少施工现场的冲突和阻碍，提高了施工效率。此外，智慧工地的应用场景，如员工实名监测通道和物流监控等，能够优化施工管理和协调，提高施工效率和安全性。

5. 改进施工管理

通过数字孪生系统在预制构件厂的应用，实现了设备可视化和工业智能化管理，提高了生产制作过程的效率和质量控制。VR 沉浸式交互体验的应用，能够直观近距离地体验施工安全项目，提升了施工管理和培训的效果。通过 BIM ＋智慧工地管理系统的运用，对施工过程进行综合监控和管理，进一步提高了施工质量和安全保障。

本章小结

在本章中，介绍了建筑工程数字化设计中的 BIM 深化设计和预制构件深化设计的相关内容。首先，通过一个引导案例，说明了传统深化设计所遇到的问题，并引入了数字化设计的概念。其次，详细阐述了装配式混凝土结构的 BIM 深化设计，包括 BIM 深化设计的概念、BIM 深化设计软件、装配式混凝土结构的 BIM 拆分设计、基于 BIM 的预留预埋深化设计和构造节点设计等。再次，还介绍了预制构件的分类和标准，以及竖向和水平预制构件的 BIM 深化设计，并讨论了预制构件基于 BIM 的质量控制和信息管理。最后，介绍了装配式混凝土结构 BIM 碰撞检查与出图算量的相关内容，包括碰撞检查的目的和步骤、BIM 碰撞检查的软件工具和结果分析，以及基于 BIM 的出图算量自动化和精确化等。通过一个案例工程的介绍，展示了 BIM 深化设计的实际应用和效益评价。

通过本章的学习，读者可以了解数字化设计在建筑工程中的应用和优势，掌握 BIM 深化设计的概念和方法，了解预制构件的分类和标准，以及掌握装配式混凝土结构的 BIM 拆分设计、预留预埋深化设计和构造节点设计等技能。读者还可以了解 BIM 碰撞检查和出图算量的相关内容，以及如何应用这些技术进行实际工程的设计和管理。通过案例工程的介绍，读者可以更好地理解和应用 BIM 深化设计的实际应用和效益评价。

思考与习题

3-1 简述装配式混凝土结构 BIM 拆分设计的原则和方法。

3-2 基于 BIM 的拆分设计的协同优化是如何实现的？

3-3 简述竖向预制构件和水平预制构件的 BIM 深化设计过程。

3-4 BIM 碰撞检查的目的是什么？它如何提高建筑工程的质量和效率？

3-5 简述基于 BIM 的出图算量自动化和精确化的过程。

3-6 如何将 BIM 深化设计应用于装配式混凝土结构的工程实践中？

二维码 3-6
思考与习题答案

参考文献

[1] 张学忠，杨信强，褚金栋 . BIM 技术在装配式混凝土结构深化中的应用探究 [J]. 建筑经济，2021，42（S2）：71-74.

[2] 许胜才，邓礼娇，蔡军，等 . 基于 BIM 的装配式混凝土结构深化设计课程建设 [J]. 高等工程教育研究，2022（1）：68-74.

[3] 中建科技有限公司，中建装配式建筑设计研究院有限公司，中国建筑发展有限公司 . 装配式混凝土建筑设计 [M]. 北京：中国建筑工业出版社，2017.

[4] 滕岩，王艳艳，李志光，等 . 装配式混凝土建筑水平构件的深化设计及应用 [J]. 建筑技术，2017，48（10）：1085-1087.

[5] 袁锐文，魏海宽 . 装配式建筑技术标准条文链接与解读 [M]. 北京：机械工业出版社，2017.

[6] 秦成龙 . 装配式建筑构件的节点连接技术研究 [J]. 智能建筑与智慧城市，2020（5）：100-102.

[7] 广州市建设科学技术委员会办公室 . 装配式建筑工程设计和施工技术集成与实践 [M]. 北京：中国建筑工业出版社，2019.

[8] 刘占省 . 装配式建筑 BIM 技术应用 [M]. 北京：中国建筑工业出版社，2018.

[9] 王开飞，李挺，邵长昊 . 装配整体式剪力墙结构全过程设计 [J]. 城市住宅，2016，23（6）：37-41.

[10] 纪明香，杨道宇，马川峰 . 装配式混凝土预制构件制作与运输 1+X[M]. 天津：天津大学出版社，2020.

[11] 陆泽荣，严巍，屈福平，等 . BIM 应用案例分析 [M]. 2 版 . 北京：中国建筑工业出版社，2018.

第④章

钢结构深化设计

二维码 4-1
第 4 章　教学课件

📖 **本章要点**

1. 针对数字化模型的创建，掌握常见钢结构设计软件的使用与基本构件的建模方法；
2. 理解节点深化的重要性，并熟悉常见节点与自定义节点的设计；
3. 掌握碰撞检查与处理的方法，并能够输出完整的设计成果，如构件编号、图纸及报告清单。

📑 **教学目标**

1. 了解并能够操作主流的数字化模型创建软件，理解其工作原理和应用场景；
2. 能够识别并设计各种常见节点及自定义节点；
3. 掌握碰撞检查的流程和策略，确保工程施工的安全性；能够规范地输出设计成果。

📄 **案例引入**

数字化手段助力钢结构深化设计

赣州港五云码头项目钢结构建筑物包含：散货仓库、拆装箱库以及机修车间 3 座建筑物。目前，散货仓库钢网架施工已基本完成，散货仓库建筑投影面积为 21 060m²，主体结构形式为下弦柱点支承，螺栓球节点正放四角锥网架（图 4-1）。

在该项目实施过程中，项目部首先将所有的杆件、节点连接、螺栓焊缝等信息通过三维实体建模导入整体模型，确保模型和实体一致；在钢结构深化设计时，使用 Tekla

图 4-1 赣州港五云码头项目钢结构实物图

软件自定义生成复杂三维节点，解决钢结构加工成型问题。在实际施工中，Tekla 能提供构件上相关控制的三维坐标，为现场安装提供可靠的数据，提高现场安装的精度，施工指导性更强，其深化设计模型如图 4-2（a）所示。同时采用 BIM 技术提前对重要部位的安装进行动态展示、施工方案预演和比选，落实高精度施工指导，更加直观化地传递施工意图，避免二次返工，其施工模拟如图 4-2（b）所示。

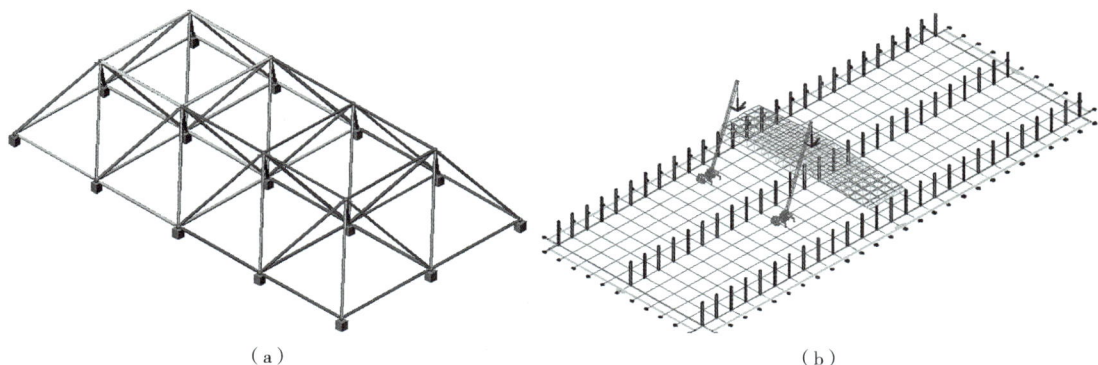

（a） （b）

图 4-2　钢结构数字化设计
（a）钢结构深化设计；（b）钢结构施工模拟

通过上述的简单例子，我们可以看到在钢结构施工过程中，数字化手段对钢结构设计以及深化设计是一得力的"助手"，其以可视化、精准化的优势助力钢结构施工。

思考题：

1. 钢结构深化设计以及施工过程中，如何更好地利用数字化手段对其进行助力？

2. 相较于传统钢结构的设计，钢结构数字化深化设计有哪些优势？

4.1　数字化模型创建

4.1.1　软件简介

Tekla Structures 是面向施工、结构和土木工程行业的专业 BIM 深化设计软件。结构设计工程师、细部设计人员、制造商、承包商和项目经理可以为每个项目创建、组织、管理和共享准确的模型。Tekla Structures 创建的模型具备精准、可靠和详细的信息，这正是成功的建筑信息建模（BIM）和施工所需要的关键。Tekla Structures 可处理建筑材料和复杂的结构，例如钢结构、预制混凝土、现浇混凝土、铝模等，因而被广泛应用于体育场、海上结构、厂房和工厂、住宅大楼、桥梁、摩天大楼等建筑。

本章将从钢结构深化设计方面介绍 Tekla 软件在各阶段的使用和作用。Tekla 软件提供了全面的建筑设计、分析和详细制图工具，帮助建筑专业人士在项目的不同阶段中进行模型创建、协调、优化和管理。

第一阶段：模型创建。在项目的初期阶段，Tekla 软件用于创建建筑信息模型。我们可以通过导入 CAD 图纸或者使用内置的建模工具来构建建筑结构的三维模型。Tekla 软件支持各种结构元素的建模，包括柱子、梁、楼板、墙体等。我们也可以根据设计要求，灵活地调整模型的尺寸、形状和材料属性。同时，Tekla 软件还可以自动生成模型中的连接细节，确保模型的准确性和完整性。

第二阶段：协调与优化。在建立完模型后，Tekla 软件用于协调和优化结构模型。它可以将来自不同设计团队的模型进行合并，并检查模型之间的冲突和干涉。通过自动化的冲突检测和碰撞分析功能，Tekla 软件可以帮助我们发现和解决模型中的问题，提高设计的质量和效率。此外，Tekla 软件还提供了一系列的分析工具，用于评估结构模型的稳定性、刚度和承载能力，并支持模型的优化设计。

第三阶段：详图制作与管理。完成模型协调和优化后，Tekla 软件用于生成详细的施工图和制图文件。我们可以利用丰富的绘图工具和功能，创建专业的图纸，例如平面布置图、剖面图和钢筋图等。Tekla 软件还具备智能标记和尺寸控制功能，能够自动识别和标注模型中的构件和尺寸信息。此外，Tekla 软件还支持与其他 CAD 软件和建筑信息管理系统（AIMS）的集成，方便我们进行项目数据的交流与共享。

总结起来，Tekla 软件是一款功能强大的建筑信息模型软件，通过模型创建、协调与优化，以及详图制作与管理，帮助建筑专业人士实现从设计到施工的全过程数字化。它不仅提高了工作效率和准确性，同时也促进了设计团队之间的合作和沟通，为建筑行业的发展和创新提供了重要的支持。

1. 基本信息

1）三维建模

Tekla Structures 是一个集成化、基于模型的三维解决方案，适用于结构工程师、细部设计员和制造人员。它管理多种材料的数据库，包括钢材、混凝土和木材。Tekla Structures 具有交互式建模、结构分析、设计和自动生成图纸等功能。通过使用 Tekla Structures，可以创建包含制造和施工所需信息的真实模型。三维产品模型包含结构的几何形状和尺寸信息，以及与型材、横截面、连接类型、材料和结构分析等相关的所有信息。

2）更新图纸

可以自动从三维模型中生成图纸和报表，并且会随着模型的修改而更新，始终保持最新状态。Tekla Structures 包含多种标准图纸和报表模板，可以使用模板编辑器创建自定义模板。

3）共享模型

Tekla Structures 支持多人共同参与同一项目。合作伙伴可同时合作构建同一个模型，甚至在异地也可以同时工作。由于使用者始终使用最新的信息，因此增加了准确性并提高了质量。

4）主要功能

（1）Tekla Structures 是一个三维建模工具，适用于结构工程师、细部设计员和制造人员。它可以管理多种材料的数据库，并提供交互式建模、结构分析、设计和自动生成图纸的功能。通过 Tekla Structures，我们可以创建包含制造和施工所需信息的真实模型，包括几何形状、尺寸和材料等信息。

（2）Tekla Structures 能够自动更新图纸和报表，确保它们始终与模型保持同步。它提供多种标准图纸和报表模板，并支持自定义模板的创建。

（3）Tekla Structures 支持多人共同参与项目。无论合作伙伴是在同一地点还是异地，他们都可以同时访问和编辑同一个模型，实时协作。

（4）Tekla Structures 具有多项主要功能，包括实用的建模工具、材料的管理、建模复杂结构、智能连接、自定义组件编辑器、与 STAAD.Pro 的集成、与其他软件的数据链接、绘图向导和 CNC 机器数据输出等。

（5）Tekla Structures 具有强大的可视化和协作功能。它提供了渲染和动画展示的能力，使用户可以更直观地查看和审查项目的结构模型。

除此之外，Tekla Structures 还支持团队的协作和沟通。多个用户可以同时访问和编辑同一模型，实时进行协作。这使得团队成员能够共享更新和修改，并及时解决冲突，提高工作效率并减少错误。

（6）Tekla Structures 还具备强大的工程数据管理功能。它可以管理各种项目数据，包括构件、属性、材料、工序和机器设备等。用户可以轻松地管理和跟踪项目的进展，确保数据的准确性和一致性。

（7）Tekla Structures 具有极高的扩展性和自定义性。用户可以根据自身需求添加或定制功能和工具，还可以编写自定义插件和宏命令，以满足特定的工作流程和要求。

2. 单用户模式与多用户模式

Tekla Structures 可在单用户或多用户模式下使用。安装期间，系统将提示我们是否安装多用户功能。

1）单用户模式

当每次只有一个用户使用模型时，Tekla Structures 应在单用户模式下运行，在单用户模式下，任何时刻每个模型只能由一个用户使用。

2）多用户模式

如果将有多个用户同时使用一个模型，可以选择在多用户模式下运行 Tekla Structures。要注意的是，仅在需要使用多用户模式的附加功能时才在多用户模式下运行 Tekla Structures。

要在多用户模式下运行 Tekla Structures，必须将网络中的一台计算机设置为运行 Tekla Structures 服务器程序的服务器。

3. Tekla Structures 编辑器

1）Tekla Structures 包含多个编辑器，包括模型、图纸、符号、模板和定制组件。

2）模型编辑器是 Tekla Structures 的主要编辑模式，可以用于创建、分析模型，并开始生成图纸和报表。

3）图纸编辑器用于处理和编辑图纸。当打开任何图纸时，Tekla Structures 会自动启动图纸编辑器。

4）标记编辑器（SymEd）用于创建和修改在图纸、报表和模板中使用的标记。可以在模型或图纸编辑器中通过选择工具 > 标记来打开标记编辑器。

5）模板编辑器（TplEd）用于创建和修改用于图纸和报表的模板。可以在模型或图纸编辑器中通过选择工具 > 模板来打开模板编辑器。

6）定制组件编辑器允许用户创建自定义连接、细节和部件，并定义它们的属性。可以建立对象之间的依赖关系，使定制组件能够根据模型的变化进行参数化调整。要打开定制组件编辑器，选择一个组件并点击细节 > 编辑定制组件。

4.1.2 基本构件创建

1. 屏幕布局

当启动 Tekla Structures 时，屏幕上将出现一个新的窗口，如图 4-3 所示。

其中，图 4-3 中编号 1~7 的内容分别为：1 - 创建视图的命令，2 - 捕捉设置控制可捕捉和选取的点，3 - 选择开关确定可选择对象，4 - 工具栏可选择钢、混凝土等，5 - 工具栏中钢、混凝土所对应柱、梁、板等，6 - 下拉菜单所包含命令，7 - 下拉窗口所包含命令。

2. 工具栏

工具栏中的图标提供了一些最常用命令的快捷方式。Tekla Structures 图标的作用如下：

1）单击执行相应命令。

2）双击显示相应对象类型的属性对话框，并执行相应命令。

基本工具栏是 Tekla Structures 模型编辑器中最重要的工具栏。可通过单击工具栏名称来显示或隐藏工具栏。鼠标指针移到图标上时，会显示详细信息。基本工具栏包括以下内容：

1）总体工具栏：包含创建、打开和保存模型，打印和创建报告，以及创建视图等基本命令。

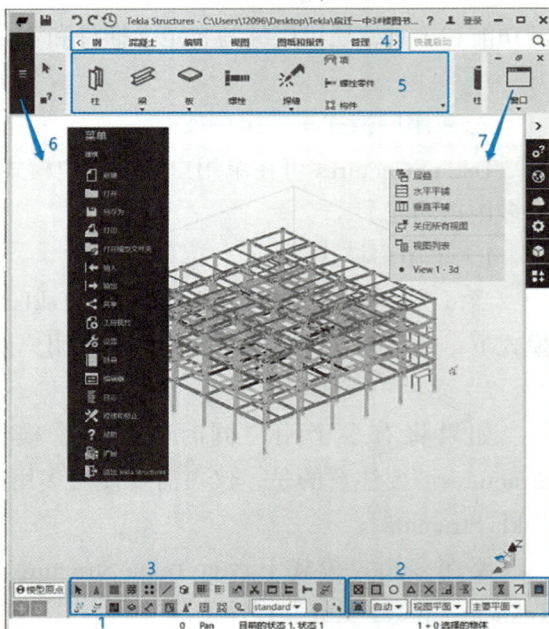

图 4-3　Tekla 模型编辑器

2）混凝土工具栏：包含创建混凝土构件和钢筋的命令。

3）钢结构工具栏：包含创建钢梁、柱和板的命令。

4）编辑工具栏：包含切割、拆分、组合、复制和移动的命令。

5）点工具栏：包含创建点、构造平面、距离变量和构造对象的命令。所创建的点和构造对象可用于放置结构对象。

6）选择工具栏：包含用于选择对象的命令。

7）捕捉工具栏：包含用于捕捉不同位置和点的命令。

3. 输入信息

在 Tekla Structures 中，我们可以使用对话框来输入和查看信息。如果单击的命令或按钮名称后面有三个点（...），例如"选择 ..."，Tekla Structures 将显示相应的对话框。

本部分介绍了对话框的组件，并列举了常用组件（参考图 4-4）。

图 4-4 中，各编号代表的含义为：1 - 已保存属性的列表框；2 - 选项卡；3 - 修改过滤器复选框；4 - 保留属性并关闭对话框；5 - 保留属性且不关闭对话框；6 - 修改所选对象；不保留属性；7 - 用所选对象的属性填写对话框；8 - 切换所有修改过滤器复选框的开关状态；9 - 关闭对话框，不保留属性或修改对象；10 - 按钮；11 - 字段。

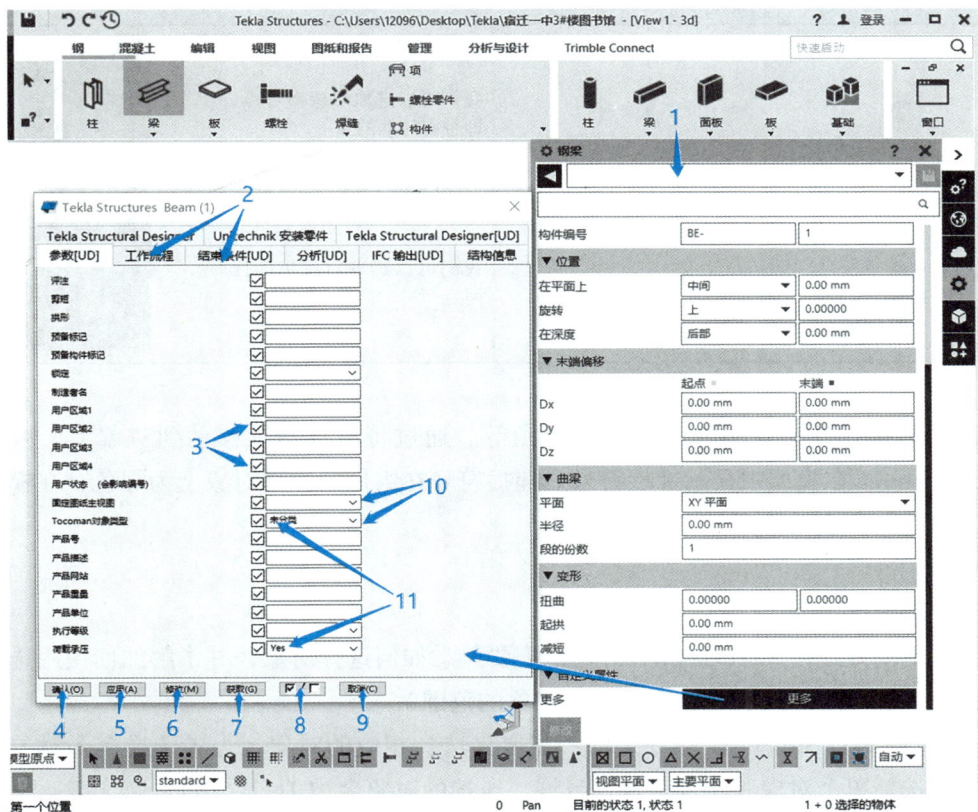

图 4-4　常用组件

4. 指定点

在 Tekla Structures 中，大多数命令需要我们在模型中选取点来定位对象。选取操作受捕捉优先级、捕捉开关和捕捉设置的影响。

每个对象都有一个捕捉区域，该区域定义了选取距离对象多近的点才能被捕捉到。当我们选取在某个对象的捕捉区域内时，Tekla Structures 会自动捕捉到离该对象最近的可选取点。

捕捉优先级决定了当我们同时选取并单击多个位置时，Tekla Structures 会捕捉到优先级最高的位置。我们可以使用捕捉开关来控制可选取位置，这些开关也定义了位置的捕捉优先级。

捕捉开关分为主要捕捉开关和其他捕捉开关：

主要捕捉开关用于指定对象的准确位置，如端点、中点和交点。通过设置主要捕捉开关，我们可以使用选取点来精确定位对象，而不需要知道坐标或创建额外的线或点。在创建梁等操作时，我们可通过主要捕捉开关在 Tekla Structures 提示时指定一个点，如表 4-1 所示。

主要捕捉开关定义　　　　表 4-1

图标	要选取的位置	描述	符号
▣	参考点	我们可以选取对象参考点，即带有句柄的点	
▣	几何点	我们可以选取对象中的任何点	

其他捕捉开关包括参考点和部件顶角等。通过将鼠标指针移动到对象上，可以让 Tekla Structures 在模型中显示捕捉符号。捕捉符号在组件的内部对象上为绿色，在模型对象上为黄色，如表 4-2 所示。

5. 选择模型对象

为了更高效地使用 Tekla Structures，需要熟悉如何选择对象，并了解如何使用选择开关。此外，选择过滤设置也会影响可选对象的范围。

在执行 Tekla Structures 命令之前，需要先选择相应的对象。为了选择多个对象，可以按顺序选择单个对象和（或）选择区域。所选的对象会被 Tekla Structures 高亮显示。

可以使用表 4-3 中的方法来修改当前的选择。

其他捕捉开关定义   表 4-2

图标	要选取的位置	说明	符号
⊠	点	捕捉到点和栅格线交点	□
□	端点	捕捉到线、多义线线段和圆弧的端点	□
○	中心	捕捉到圆和圆弧的中心	○
△	中心	捕捉到线、多义线线段和圆弧的中点	△
×	交点	捕捉到线、多义线线段和圆弧的交点	×
⌐	垂直	捕捉到与另一个对象形成垂直关系的对象中的点	⌐
⧖	最近点	捕捉到对象中最近的点，如部件边缘或线上的任何点	⧖
∨	自由	捕捉到任何位置	∿
⧖	延长线	捕捉到附近对象的延长线	⧖
↗	线和边缘	捕捉到轴线、参考线和现有对象的边缘	↗

表 4-4 中的主要选择开关用于设置我们是否可以在组件或构件的分层结构中选择对象。这两个开关具有最高的优先级。如果这两个开关都关闭，即使其他所有开关都打开，也无法选择任何对象。

Shift + 滚动：在选择嵌套组件或构件中的对象时，可以使用此方法来定义选择的级别。按住 Shift 键并滚动鼠标滚轮即可。

激活选择开关可定义选择对象的级别以及移动方向。状态栏显示在分层结构中执行的步骤。例如，如果选择了构件开关，可以从最高级别的构件开始选择，然后移至其子构件，最后选择单个部件、螺栓等。

其他选择开关列在表 4-5 中。使用这些开关可以指定要选择的对象类型。

修改当前选择方法总结   表 4-3

方法	说明
单个对象	当我们使用鼠标键选择对象时，不按其他任何键每次单击或拖拽都将选择对象。所有以前选择的对象都将被取消选择
包括窗口选择	从左到右拖动鼠标来选择全部位于矩形区域中的所有对象
交叉窗口选择	从右到左拖动鼠标来选择全部或部分位于矩形区域中的所有对象
右键单击	要选择对象并打开其弹出菜单，使用鼠标石键单击该对象
嵌套组件	要检查和使用嵌套组件，按住 Shift 键并用鼠标滚轮进行滚动
嵌套构件	要检查和使用不同的构件级别，按住 Shift 键并用鼠标滚轮进行滚动。橙色框表示可以选择的构件
构件或浇筑单元	按 Alt 健的同时单击一个部件来选择包含该部件的整个浇筑单元或装配件
控柄	当我们想要仅选择部件控柄时，可选择该部件，按下 Alt 键，然后用窗口选择再次选择部件
添加	按下 Shift 键并选择对象，将其添加到当前选择中
修改	按双键打开选择或者停选，在选择期间按 Ctrl 键 Tekla Structures 前没有选定的对象

主要选择开关   表 4-4

图标	可选择对象	说明
	组件	当我们单击属于组件的任一对象时，Tekla Structures 将选择组件符号并高亮显示（并不选择）所有组件对象
	组件对象	可选择由某个组件自动创建的对象
	构件	当我们单击构件中的任何对象时，Tekla Structures 将选择该构件并高亮显示其中的所有对象
	构件对象	我们可以选择构件中的单个对象

其他选择开关 表 4-5

图标	可选择对象	说明
	任何对象	打开所有选择开关
	组件	允许选择模型中的组件符号
	零件	启用对零件（例如，柱、梁或板）的选择
	表面处理和表面	允许选择表面处理和表面
	点	启用对点的选择
	辅助线和圆	启用对辅助线和辅助圆的选择
	参考模型	启用整个参考模型的选择
	轴线	启用对轴线的选择
	轴线	启用对单个轴线的选择
	焊缝	启用对焊缝的选择
	切割和已添加材质	启用对线、零件以及多边形的切割、接合和已添加材质的选择
	视图	启用对模型视图的选择
	螺栓组	启用通过选择螺栓组中的一个螺栓来选择整个螺栓组的功能
	单个螺栓	启用对单个螺栓的选择
	钢筋	允许选择钢筋设置
	钢筋组	允许在钢筋设置中选择钢筋组
	单个钢筋	允许在钢筋设置中选择单个钢筋
	浇筑中断点	启用对浇筑中断点的选择
	平面	启用对辅助平面的选择
	距离	启用对距离的选择

6. 使用命令

在熟悉 Tekla Structures 后，会发现可以使用多种方法执行某些操作。本部分介绍了大多数方法，使用中可以选择不同的方法。

1）执行命令

可以使用图标或下拉菜单执行命令。通过图标执行命令时，可以直接单击图标执行命令，也可以双击图标以显示对象类型的属性，并执行命令。通过下拉菜单执行命令时，基本对象有两种菜单形式：在属性菜单上的命令可设置不同对象类型的属性，而在点、部件和创建菜单上的命令可执行其他任务，例如使用每种对象类型的属性创建对象。右键单击鼠标时会出现弹出菜单，其中的命令与选定对象相关。

2）创建对象

可以使用图标或下拉菜单执行命令。通过图标执行命令时，可以直接单击图标执行命令，也可以双击图标以显示对象类型的属性，并执行命令。通过下拉菜单执行命令时，基本对象有两种菜单形式：在属性菜单上的命令可设置不同对象类型的属性，而在点、部件和创建菜单上的命令可执行其他任务，例如使用每种对象类型的属性创建对象。右键单击鼠标时会出现弹出菜单，其中的命令与选定对象相关。

3）修改对象

要修改一个或多个对象的属性，可以先选择要修改的对象，打开属性对话框，然后修改对象的属性即可。

4）同时使用命令

可以以透明方式同时使用某些 Tekla Structures 命令，即在执行其他命令时也可以执行这些命令。例如，缩放和点工具栏中的命令就是透明的。

5）终止命令

要取消或终止命令，可以在编辑菜单上单击中断，或者右键单击并从弹出菜单中选择中断，或者直接按 Esc 键即可。

4.2　节点深化

4.2.1　常见节点

从建模的细部连接方式角度考虑，常见的节点形式分为螺栓节点和焊接节点。

1. 组件概念

组件是用来自动执行任务并对对象进行分组的工具，以便 Tekla Structures 可以将这些对象视为单个单元。组件会适应模型中的变化，如果修改了某组件所连接的零件，Tekla Structures 将自动修改该组件。

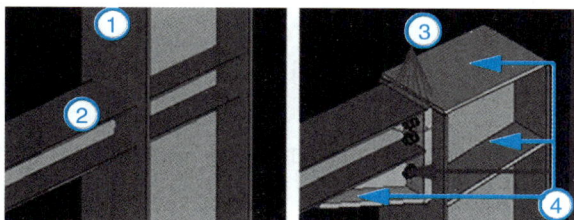

图 4-5　连接运用示例

图 4-5 是一个有关如何应用连接的示例。其中编号 1~4 的含义分别为：1 – 选取主部件，2 – 选建模工具取次部件，3 – 单击连接符号查看有关连接的信息，4 – 连接将自动创建所需的部件、接合、螺栓等。

1）组件类型

组件子类型如表 4-6 所示。

组件子类型　　　　　　　　　　　　　　　　　　　　　表 4-6

项目	说明	示例	符号
连接	连接两个或更多部件，并创建所有需要的对象（切割、接合、部件、螺栓、焊缝等）	双侧角钢夹板、螺栓连接的节点板	
建模工具	自动创建并装配部件来构造结构，但不会将结构连接到已有的部件上。建模工具可以包含连接和细部	楼梯、框架	
细部	将细部添加到主部件上，一个细部只连接到一个部件。当我们创建一个细部时，Tekla Structures 将提示我们选取一个部件，然后选取一个点来定位细部	加劲肋、底板、吊钩	

2）系统和定制组件

默认情况下，Tekla Structures 包含数百个系统组件，也可以创建自己的组件，即用户组件。这些组件具有以下子类型：连接、细部、部件、接缝。

2. 组件对话框

1）组成

如图 4-6 所示的组件对话框分成两部分。

上半部分：在对话框的上半部分，我们可以保存和读取预定义的设置。保存、读取、另存为、帮助功能可以在软件建模手册中找到相关信息。对于某些组件，还可以通过该部分的按钮访问螺栓、焊缝和 DSTV 对话框。

有关处理已保存属性的信息，可以参见软件系统手册中的组件属性文件。

图 4-6 中，各序号表示的含义分别为：1 – 选项卡，2 – Tekla Structures 使用自动属性值，3 – 组件所创建的部件用黄色显示，4 – 绿色符号指示连接或细部的正确方向，5 – 我们选择的部件用蓝色显示，6 – Tekla Structures 使用默认属性值。

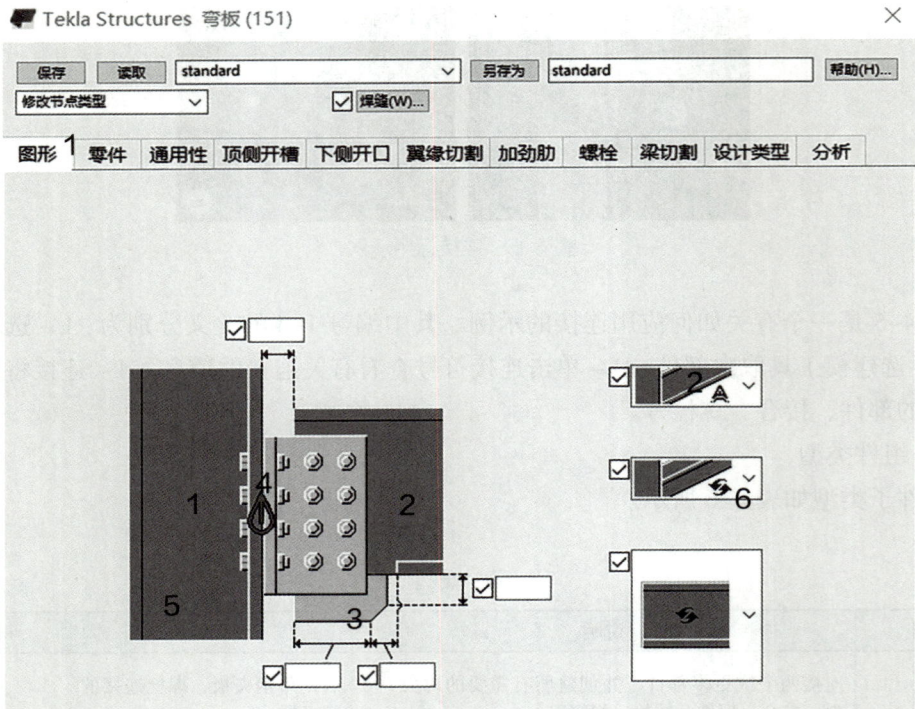

图 4-6　组件对话框

下半部分：在对话框的下半部分，我们可以保存和读取预定义的设置。保存、读取、另存为、帮助功能可以在软件建模手册中找到相关信息。对于某些组件，还可以通过该部分的按钮访问螺栓、焊缝和 DSTV 对话框。

图形：演示组件。该图形仅显示一个示例，但通常我们可以将一个组件用于多种情况。

零件：用于定义由组件所创建的部件的属性。

参数：我们可以设置这些参数来控制组件（如用于加劲肋、底板、切角等）。

螺栓：用于定义螺栓数目以及它们的边距。

通用性：用于定义连接或细部方向以及自动默认规则。

2）选取顺序

在创建连接时，首先选择主部件，然后选择次部件。如果有多个次部件，可以使用鼠标中键单击以选择部件并创建连接。一些连接对话框使用编号来指示部件的选取顺序，如图 4-7 所示。

细部的默认选取顺序为：1 – 主部件，2 – 主部件中用于显示细部位置的点。

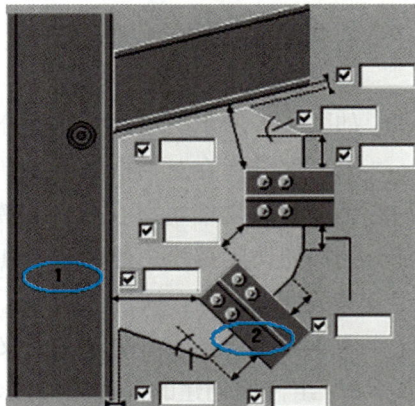

图 4-7　使用编号指示部件

138

3. 焊接点

要在 Tekla Structures 中创建焊接点，先创建单个焊接点，然后应用自动创建焊接点的组件。

1）焊接点定位

Tekla Structures 根据焊缝位置创建焊接装配件。在创建时，可以选择工厂焊接或现场焊接两种方式。

2）创建焊接点

可以创建以下三种类型的焊接点：

（1）常规焊接：根据在焊接属性对话框中指定的焊接位置将两个部件焊接在一起。焊缝的长度由连接两个焊接部件之间的长度确定。

（2）多边形焊接：可以通过选取想要焊接通过的各个点来确定焊接点的精确位置。

（3）单部件焊接。

3）焊接点类型

表 4-7 显示了可用的焊缝类型。某些焊缝类型还可以自动进行要焊接部件的预加工处理。

可用的焊缝类型 表 4-7

焊接点类型	名称	数量	预加工
◣	倒角	10	否
V	斜角槽口单 V 形对接	3	双部件
V	斜角槽口斜角对接	4	次部件
‖	方形槽口方形对接	2	否
Y	具有宽焊角面的单 V 形对接	5	两边
Y	具有宽焊角面的单斜角对接	6	次部件
Y	U 形槽口单 U 形对接	7	双部件
Y	J 形槽口 J 形对接	8	次部件
Yf	外展 V 形槽口	16	双部件
If	外展斜角槽口	15	次部件
JL	边终翼缘	1	否
Ⅳ	角部翼缘	17	否
⊓	栓	11	否
▽	斜角背板	9	否
O	点	12	否

续表

焊接点类型	名称	数量	预加工
⊖	接合	13	否
▭	槽孔	14	否
V+◺	部分穿透单斜角对接加倒角	18	次部件
‖+◺	部分穿透方形槽口加倒角	19	否
◗	熔透	—	—
V	侧面陡斜槽单 V 形对接	—	—
⊭	侧面陡斜槽单坡口对接	—	—
‖‖	边缘	—	—
∿	ISO 表面处理	—	—
⊋	折叠	—	—
∥	倾斜	—	—

4）焊接点位置

可定义焊接点相对工作平面的位置。要焊接的部件的类型和位置对焊接点位置有影响。焊接点位置的选项有 X、Y 和 Z 三种选择，并且可以为正方向或负方向。Tekla Structures 将在面向选定方向的部件的表面或一侧创建焊接点，参见图 4-8。

如果指定方向上没有接触表面，Tekla Structures 将相对次部件的中心点设置焊接点，如图 4-9 所示。

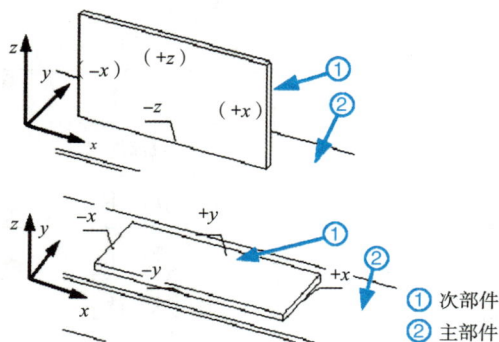

图 4-8　焊接点的创建

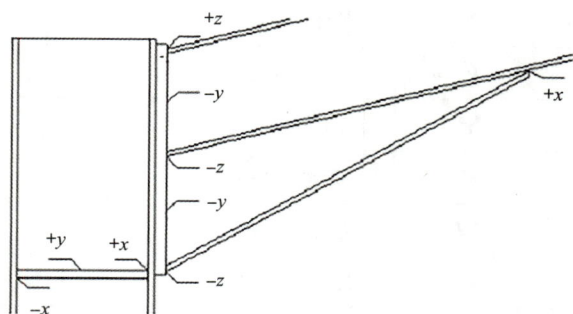

图 4-9　无接触面情况下的焊接点设置

4.2.2　自定义节点

1. 定义螺栓

使用螺栓选项卡上的以下字段，可指定在各个组件中使用的螺栓的类型，见表 4-8。

螺栓参数   表 4-8

对话框文本	说明
螺栓大小	必须在螺栓装配件目录中定义。另请参见在线帮助中的螺栓和螺栓装配件目录
螺栓标准	组件中使用的螺栓标准。必须在螺栓装配件目录中定义
容许误差	螺栓和孔之间的间隔
剪切面中的螺纹	指定在使用带螺杆的螺栓时，螺纹是否可以位于螺栓连接的部件的内部。如果使用全螺纹螺栓则无影响
螺栓类型（工地／车间）	安装螺栓的地点

螺栓自定义内容包含：创建孔、螺栓数目和间距、螺栓方向、螺栓组模式、边距、螺栓位置等。其中增加螺栓长度选项，可以通过输入附加长度，以适应允许附加材料厚度的情况。

2. 定义焊缝

要定义 Tekla Structures 在组件中使用的焊缝的属性，在组件属性对话框中单击焊缝按钮，弹出相应的焊缝对话框。图 4-10 所示将用编号标识每个焊缝。对于每个焊缝，使用第 1 行定义焊缝的箭头侧，用第 2 行定义焊缝另一侧。

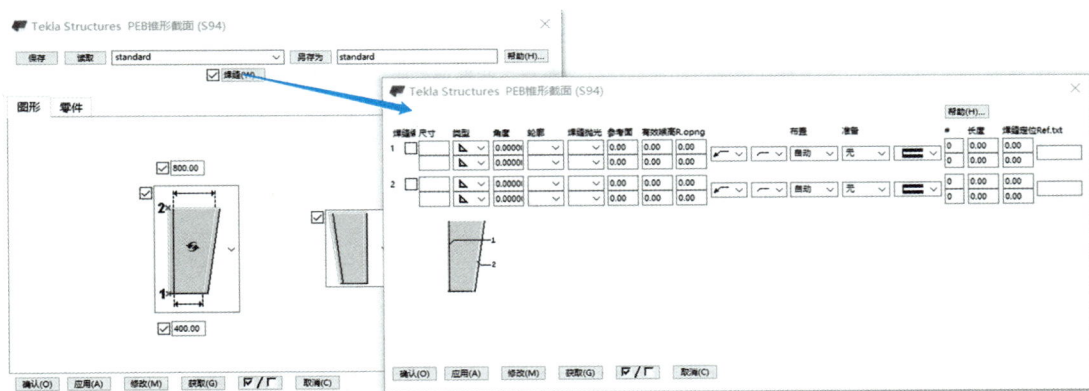

图 4-10　焊缝的定义与识别

4.3　碰撞检查与处理

4.3.1　碰撞检查

1. 查询对象

1）查询：查询工具显示模型中的某个特定对象或一组对象的属性。单击查询，然后选取模型中的一个对象，即可使用如表 4-9 所示选项。

查询工具选项汇总　　　　　　　　　　　　　　　　　　　　　　　表 4-9

选项	操作
对象	显示对象的属性
点坐标	在单独窗口中显示我们选取的点的坐标
重心	在所选零件的重心创建一个点，并在单独的窗口中显示重心的相关信息
自定义查询	在侧窗格窗口中显示所选模型对象的相关信息
被焊接的零件	高亮显示所选的零件和焊接到它上面的所有零件
焊接主零件	在选择次零件时高亮显示主零件
构件对象	高亮显示与所选零件相同的构件或浇筑体中的所有零件
组件对象	高亮显示属于所选组件的所有对象
状态	在一个单独的窗口中显示有关模型中不同状态的对象信息
模型尺寸	在一个单独的窗口中显示当前模型中对象的总数量

2）测量：使用测量工具来度量角度、两点及螺栓间的距离。所有的测量值都不是最终的。单击测量可使用表 4-10 中的命令。

测量选项汇总　　　　　　　　　　　　　　　　　　　　　　　　表 4-10

选项	图标	操作
距离		测量任意两点间我们定义的距离。此选项可用来测量当前视图平面中的斜距或准距
水平距离		测量视图平面上两点间的 x 距离
垂直距离		测量视图平面上两点间的 y 距离
角度		测量角度
弧		测量任意弧的半径和长度
螺栓间距		测量螺栓间距及所选部件的边距

2. 碰撞校核

完成模型后，可以运行碰撞校核命令来检测碰撞的部件、螺栓或参考模型对象。具体步骤是选择要进行校核的对象，然后点击碰撞校核按钮。

碰撞校核进程会在状态栏中显示。如果没有发现碰撞部件，Tekla Structures 会在状态栏中显示"未检测到碰撞"的信息。如果有部件、螺栓或参考模型对象发生碰撞，Tekla Structures 会用黄色高亮显示它们，并在列表对话框中显示碰撞校核日志。在进行碰撞校核时，如果启动了另一个碰撞校核，可以选择继续校核、重新开始操作并校核当前选定的部件，或者停止校核。

如果想快速定位并查看模型中的碰撞部件，可以从列表中选择一行，其中包含碰撞部件的 ID 号。Tekla Structures 会在模型视图中突出显示该部件。按住 F 键执行此操作时，Tekla Structures 会自动调整适合的工作区。

通过使用碰撞校核，可以设置螺栓的净距，在螺栓碰撞校核设置对话框中输入相应的数值即可（图 4-11）；其中，序号 1 处的 d 表示螺栓头或螺母的较大直径值，序号 2 处是灰色区域，表示碰撞校核的净距。如果想要使用净距值，可以选中字段前的复选框。如果清除了复选框，则表示净距为零。螺栓头前的净距等于螺栓的长度。如果没有输入净距，Tekla Structures 会使用默认值 1.00。如果想要在后续会话中再次使用已设定的净距值，可以点击工具 > 默认值 > 保存默认值，以保存已有的净距值。

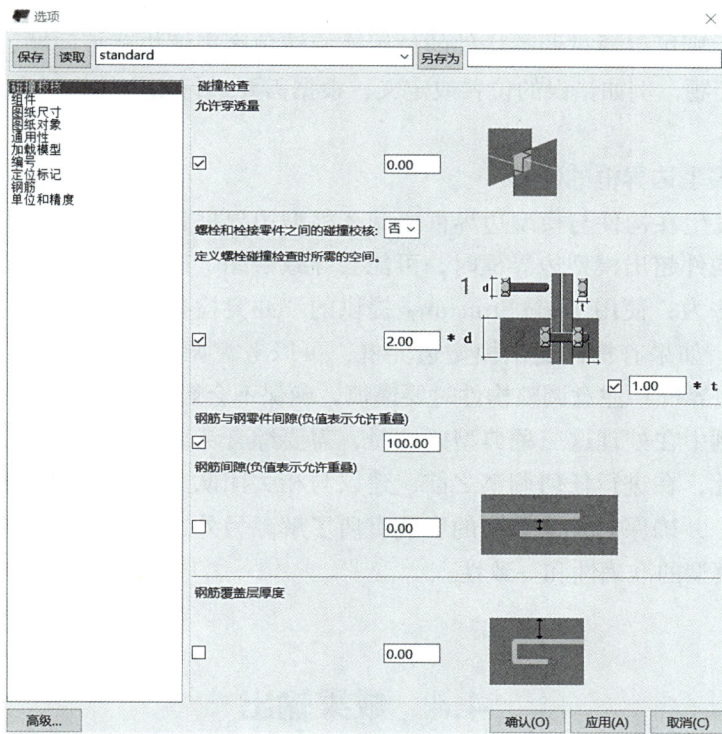

图 4-11 螺栓净距设置

4.3.2 碰撞处理

在 Tekla Structures 模型中进行碰撞校验后，最典型的三种碰撞类型包括：构件之间的碰撞、构件与基准点或轴线的碰撞以及构件与模型边界框的碰撞。

1. 构件之间的碰撞

这种碰撞指的是在 Tekla Structures 模型中，两个或多个构件发生了重叠或交叉的情况。这可能是由于建模过程中的误差、位置不准确或设计变更等原因引起的。当发现这种碰撞时，可以通过以下步骤来处理：使用 Tekla Structures 提供的"冲突检查"工具来快速识别并定位碰撞点，确认碰撞点所涉及的构件，并分析造成碰撞的原因，根据实际情况，选择调整构件的位置、尺寸或形状，以消除碰撞。注意在进行任何调整前，务必与相关团队协商，并确保对设计和结构的影响有所了解。当调整完成后，重新进行碰撞校验，确保问题已经解决。

2. 构件与基准点或轴线的碰撞

这种碰撞通常发生在构件与基准点（如坐标原点）或轴线之间。这可能会导致构件位置不准确、无法正确安装或与其他构件发生冲突。处理这种碰撞的方法为：使用 Tekla Structures 的"冲突检查"工具来定位碰撞点；确认构件是否正确地对齐到基准点或轴线上；如果没有，则可以通过调整构件的位置或旋转角度来解决碰撞问题；如果基准点或轴线本身存在问题，例如错误的位置或定义，根据需要进行相应的修复和调整。

3. 构件与模型边界框的碰撞

这种碰撞发生在构件与模型边界框之间。模型边界框是用于表示整个模型范围的虚拟包围盒。当构件超出模型边界框时，可能会导致绘图、碰撞检查等方面的问题。处理这种碰撞的方法为：使用 Tekla Structures 提供的"冲突检查"工具来确认构件是否超出了模型边界框；如果有构件超出模型边界框，可以考虑调整构件的尺寸、位置或形状，使其适应模型边界框；注意调整构件时要谨慎，确保不会影响设计和结构的准确性。

在实际案例中在处理这三种典型碰撞时，需要综合考虑设计要求、结构安全性和施工可行性。因此，在进行任何调整之前，建议与相关团队（如结构设计团队、施工团队等）进行协商，并确保对整体模型的影响有所了解。另外，定期进行碰撞校验是非常重要的，以确保模型的准确性和一致性。

4.4 成果输出

4.4.1 构件编号

1. 编号设置

单击图纸和报告 > 编号设置 > 为设置编号，打开编号设置对话框，如图 4-12 所示。编号选项说明总结于表 4-11 中。

1）新部件
对新部件进行编号时的选项，见表 4-12。

2）修改的部件
对修改的部件进行编号时的选项参见表 4-13。

144

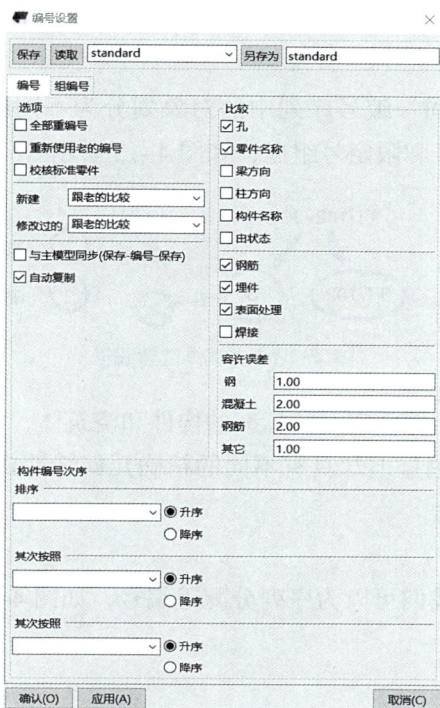

图 4-12　编号设置对话框

编号选项说明　　　　　　　　　　　　　　　　　　　　　表 4-11

选项	选中后的操作
全部重编号	Tekla Structures 对所有部件重新编号。以前所有的编号信息丢失
重新使用老的编号	Tekla Structures 重新使用曾分配给部件而后被删除的编号。这些编号可用于对新的或修改后的部件进行编号
校核标准零件	如果已建立了一个单独的标准件模型，Tekla Structures 将对当前模型中的零件和标准件模型进行比较。若要编号的部件与标准模型中的一个部件相同，Tekla Structures 为其分配标准模型中部件的编号

新部件编号选项　　　　　　　　　　　　　　　　　　　　　表 4-12

选项	操作
跟老的比较	新部件会获得与以前已编号的相似部件相同的编号
采用新的编号	即使已存在相似的编号部件，新部件也将获得以前未被使用过的编号

修改部件编号选项　　　　　　　　　　　　　　　　　　　　　表 4-13

选项	操作
跟老的比较	与上述新部件相同
采用新的编号	与上述新部件相同
如果可能，保持编号	在可能的情况下，修改的部件保留其以前的编号

2. 系列编号

1）组编号

使用组编号，可以将同一编号序列中的对象划分为不同的限定号。使用组编号时，浇筑体位置编号由系列编号和限定号组成，如图4-13所示。

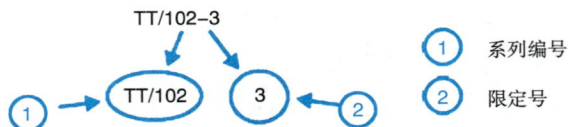

图4-13　浇筑体位置编号

对于符合编号设置对话框中定义的标准的构件和浇筑体，它们的系列编号是相同的。

对于具有相同的系列编号但却具有不同的精确几何特性或材料的构件或浇筑体，它们将获得唯一的限定号编号。

2）为序列分配组编号

在组编号选项卡上，我们可以为序列分配组编号，如图4-14所示，梁编号序列都以BE为前缀。

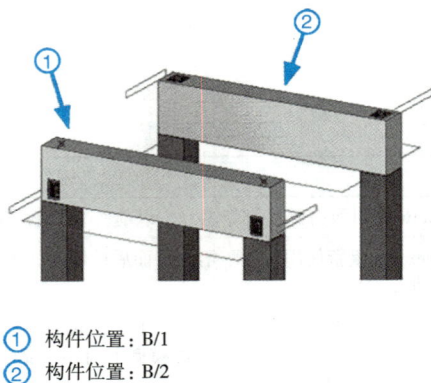

① 构件位置：B/1
② 构件位置：B/2

图4-14　梁编号序列

虽然图中的梁是相似的，但它们使用的接合方式不同。在为这些梁分配系列编号时，可以按照以下步骤进行操作：

（1）点击"图纸和报告"，然后选择"编号"，再点击"编号设置"，可打开编号设置对话框。

（2）在"组编号"选项卡上，点击"添加系列"，打开添加系列对话框（图4-15）。该对话框列出了模型中的所有构件和浇筑体的编号系列。

（3）选择编号系列"BE-/1"，然后点击"添加"，该编号系列就会出现在组编号列表中。

（4）使用该对话框的比较部分可定义针对编号系列的比较内容。分别为每个编号系列定义比较标准。

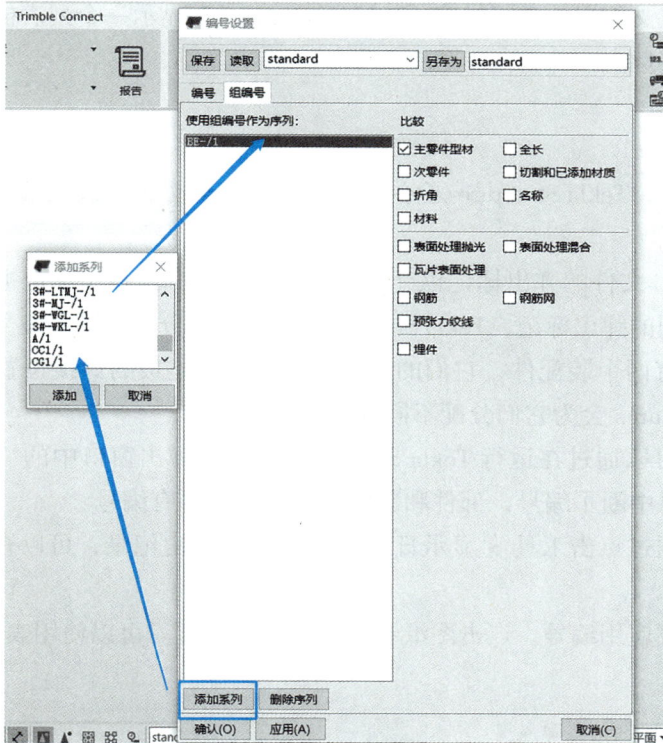

图 4-15　添加系列对话框

在进行以上操作时，请注意至少要选择一个复选框，但不要选择所有复选框。如果选择了所有复选框，则组编号将与常规的构件位置相同，并且限定号编号始终为 1。如果没有选择任何复选框，则只会为每个系列分配一个组编号。

3. 构件位置编号

构件位置编号可以按照构件的位置顺序进行分配编号。构件次序编号如图 4-16 所示，可以选择按照升序或降序排列位置编号。排序的标准可以通过下拉列表进行选择，包括构件主部件的 x、y 或 z 坐标，构件的用户定义属性，主部件的用户定义属性等。如

图 4-16　构件次序编号（见图 4-11）

果选择根据用户定义的属性进行排序，Tekla Structures 会显示一个列表框，其中包括所有可用的用户定义属性。

4. 应用编号

在应用编号时，Tekla Structures 会为部件和构件分配标记，按照编号设置对话框中的设置进行操作。

弹出标记：NC 文件的弹出标记也会对编号产生影响。当弹出标记被激活时，如果相同的部件具有不同的弹出标记，Tekla Structures 将为它们分配不同的编号。

示例：假设有两个装配件，它们的主部件相同，只是板的焊接位置不同。在这种情况下，Tekla Structures 会为它们分配不同的编号。

中断编号：可以通过在运行 Tekla Structures 时点击弹出窗口中的"取消"按钮来中断编号过程。如果中断了编号，部件和装配件将保留其原有编号。

日志文件：通过点击工具 > 显示日志文件 > 编号历史记录，可以查看显示编号历史记录的报告。

应用编号：要应用编号，点击图纸和报告 > 编号设置。可以使用表 4-14 中列出的选项进行设置。

应用编号 表 4-14

选项	结果
为设置编号	显示编号设置对话框
保存初始编号	为所选零件保存初始编号
分配控制编号	为零件分配唯一的控制编号。控制编号是标识模型中零件位置的属性。我们可以对模型中的所有零件、所选择的零件或使用特定编号序列的零件分配连续的控制编号
锁定/接触锁定控制编号	防止 Tekla Structures 对模型中所有或特定零件的控制编号进行重新编号。 如果要锁定/解除锁定所有零件，在不选择任何零件的情况下启动此命令。如果要锁定/解除锁定特定零件，首先选择零件，然后启动此命令

5. 分配部件控制编号

控制编号是标识模型中的部件位置的属性。使用创建控制编号（S9）宏来分配部件控制编号。我们可以让 Tekla Structures 对模型中的所有部件、所选择的部件或特定编号序列中的部件分配连续的控制编号。每个部件得到一个唯一的控制编号。

要在图纸、报告中显示控制编号，或者使用工具 > 查询 > 对象命令时显示控制编号，选择属性控制编号，如图 4-17 所示。

6. 锁定或解除锁定控制编号

要防止 Tekla Structures 对模型中的所有部件或特定部件进行编号，使用锁定/解除锁定控制编号工具。

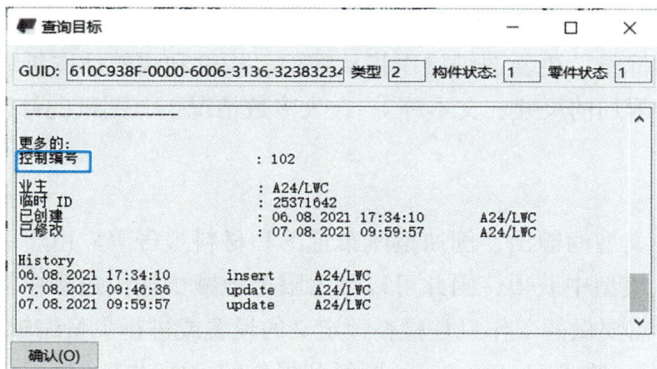

图 4-17　控制编号显示

要锁定或解除锁定控制编号，可单击工具 > 编号 > 锁住 / 解锁控制编号，弹出设置窗口，如图 4-18 所示。

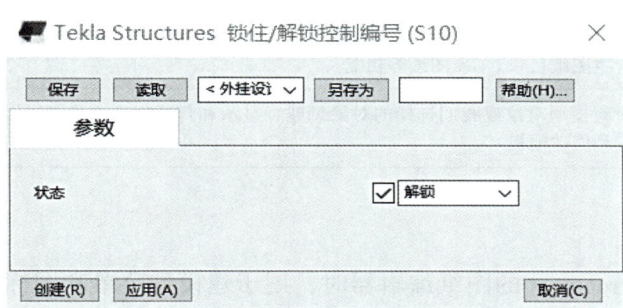

图 4-18　锁定或解除控制编号

4.4.2　图纸输出

1. 图纸命令简介

1）基础命令

（1）创建和管理

图纸命令分布在模型编辑器和图纸编辑器两个位置，模型编辑器提供了创建和管理图纸的所有命令。

想要使用单个命令来创建不同类型的图纸，可以使用自动生成图纸快捷方式。如果只希望创建特定类型的图纸，可以使用图纸和报告菜单中的命令。

要查看和管理所有现有的图纸，可以点击图纸和报告 > 图纸列表，以打开图纸列表。

（2）编辑和查看

要查看或编辑图纸，只需选择图纸编辑器即可。

可以在项目的任何阶段创建图纸和报告。如果模型发生改变，在下次进行编号时，Tekla Structures 会提示我们更新相关的图纸。

可以只打开最新的图纸。Tekla Structures 会在图纸对话框中指示需要更新的图纸。

如果图纸未被冻结，更新图纸操作将从零件、构件和浇筑体图纸中删除所有针对图纸级别的修改（如附加的尺寸、文本等）。在大多数情况下，图纸的修改是永久的并且会自动更新。

（3）功能命令

可以创建多种类型的输出，例如整体布置图和材料报告等。由于图纸和报告的所有信息都可以直接从模型中获得，因此可以最大限度地减少输出过程中需要做的工作。在大多数情况下，所需要做的工作只是检查预定义的设置或进行少量编辑。

表 4-15 介绍了一些 Tekla Structures 图纸和报告的主要功能。

图纸和报告 表 4-15

功能	说明
图纸列表	打开图纸列表。我们可以使用图纸列表管理从当前模型创建的所有图纸
图纸属性	包含零件图、构件图、GA 图纸、浇筑图纸、多件图、图纸布置功能
创建图纸	包含主图纸目录、GA 图纸等功能
报告	从所有模型对象或我们选择的对象创建、显示和打印报告。我们可以使用模板编辑器来创建报告和修改模板

2）屏幕布局

当启动 Tekla Structures 的图纸编辑器时，用于建模的菜单和图标消失，而出现几个新的工具栏。模型视图仍保留在屏幕上。图 4-19 显示出了 Tekla Structures 图纸编辑器窗口的各个区域。

选择开关和捕捉设置是一些特殊的工具栏，可以使用其中的开关控制可选择的物体以及 Tekla Structures 捕捉点的方式，如图 4-20 所示。

使用选择开关限定可选择哪些对象类型。例如，如果仅激活选择标记开关，即使选择整个图纸区域，Tekla Structures 也只选择标记。

为了能够选取不同的位置和点（例如线的端点和交点），需要激活捕捉开关。要在图纸编辑器中捕捉和选择点，可以使用类似于模型编辑器中采用的方法。

3）工具栏

工具栏中包含的图标为最常用的命令的相关快捷使用方式。基本工具栏包括：图纸工具、图纸对象、捕捉设置、选择等。单击可执行相应命令，双击则可显示相应对象类型的属性对话框，并且执行相应的命令。

4）图纸类型

Tekla Structures 提供图纸类型包括：单部件图纸、装配图纸、浇筑单元图纸、整体布置图和多件图。

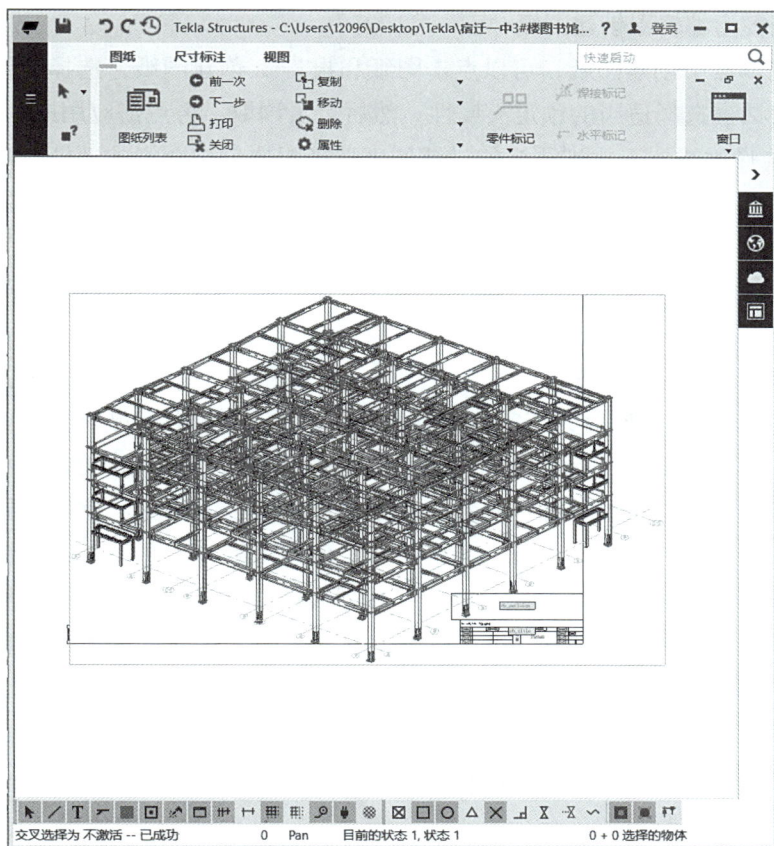

图 4-19　图纸编辑器窗口

图 4-20　特殊捕捉工具栏

2. 图纸的创建和使用

1）创建图纸

在 Tekla Structures 中创建装配件、单部件、浇筑单元或多重图纸之前，需要先更新模型对象的编号。可以创建各种部件类型的测试图纸，以查看预定义的图纸属性和布局是否符合要求，并在需要时进行修改并保存。

（1）设置图纸属性（图 4-21）

Tekla Structures 使用为每种图纸类型定义的属性来创建图纸。要查看或修改图纸属性，可以从模型编辑器中的图纸和报告 > 创建图纸菜单中选择图纸类型，也可以通过选择图纸和报告 > 创建图纸 > 图纸属性来更改图纸布局。

图 4-21　图纸属性对话框

151

（2）使用模型编辑器创建图纸

在模型编辑器中创建图纸，可以点击图纸和报告 > 创建图纸，选择图纸类型，并使用图纸属性对话框选择适当的预定义属性。然后点击读取，再点击应用或确认。接下来，点击编辑 > 选择过滤器，找到适当的过滤器来选择想要创建图纸的部件。最后，在图纸和报告菜单中选择图纸类型，就可以创建图纸了，这些图纸将出现在图纸列表对话框中的图纸列表中。

如果要创建单个部件、构件、模型视图或现有图纸的图纸，选择这些对象，然后使用右键单击就可以弹出菜单创建图纸。

（3）创建单部件或装配图纸

Tekla Structures 允许同时为特定的部件类型创建所有单部件或装配图纸，而无需逐个选择部件。在这种情况下，所创建的图纸通常具有相似的外观和相同的属性。

要创建特定部件类型的单部件或装配图纸，请执行以下步骤：使用选择过滤器选择零件类型，并选择整个模型；点击图纸和报告 > 创建图纸 > 零件图…或图纸和报告 > 创建图纸 > 构件图…以显示图纸属性对话框；从列表框中选择预定义属性，然后点击读取按钮；点击应用或确认；要创建图纸，点击图纸和报告 > 创建零件图或图纸和报告 > 创建构件图。

（4）创建多重图纸

当在一页上包含多个装配件，或在一页上放置多个单部件图纸时，可以使用创建多重图纸命令来创建图纸。

（5）对象类型

多重图纸中可以包含各种对象类型，包括现有图纸、模型和图纸视图，以及所选的部件和装配件。

（6）布局选项

如果从现有图纸中创建多重图纸，可以选择包括它们各自的独立布局。如果希望每个部件或装配件都有单独的列表、表格和取消操作，应包括独立的图纸布局，也可以在多重图纸中包含所有部件和装配件的列表和表格。

2）使用图纸

通过图纸列表对话框可使用或管理图纸。可通过下面的任何一种方法，打开图纸列表对话框。

（1）单击打开图纸列表图标。

（2）在模型编辑器中，选择图纸和报告 > 图纸列表 … 或按 Ctrl + L。

（3）在图纸编辑器中，选择图纸文件 > 打开或按 Ctrl + O。

可以在该对话框中打开、更新、编辑、冻结、锁定、复制和删除图纸，也可以根据不同的标准来排序、选择和显示图纸，并打印特定图纸的列表，还可以使用图纸列表查找图纸和模型中的零件之间的连接，具体包括：过滤、模型、锁定、冻结、准备发布、发行、修订。

4.4.3 报告清单

Tekla Structures 允许以报告形式输出模型信息，包括图纸、螺栓和部件等列表。报告可包含所选部件或整个模型的信息。软件内置多个标准的报告模板，用户可以使用模板编辑器修改现有的模板或创建新的模板。

1. 生成整个模型的报告

要生成整个模型的报告，首先打开模型，然后单击工具栏中的报告图标，打开报告对话框。报告对话框分为两个选项卡：报告和选项。在报告选项卡中，选择要使用的报告模板，然后输入报告标题和文件名。接着，在选项卡上设置报告选项，最后点击运行按钮。

2. 生成所选部件的报告

要生成所选部件的报告，先在模型中选中要生成报告的部件，然后单击报告图标打开报告对话框。选择要使用的报告模板，输入报告标题和文件名，并在选项卡上设置报告选项。最后，点击运行按钮即可生成所选部件的报告，如图 4-22 所示。

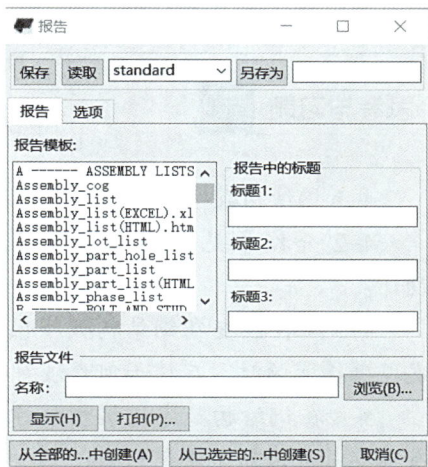

图 4-22 报告选项卡

3. 生成所选图纸的报告

要生成所选图纸的报告，首先在模型中选中所包含图纸的部件，然后在图纸列表中选择所有图纸。接着，单击报告图标打开报告对话框，选择要使用的报告模板，并输入报告标题和文件名。在选项卡上设置报告选项，最后点击运行按钮即可生成所选图纸的报告。完成后，可以选择显示或打印报告。

本章小结

本章介绍了钢结构数字化模型创建、节点深化、碰撞检查与处理以及成果输出的相关内容。

在钢结构数字化模型创建方面，我们介绍了软件简介和基本构件创建，详细阐述了使用专业软件进行钢结构数字化模型创建的步骤和要点，包括导入图纸、建立基准、绘制构件等基本操作。

在节点深化方面，我们介绍了常见节点和自定义节点。对深化设计的流程进行了简要说明，并针对不同类型的节点，重点讲解了深化设计的要点和方法，包括梁柱节点、支撑节点和连接节点等常见节点的深化设计。

在碰撞检查与处理方面，我们介绍了碰撞检查的步骤和碰撞处理的方法，讲解了如何使用软件进行钢结构数字化模型的碰撞检查，以及发现碰撞后如何进行及时地处理和调整，以确保模型的正确性和精确性。

在成果输出方面，我们介绍了构件编号、图纸输出和报告清单，简要说明了成果输出的内容、要求和步骤，并重点讲解了构件编号的规则、图纸输出的方法和报告清单的编制等。

通过本章的学习，我们应能掌握钢结构数字化模型创建的基本技能、节点深化设计的要点、碰撞检查与处理的方法以及成果输出的具体内容和要求。这对于在实践中更好地应用数字化技术进行钢结构设计具有重要的指导意义。

思考与习题

4-1 钢结构数字化模型创建的基本步骤是什么？需要掌握哪些关键要领？

4-2 介绍常见的钢结构节点，并阐述其特点和用途。如何对这些节点进行深化设计？

4-3 碰撞检查在钢结构数字化模型创建中的重要性是什么？如何进行碰撞检查？当发现碰撞问题时，应该如何处理？

4-4 在钢结构数字化模型创建中，如何保证模型的质量和精确性？常见的质量问题有哪些，应该如何避免？

4-5 碰撞检查的步骤是什么？在进行碰撞检查时，需要注意哪些问题？如何解决碰撞问题？

4-6 在进行构件编号时，编号的规则和要求是什么？如何保证编号的准确性和唯一性？

4-7 针对某一具体的钢结构项目，如何应用数字化模型创建的流程进行实际操作？需要注意哪些事项？

二维码 4-2
思考与习题答案

参考文献

[1] 姜韶华，姚守俨. BIM 基础及施工阶段应用 [M]. 北京：中国建筑工业出版社，2017.

[2] 苏翠兰. 钢结构详图设计快速入门 XSteel 软件实操指南与技巧 [M]. 北京：中国建筑工业出版社，2010.

[3] 刘博，牛浩楠，邵满柱. BIM 钢结构深化 Tekla Structures 21.0 建模深化工程应用实战 [M]. 北京：人民邮电出版社，2021.

二次结构数字化设计

二维码 5-1
第 5 章　教学课件

1. 掌握二次结构包括哪些构件；
2. 掌握二次结构设计的主要关键点；
3. 掌握二次结构设计软件操作。

1. 掌握二次结构的基本概念和分类，了解二次结构设计的基本要求和原则。
2. 了解二次结构设计中常用材料的性能和特点，掌握材料选择的要点。
3. 熟悉二次结构设计的规范和相关标准，掌握二次结构设计的基本步骤和方法。
4. 能够运用二次结构设计软件进行基本的二次结构设计，并能够根据需要进行相应的调整和修改。

BIM 技术助力砌体结构深化设计

传统方法进行二次结构深化存在的主要问题为：

1）图纸描述不清晰：图纸所表达的信息需要大量文字、图形符号辅助，但依然对信息传递表达存在不清晰。

2）CAD 深化图局限性过大：图纸绘制工作量大，出图过程复杂、效率较低、二维形式进行直观表达需要投入更多。

3）洞口留置的调整问题：基于二维 CAD 图纸进行各类预留洞口留置，容易产生遗漏问题。

4）质量安全隐患：深化设计阶段遗留的问题容易延伸到施工过程中才被发现，对施工质量、安全均会造成一定影响。

5）碰撞检查重难点：使用传统 2D CAD 工具叠图在 CAD 图层上，利用人力识别可能的冲突，这些人工作业较缓慢，成本高，容易出错。

BIM 在二次深化设计中的解决方案：

基于规范要求与 BIM 技术，利用 Revit 参数化设计功能、二次开发技术、专业砌体排砖插件等，辅助实现二次结构模型在 BIM 软件中的快速生成，同时也能支持砌体的自动排布和统计，从而大大减少了二次结构深化的难度，提高了效率，有效减少了砌筑材料的浪费。

砌体深化设计模型主要体现在以下四类：

1）二次结构构造布置：为生成带马牙槎构造柱，利用 Revit 族技术，结合工程实际，首先搭建出适应大部分情况的构造柱族。

2）二次结构过梁创建：根据规范要求，利用软件结合图纸门窗洞口情况进行过梁模型快速创建。

3）二次结构圈梁创建：根据规范要求，利用软件结合图纸、砌体尺寸等进行圈梁模型创建。

4）二次结构砌体排砖：利用 BIM 深化工具快速高效完成墙体构造柱和砌体的排布，并依据排布情况提前对用料进行规划，节约了成本，提高施工质量。

通过上述二次结构深化设计的重点和难点不难看出，在实际施工过程中二次结构的深化设计是非常重要的一个阶段，以传统施工方式进行二次结构的深化设计费时费力。以数字化技术助力二次结构深化设计，以信息化手段进行二次结构的深化设计解决实际二次结构设计过程中的问题，同时以数字化手段推动建筑工程的数字化施工。

思考题：

1. 以数字化手段或技术进行二次结构设计，具体可以解决什么问题？

2. 相较于传统二次结构设计，数字化设计有哪些优势？

5.1　二次结构基本概念

二次结构是相对于主体结构而言的，是在一次结构（指主体结构的承重构件）施工完毕以后才施工的，是相对于承重结构而言的，是非承重结构，也可以说是自承重结构，一般包括建筑隔墙（填充墙）、构造柱、腰梁、窗台梁、过梁、坎台、女儿墙等。

5.1.1　建筑隔墙的基本概念

一般来说，建筑隔墙一般有砌体隔墙、板材隔墙、骨架隔墙等。砌体隔墙主要有砖砌体、砌块砌体等。板材隔墙大多为加气混凝土条板和增强石膏空心条板等。骨架隔墙大多为轻钢龙骨或木龙骨，饰面板有石膏板、埃特板、GRC 板、PC 板、胶合板等。

本节主要介绍砌体隔墙。

1. 砖

建筑砌体所需的人造小型块材称为砖，通常为直角六面体，分为烧结砖、蒸压砖和混凝土砖三种类别。

2. 砌块

砌块是建筑砌体所需的人造块材，外形为直角六面体，具有表观密度小和保温隔热性能好等优点，由于其可以充分利用工业废料而价格较为便宜，因此已广泛用于房屋的墙体，并在一些地区的高层建筑承重墙体中得以使用。

3. 砂浆

砂浆是用于建筑中砌砖的粘结材料，由沙子和胶结材料（如水泥、石灰膏和黏土）以一定比例混合后加水制成，也称为灰浆。根据成分不同，砂浆通常分为水泥砂浆、混合砂浆和专用砂浆。而根据用途的不同，砂浆又可以分为砌筑砂浆、抹面砂浆（装饰砂浆、防水砂浆）和粘结砂浆等不同种类。

实际工程案例：南京某高层住宅，内填充墙采用蒸压加气混凝土砌块，墙体重度不大于 $6.5kN/m^3$，墙体材料强度等级 A3.5，采用专用砌筑砂浆，砂浆强度等级 Ma5.0；外填充墙采用混凝土小型空心砌块，墙体重度不大于 $12kN/m^3$，墙体材料强度等级 MU5.0，采用混合砂浆，砂浆强度等级 Mb5.0；地面以下与土壤直接接触墙体采用混凝土实心砖，墙体重度不大于 $19kN/m^3$，墙体材料强度等级 MU20，采用专用砌筑砂浆，砂浆强度等级 Mb10。

5.1.2　其他二次结构构件概念

1. 构造柱

构造柱指的是按照先绑扎钢筋、后砌砖墙、最后浇筑混凝土的施工顺序，制成的混凝土柱，主要用于提高多层砌体结构或砌体填充墙的抗震性能。根据砌体规范和抗震标准的要求，在适宜的位置设置构造柱，并与主体结构可靠地连接，以增强整体的稳固性。

2. 过梁

过梁指的是在墙体上开设门窗洞口且洞口大于 300mm 时，为了支撑洞口上部砌体传来的荷载，并将这些荷载传递给门窗洞口两边的墙体，在门窗洞口上方设置的横梁。通常采用钢筋混凝土过梁，其伸入每边墙体的长度不应小于 250mm。

3. 窗台梁

窗台梁是指设置在窗口下部的钢筋混凝土梁，主要是为了防止窗台处产生竖向裂缝，高度一般不小于 60mm，底层和顶层一般宜设置通长的窗台梁。

4. 坎台

坎台一般是指在厨房、卫生间、浴池等有水房间采用轻骨料混凝土小型砌块、蒸压加气块砌筑墙体时，在墙根部设置混凝土坎台，高度一般不小于 150mm。类似部位还有雨篷内侧、出屋面的楼梯间墙根部等。

5. 女儿墙

女儿墙是沿建筑物屋顶边缘修建的矮墙，主要作用包括：防止人员意外坠落；墙体底部施作防水压砖收头，以避免防水层渗水或是屋顶雨水漫流；配合整体建筑风格而设计，为建筑增添独特的韵味和美感等。根据《民用建筑通用规范》GB 55031—2022，对于上人屋面，栏杆（板）垂直高度不应小于 1.10m。栏杆（栏板）高度应按所在楼地面或屋面至扶手顶面的垂直高度计算，如底面有宽度大于或等于 0.22m，且高度不大于 0.45m 的可踏部位，应按可踏部位顶面至扶手顶面的垂直高度计算。所以上人屋面的女儿墙墙体＋栏杆的总高度不低于 1.10m。

6. 压顶

压顶，指的是在露天墙顶上用砖、瓦、石料、混凝土、钢筋混凝土、镀锌钢板等材料建造的覆盖层，其中最典型的就是女儿墙压顶。一般来说，压顶的高度设置为 200mm，宽度与墙体厚度相同。

5.2 二次结构设计相关规范要求

二次结构构件作为建筑工程中重要的组成部分，对主体结构的整体性、稳定性和安全性有着重要影响。其设计和施工应满足国家相应标准、规范的要求。

5.2.1 材料要求

1）砖和砌块材料的强度等级应该符合国家标准，其中混凝土小型空心砌块（简称小砌块）强度等级应不低于 MU3.5，用于外墙和潮湿环境的内墙时应不低于 MU5.0；烧结空心砖、空心砌块的强度等级应不低于 MU3.5，用于外墙和湿润环境的内墙时应不低于 MU5.0；烧结多孔砖的强度等级应不低于 MU10；蒸压加气混凝土砌块的强度等级应不低于 A2.5，用于外墙和潮湿环境的内墙时应不低于 A3.5。

2）对于建筑物防潮层以下、长期浸水或化学侵蚀环境、砌体表面温度高于 80℃以及长期处于振动源环境的填充墙，不应使用轻骨料混凝土小型空心砌块或蒸压加气混凝土砌块，应采用实心砖或预先将孔灌实的多孔砖或灌孔小型混凝土空心砌块砌筑。

3）填充墙砌筑砂浆的强度等级应符合国家标准，其中：烧结普通砖和烧结多孔砖砌体砌筑砂浆强度等级应不低于 M5.0；蒸压普通砖砌筑砂浆强度等级应不低于 Ms5.0；蒸压加气混凝土砌块砌筑砂浆强度等级应不低于 Ma5.0；混凝土砌块砌筑砂浆强度等级应不低于 Mb7.5。

4）房屋顶层墙体及女儿墙砂浆强度等级不低于 M7.5（Ma7.S、Mb7.5、Ms7.5）。

5）填充墙砌筑砂浆宜采用预拌砂浆或干混砂浆。

6）室内地坪以下及潮湿环境应采用水泥砂浆、专用砂浆。

7）蒸压加气混凝土砌块砌体应采用专用砂浆砌筑。

8）构造柱、水平系梁、过梁等构件混凝土强度等级不低于 C25；混凝土小型空心砌块砌体的灌孔混凝土强度等级不低于 Cb20，且不低于 1.5 倍的块体强度等级；钢筋混凝土芯柱混凝土强度等级不低于 Cb25。

9）钢筋：箍筋、拉结钢筋采用 HPB300 或 HRB400；水平系梁、圈梁主筋采用 HPB300 或 HRB400；构造柱和芯柱主筋采用 HRB400。

5.2.2　设计原则

1）钢筋混凝土结构中砌体填充墙的厚度：外围护墙应不小于 120mm，内隔墙应不小于 90mm；当采用轻质材料墙体时，外墙和分户墙厚度应不小于 200mm。

2）砌体填充墙的整体设计应考虑以下方面：

（1）填充墙要承担墙体自重、附加荷载（如附着物重量）、风荷载和地震作用。填充墙应满足在风荷载和地震作用下的稳定性要求。对于高度超过 6m 的填充墙，需要进行专门的设计。

（2）采用砌体填充墙，应采取措施减少对主体结构的不利影响：

①填充墙的平面布置宜具有均匀对称性，以减少由填充墙质量和刚度偏心引起的主体结构扭转。

②填充墙的竖向布置宜均匀连续，避免产生上下刚度突变。

③避免形成薄弱层或短柱。

④在考虑填充墙对主体结构抗震性能不利影响时，特别要注意填充墙对角柱在水平地震作用下的影响。

（3）填充墙与主体结构应可靠拉结。填充墙与周边主体结构构件的连接构造和嵌缝材料应满足传力、变形、耐久、防护和防止平面外倒塌要求。

（4）填充墙与主体结构的连接应具有足够的变形能力，以适应主体结构不同方向的层间变形需求。

3）砌体填充墙连接构造：砌体填充墙与主体结构的拉结及填充墙墙体之间的拉结，根据不同情况可采用拉结钢筋（拉结筋）、焊接钢筋网片、圈梁、水平系梁和构造柱。

4）当填充墙与主体结构采用不脱开的连接方法时，应符合下列规定：

（1）在砌体填充墙的框架柱和剪力墙全高范围内，每 500~600mm 应设 2 根 φ6 拉结钢筋（墙厚大于 240mm 时应设 3 根 φ6 拉结钢筋）。拉结钢筋应贯穿墙体，长度应根据倾角进行规定。

（2）当砌体填充墙的墙段长度超过 5m 或墙长超过 2 倍层高时，应在墙顶与梁底或板底设拉结钢筋，并在墙体中部设置钢筋混凝土构造柱，构造柱间距不宜大于 4m。

（3）当填充墙尽端至门窗洞口边距小于 250mm 时，应采用钢筋混凝土墙垛。

（4）当砌体填充墙的高度超过 4m 时，在墙体半高处应设置现浇钢筋混凝土水平系梁，与柱连接并贯穿整个墙体。一般情况下，砌体填充墙的高度不应超过 6m。

5）应避免设备管线的集中设置对填充墙产生削弱，无法避免时，应采取加强措施。

6）楼梯间和人流通处的填充墙，应采用钢丝网砂浆面层加强。

7）构造柱、水平系梁最外层钢筋保护层厚度不应小于 20mm。

8）钢筋连接如下：

（1）构造柱、水平系梁纵向钢筋采用绑扎搭接，全部纵筋可以在同一连接区段搭接，钢筋搭接长度为 50d。

（2）墙体拉结筋的连接：采用焊接接头时，单面焊的钢筋搭接长度不小于 10d；采用绑扎搭接连接时，搭接长度为 50d 且不小于 400mm。

9）砌体填充墙应根据有关规范、规程及地区规定对墙体采取必要的抗裂措施。

10）构造柱设置原则（图 5-1）。

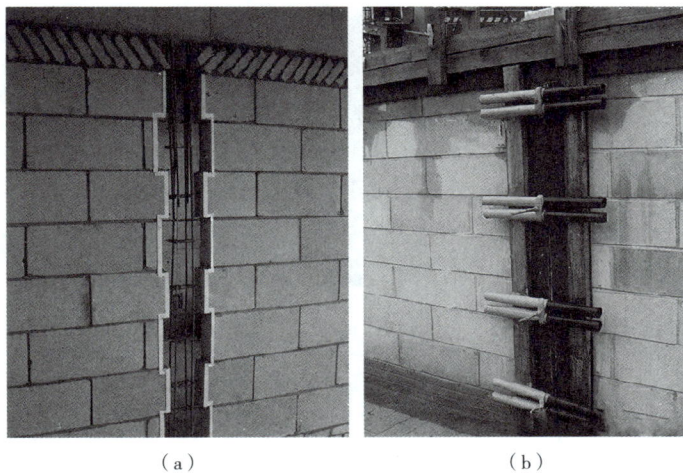

（a）　　　　　　　　　　　（b）

图 5-1　二次结构构件（一）

（a）构造柱马牙槎；（b）构造柱浇筑

（1）当填充墙长度超过 5m 或层高 2 倍时，墙体中部应设置构造柱，构造柱间距不宜大于 4m。

（2）当楼梯间和电梯间采用砌体填充墙时，应在四角设置构造柱。

（3）当填充墙开有宽度小于 2m 的门窗洞口时，洞口边宜设置混凝土抱框；当填充墙开有宽度大于 2m 的门窗洞口时，洞口边宜设置构造柱。

（4）外墙的 L 形转角处、内墙和外墙交接处宜设置构造柱。

（5）当填充墙端部无主体结构和垂直墙体与之拉结时，端部应设置构造柱。

（6）圆弧形外墙应加密设置构造柱，墙高中部宜设置水平系梁，且间距不宜大于 2m。

11）填充墙洞口构造（图 5-2、图 5-3）如下：

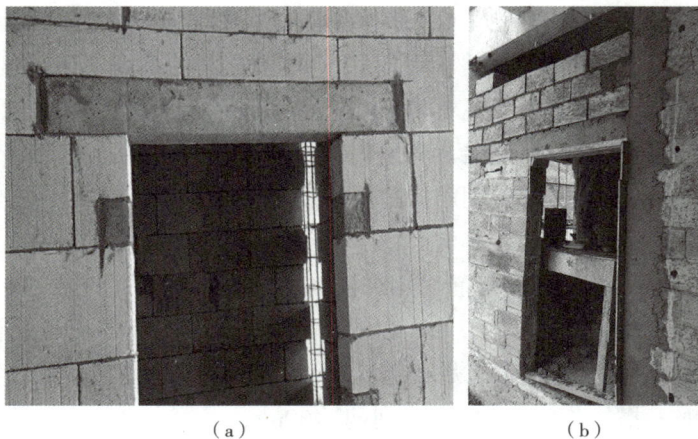

（a） （b）
图 5-2 二次结构构件（二）
（a）过梁；（b）过梁支模浇筑

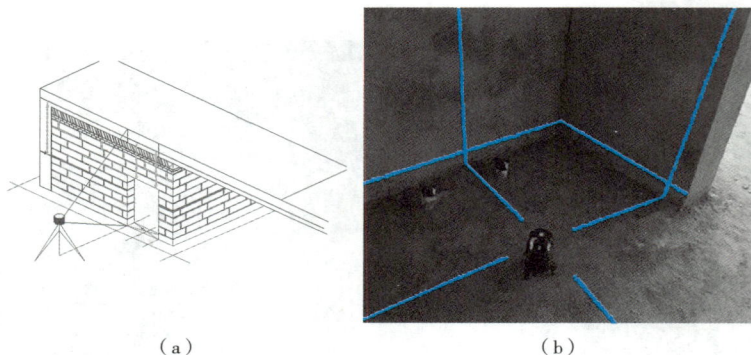

（a） （b）
图 5-3 二次结构施工
（a）放线示意图；（b）现场激光放线仪器

（1）当填充墙内机电设备穿墙（嵌入）洞口宽度不大于 300mm 时，可采用钢筋砖过梁；当洞口宽度大于 300mm 时，应设置钢筋混凝土过梁。

（2）当填充墙内设有较大机电设备穿墙（嵌入）洞口时，当洞口较大边长不大于 600mm 时，可仅在洞顶设置过梁；当洞口较小边长大于 600mm，洞口周边应设置混凝土边框；洞宽不小于 800mm 时亦应设边框，洞顶改设过梁；洞宽不小于 1500m 时洞两侧应设构造柱，洞顶设过梁。

（3）填充墙洞口过梁支承长度不小于 300mm。当洞口与柱、墙边距离不满足支承长度时，应从柱、墙中预埋过梁钢筋，过梁采用现浇。浇筑过梁前，应将柱、墙面打成槽齿状。当两相邻洞口间墙长小于 600mm 时，过梁应连续通长设置。

（4）当调口过梁与墙内水平现浇带位置重叠时，可由水平现浇带代替过梁，但现浇带的截面及配筋应不小于过梁的要求。

（5）当采用空心砖、蒸压加气混凝土砌块、多孔砖或实心砖砌体（含双面抹灰），并考虑构造及施工条件等因素时，应通过计算确定过梁截面及配筋。

5.3 二次结构设计软件应用

"品茗 BIM"软件界面清晰、操作简便，其可以快速设计出各种模型，并且可以对设计好的模型进行修改，集生成文档、建模翻模、标准出图、设计优化、工程算量于一体，采用类似 CAD 操作方式，提高了建模的效率，非常适合国内用户建模使用。

在本节中主要针对二次结构模型的建立进行详细的讲解。在 5.1.1 节中着重介绍了二次结构的主要类型，下面着重于利用品茗 BIM 软件完成砌体排砖的设计。

砌体排砖在二次结构中扮演着重要角色，但其细节连接点众多，传统的施工方式和现场管理条件难以实现精确施工。这导致施工现场对原材料切割的使用较为随意，经常发生严重的浪费和损耗。为了解决这个问题，可以利用 BIM 技术在施工前对砌块、圈梁、构造柱、导墙、顶砖、门窗洞口以及过梁的空间位置进行准确定位和统计。同时，非标准砌块和构件可以提前进行工厂化加工，并将所需构件和材料有针对性地提前运输到相应区域。这样可以实现节约施工材料的消耗率，降低施工成本的目标。

根据《砌体结构工程施工质量验收规范》GB 50203—2011、《砌体结构工程施工规范》GB 50924—2014、《砌体填充墙结构构造》22G614-1 等规范，砌体排砖应遵循以下标准：

1）在灰缝设置的要求上，砌筑烧结空心砖、轻骨料混凝土小型空心砌块的灰缝应为 8~12mm；施工蒸压加气混凝土砌块时，水泥砂浆或水泥混合砂浆的水平灰缝厚度和竖向灰缝宽度不应超过 15mm；若采用薄层砂浆砌筑法，则水平灰缝厚度和竖向灰缝宽度适宜为 3~4mm。

2）在搭砌长度的要求上，填充墙的砌筑应错缝搭砌，单排孔小砌块搭接长度应为块体长度的 1/2，多排孔小砌块的搭接长度不应小于块体长度的 1/3 且不应小于 90mm；施工蒸压加气混凝土砌块时的搭砌长度不应小于砌块长度的 1/3。

3）在斜槎设置的要求中，墙体的转角处和纵横交接处应同时咬槎砌筑。若不能同时砌筑，必须留置的临时间断处，在抗震设防烈度为 8 度及以上地区，应砌成斜槎，普通砖砌体斜槎水平投影长度不应小于高度的 2/3，多孔砖砌体的斜槎长高比不应小于 1/2。斜槎的高度不得超过一步脚手架的高度。非抗震设防及抗震设防烈度为 6 度、7 度地区的临时间断处，除转角处外，可留直槎，但直槎必须做成凸槎。

4）墙体与构造柱连接处应砌成马牙槎，马牙槎伸入墙体 60~100mm、槎高 200-300mm，并应为砌体材料高度的整倍数。

5）在水平系梁的设置中，当砌体填充墙的墙高超过 4m 时，半高处应设置现浇钢筋混凝土水平系梁与柱相连，梁截面高度不小于 60mm。

6）构造柱设置的要求是墙段长度大于 5m 时或墙长大于 2 倍层高时，在墙顶与梁底或板底拉结，且应设钢筋混凝土构造柱。

7）厨房、卫生间、浴室等处采用轻集料混凝土小型空心砌块、蒸压加气混凝土砌块砌筑墙体时，墙底部应进行混凝土坎台高度的现浇，且其高度应为 150~200mm，与填充墙同厚度。

砌体排砖设计具体操作流程如下。

1. 墙体识别

在菜单面板中点击图标"砌体排砖"，选择和识别视图中的墙体。此处需要注意的是，其只能识别建筑墙体。

其中，选中单面墙时，弹出如图 5-4（a）所示窗体，选中多面墙时，弹出如图 5-4（b）所示窗体。

2. 选择材料

进行砌体排砖时可选择多种材料进行排布，具体操作步骤如下：

1）点击材料下拉菜单，此时会弹出多种材料可以选择，如图 5-5（a）所示。

2）如选择栏中没有合适的材料，可点击"+"自行添加材料，如图 5-5（b）所示。

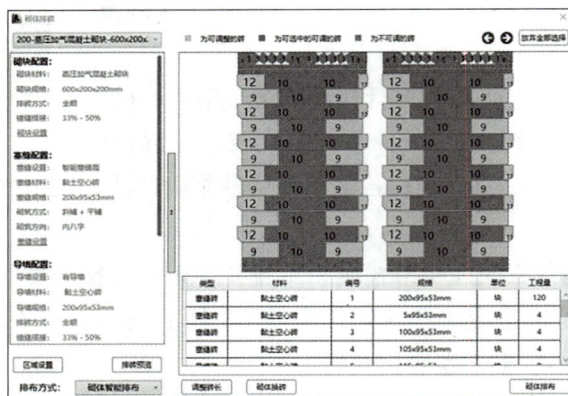

（a）

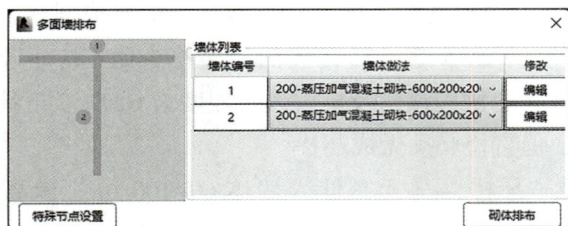

（b）

图 5-4　墙体选择图

（a）选中单面墙；（b）选中多面墙

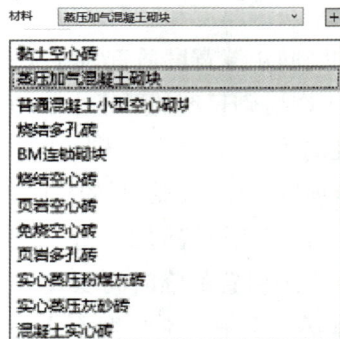

（a）

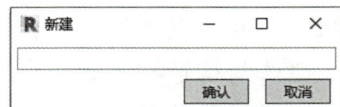

（b）

图 5-5　材料选择及添加图

（a）材料选择；（b）材料添加

3. 排头砖及特定范围的设置

在选择材料后可对排头砖及特定范围进行设置，其设置流程如下：

1）点击"排头设置"，弹出如图 5-6（a）所示的对话框。

2）点击"区域设置"设置特定范围信息，此部分主要用于电视墙或分户墙的部分，如图 5-6（b）所示。

3）设置排头砖信息。

4）点击材料下拉菜单"⊙ 规格 [600x200x200mm ▾]"会弹出每种砖下的常见的尺寸类型，可以对排头砖进行选择。

5）如以上尺寸类型不合适，可点击"⊙ 自定义 [195] * [95] * [115] mm"，然后输入砖的长、宽、高，不点击自定义按钮不可以输入。

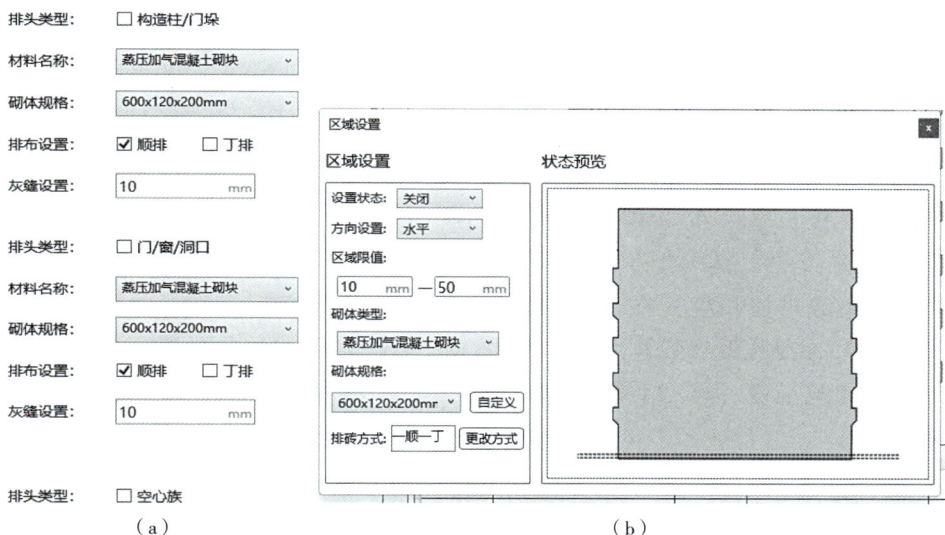

图 5-6　排头及区域设置图
（a）排头设置；（b）区域设置

4. 排砖方式的选择

进行砌体排砖时可对排砖方式进行选择，在软件中默认为全顺的排列方式，点击更改按钮更换排砖方式，会弹出三种砖的排砖方式，全顺、全丁、一顺一丁选择，如图 5-7 所示。

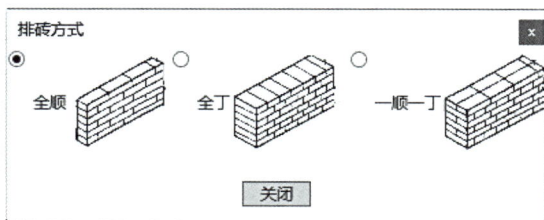

图 5-7　排砖方式选择图

5. 设置灰缝厚度

灰缝厚度包括距边灰缝厚度、水平灰缝厚度、垂直灰缝厚度，具体灰缝厚度调整的操作步骤如下：

1）距边灰缝厚度：在"距边灰缝厚度 ☐0☐ mm"中输入数值，统一调整砖墙与墙两边相连接的竖直构件的灰缝距离，包括构造柱和柱子（如不需设置，设置为0）。

2）水平灰缝厚度：在"水平灰缝厚度 ☐10☐ mm"中输入数值，统一设置砖块之间的水平灰缝厚度。

3）垂直灰缝厚度：在"竖直灰缝厚度 ☐10☐ mm"中输入数值，统一设置砖块之间的竖直灰缝厚度。

4）垂直灰缝调整范围：在"竖直灰缝调整范围 ☐-2☐ - ☐2☐ mm"中输入数值，设置竖直灰缝的调整范围，不需要调整或不设置的时候可以都填0。

6. 错缝搭接长度

砌块间错缝搭接长度其包括错缝搭接长度、最短错缝搭接长度和最短砌筑长度，具体操作如下：

1）错缝搭接长度：在"砌块间错缝搭接长度 ☐50☐ % 砖长 = ☐97☐ mm"中添加砖长的长度数值，后面是按此参数算出的砖长度。

2）最短错缝搭接长度：在"最短错缝搭接长度 ☐33☐ % 砖长 = ☐64.35☐ mm"中添加砖长的长度数值，后面是按此参数算出的砖长度。

3）最短砌筑长度：在"最短砌筑长度 ☐0☐ mm"中直接输入数值。

7. 塞缝砖

针对塞缝砖制定了三种方式：无塞缝、智能塞缝高度以及固定塞缝高度。下面着重介绍智能塞缝高度的操作，固定塞缝高度操作和智能塞缝高度操作类似，智能塞缝高度的选项可以针对塞缝材料、塞缝砖的规格以及塞缝砖的砌筑方式进行自动和自定义的调整。其具体操作步骤如下：

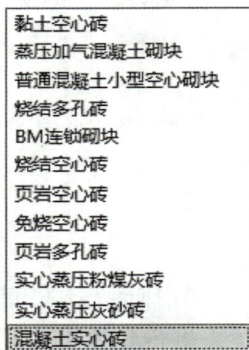

图 5-8 塞缝砖材料选择图

1）塞缝砖材料的选择可以点击下拉菜单，会弹出如图5-8所示的菜单栏选择塞缝砖材料。

2）塞缝砖规格的选择可点击材料下拉菜单"◉ 规格 200x95x45mm ▾"会弹出每种砖下的常见的尺寸类型，可以选择。

3）当上述塞缝砖的规格中没有合适的规格时，也可对塞缝砖的规格进行自定义，可点击"◉ 自定义 ☐195☐ * ☐95☐ * ☐53☐ mm"，然后输入砖的长、宽、高，不点击自定义按钮不可以输入。

4）塞缝砖的砌筑方式可点击自动按钮，会让你选择三种砌筑方向，即单向、内八字、外八字，然后自动判断斜砌角度；点击平铺按钮，会直接设置为平铺的方式，如图 5-9 所示。

砌筑方式　○ 平铺　　◉ 斜铺+平铺

砌筑方向　○ 单向　　◉ 外八字　　○ 内八字

图 5-9　塞缝砖排布方式选择图

8. 导墙砖的设置

1）材料：点击"材料 [混凝土实心砖 ∨]"材料下拉菜单，会弹出多种材料形式可以选择。

2）规格：点击材料下拉菜单"◉ 规格 [200x95x45mm ∨]"会弹出每种砖下的常见的尺寸类型，可以选择。

3）自定义：点击自定义按钮"◉ 自定义 [195] * [95] * [53] mm"，然后输入砖的长、宽、高，不点击自定义按钮不可以输入。

4）排砖方式：排砖方式默认为全顺的排列方式，点击更改按钮更换排砖方式，会弹出三种砖的排砖方式，全顺、全丁、一顺一丁选择。

5）底部导墙高度：点击输入导墙高度，会算出高度。

6）距边灰缝厚度：统一调整导墙和导墙两边相连接的竖直构件的灰缝距离，包括构造柱和柱子（如不需设置，设置为 0）。

7）水平灰缝厚度：在"水平灰缝厚度 [10] mm"中输入数值。

8）竖直灰缝厚度：在"竖直灰缝厚度 [10] mm"中输入数值。

9）竖直灰缝范围调整：在"竖直灰缝调整范围 [-2] - [2] mm"中输入数值，不需要调整或不设置的时候可以都填 0。

本章小结

本章从基本概念入手，简要介绍了建筑结构中二次结构的基本概念和设计、施工流程。近些年来数字化设计软件快速发展，二次结构设计也不例外，本章通过数字化设计软件"品茗 BIM"的操作流程演示，引领读者利用数字化软件进行实际工程二次结构设计，在利用数字化软件便捷性的同时也对二次结构的基本概念有了更全面和深刻的理解。

5.1 节介绍了二次结构的基本概念，奠定二次结构基础知识；5.2 节重点罗列了现行相关设计规范对二次结构设计的要求；5.3 节着重介绍了基于"品茗 BIM"软件的二次结构设计全过程，为读者提供了实际操作的参考。

本节由浅入深地引领读者对二次结构全方位认识，引导读者掌握数字化设计软件，进行实际工程的二次结构设计。

思考与习题

5-1 什么是二次结构？二次结构与一次结构（主体结构）的不同点是什么？

5-2 二次结构主要包含哪些构件？二次结构构造柱、隔墙、过梁、洞口之间的相互搭接关系是什么？

5-3 二次结构设计参考的设计规范有哪些？

5-4 数字化设计软件进行二次结构设计的优势有哪些？

5-5 利用"品茗 BIM"软件，结合身边的实际工程案例，完成二次结构建模、出施工图等全流程数字化设计。

二维码 5-6
思考与习题答案

参考文献

[1] 商大勇 . BIM 工程项目造价 [M]. 北京：化学工业出版社，2019.

[2] 福建省工程监理与项目管理协会 . 福建省工程监理与项目管理协会 [M]. 北京：中国建筑工业出版社，2022.

[3] 李昊，张园，刘冬梅 . 钢筋混凝土结构与砌体结构 [M]. 武汉：华中科技大学出版社，2013.

[4] 谢雄耀 . BIM 大赛获奖作品全案精解 [M]. 上海：同济大学出版社，2021.

第**6**章

脚手架和模板工程数字化设计

本章要点 📖

1. 掌握脚手架和模板工程的基本概念；
2. 学习脚手架和模板工程设计的主要规定。

教学目标 🖥

1. 学习和理解脚手架和模板工程的基本设计内容和要点；
2. 了解脚手架和模板工程的数字化设计方法；
3. 能够依据工程实际需求和相关规范标准，运用数字化工具进行模板、脚手架的精确设计；
4. 能够将数字化设计成果应用到实际工程中，指导模板、脚手架的施工安装，具备解决实际施工中出现的与数字化设计相关问题的能力。

案例引入 📄

BIM 技术助力大型桥梁施工数字化设计

大型桥梁的建设项目中，数字化技术被广泛应用于脚手架及模板工程的施工。该项目主要采用了 BIM 技术和 3D 打印技术，实现了脚手架及模板工程的数字化施工。

在脚手架工程中，BIM 技术的应用发挥了重要作用。项目团队利用 BIM 软件进行脚手架的建模和施工规划。通过模拟脚手架的搭设和拆除过程，项目团队能够预测可能出现的施工问题，并提前采取相应的解决措施。此外，BIM 技术还为项目团队提供了可视化的施工指导，使得脚手架工程的施工过程更加规范和高效。

在模板工程中，3D 打印技术的应用也取得了显著的效果。项目团队根据施工图纸，利用专业软件进行模板设计，将设计好的图纸导入 3D 打印机，进行模板的打印制作。通过 3D 打印技术，模板的精度和制作效率得到了显著提高。同时，3D 打印技术还支持定制化的模板生产方式，满足了项目的特殊需求，进一步减少了资源浪费。

通过上述案例描述，BIM 技术的运用显著提高了脚手架工程的施工效率和质量，避免了返工现象，节省了大量时间和成本。同时，3D 打印技术的应用提高了模板工程的精度和效率，定制化的模板生产方式降低了模板废料的产生，节约了资源。

思考题：

1. 数字化技术是否能够完全替代传统的人工施工方式？在什么情况下数字化技术的应用会更加适合？

2. 上述案例中，数字化技术似乎改变了传统的施工流程。那么，数字化技术是否有可能彻底改变建筑行业的一些传统工作模式？

6.1 脚手架及其设计

6.1.1 脚手架基本概念

脚手架是由杆件、结构单元和配件通过可靠连接而组成的结构架体，能承受荷载并提供安全防护，为建筑施工提供作业条件，根据功能可分为两种类型，作业脚手架和支撑脚手架。

1）作业脚手架是支撑于地面、建筑物上或附着于工程结构上的结构，由杆件、结构单元和配件通过可靠连接组成，为建筑施工提供作业平台和安全防护。它包括各种不同杆件和节点形式的落地作业脚手架、悬挑脚手架和附着式升降脚手架，简称作业架。

2）支撑脚手架是由杆件、结构单元和配件通过可靠连接组成的结构，支承于地面或建筑结构上，能承受各种荷载并提供安全保护，为建筑施工提供支撑和作业平台。它包括各种不同杆件和节点形式的结构安装支撑脚手架和混凝土施工用模板支撑脚手架，简称支撑架。

作业脚手架根据构架结构可以分为单排、双排和搭设在建筑物内外侧的类型。但从架体结构的角度来看，它的最大特点是与建筑主体结构相连接，通过连墙件或支座（对于附着式升降脚手架）将荷载传递给建筑结构。附着式升降脚手架和悬挑脚手架通过支座或悬挑支撑结构来传递荷载给建筑结构。

支撑脚手架的特点是由多排多列立杆组成，无侧向支撑，或者虽然有侧向支撑（如连墙件、缆风绳、侧向支撑杆），但侧向支撑只起辅助侧向稳定作用。

此外，封闭式作业脚手架是采用密目安全网或钢丝网等材料将外侧立面全部遮挡封闭的作业脚手架。而敞开式支撑脚手架是指支撑脚手架的架体外侧立面无遮挡封闭。

扣件式脚手架、碗扣式脚手架、轮扣式脚手架、盘扣式脚手架这四种是目前最常用的脚手架。

脚手架搭拆作业的专项施工方案是一份技术文件，用于指导相关工作。这项工作需要高度的技术性和安全性要求，如果没有专项施工方案盲目进行搭拆作业，极易引发安全事故。我国《建筑施工脚手架安全技术统一标准》GB 51210—2016 规定，在搭设和拆除脚手架前，必须编制符合工程特点的专项施工方案，并经过审批后才能进行实施。

编制专项施工方案的目的是在搭设和拆除脚手架之前，根据工程的特点进行设计和计算，制定指导施工的技术文件，并按照方案实施。工程特点指的是编制专项施工方案时需考虑工程实际情况，满足施工和安全要求，根据工程结构形状、构造、总荷载、施工条件、环境等因素进行设计和计算，确定脚手架的搭设和拆除方案。

审批是指对专项施工方案进行审核，根据专项施工方案的审批程序进行审查批准。对于需要审核论证的专项施工方案，根据住房和城乡建设部的相关规定，应组织专家进行审核论证，并按照专家意见对专项施工方案进行修改。

组织实施是指按照专项施工方案进行搭设、检查验收、使用、维护与管理、拆除等作业过程，强调按照方案进行施工操作。

6.1.2　脚手架设计相关规定

脚手架作为施工临时措施，其结构体系的设计方法与主体结构类似，也分为结构设计和构造措施两个主要方面。脚手架应构造合理、连接牢固、搭设与拆除方便、使用安全可靠，这是对脚手架结构、构造、连接、搭设与拆除、使用的总体要求，也是今后脚手架的发展方向。

1. 脚手架的设计要求

脚手架是根据施工需要而搭设的施工作业平台，必须具有规定的性能。在搭设、使用和维护过程中，应满足下列要求。

1）应能承受设计荷载

脚手架所能承受的设计荷载是指在脚手架搭设和使用期内的预期荷载，在设计时需要全面考虑预期可能出现的荷载。作用于脚手架的荷载分为永久荷载和可变荷载。

脚手架的永久荷载包括：脚手架结构件自重，脚手板、安全网、栏杆等附件的自重，支撑脚手架的支承体系自重，支撑脚手架之上的建筑结构材料及堆放物的自重，其他可按永久荷载计算的荷载。

其中，脚手板、安全网、栏杆等划为永久荷载，是因为这些附件的设置虽然随施工进度变化，但对用途确定的脚手架来说，它们的重量、数量也是确定的。

建筑材料及堆放物含钢筋、模板、混凝土、钢结构件等，将其划分为永久荷载，是因为其荷载在架体上的位置和数量是相对固定的，但对于超过浇筑面高度的堆积混凝土建议按可变荷载计算。

脚手架的可变荷载包括施工荷载、风荷载以及其他可变荷载。其中施工荷载是指人和随身携带的小型机具自重荷载及架体上少量临时存放的材料自重荷载（不超过$1kN/m^2$）；其他可变荷载是指除施工荷载、风荷载以外的其他所有可变荷载，包括振动荷载、冲击荷载、架体上移动的机具荷载等，应根据实际情况累计计算。

2）结构应稳固，不得发生影响正常使用的变形

影响正常使用的变形是指使架体承载力明显降低的变形。在荷载作用下，架体初期的变形对脚手架承载力没有明显的影响，只有当变形发展到一定程度时，脚手架的承载力才会明显下降。所以控制脚手架体系的变形是非常重要的。

3）应满足使用要求，具有安全防护功能

脚手架应具有良好的防护功能，包括防护栏杆、挡脚板、安全网等，能够有效防止施工人员和物体的坠落。

4）在使用中，脚手架结构性能不得发生明显改变

在使用中，脚手架结构性能不得发生明显改变，是对脚手架使用过程中保持基本性能的要求。脚手架是采用工具式周转材料搭设的，且作为施工设施使用的时间较长，在使用期间，节点及杆件受荷载反复作用，极易松动、滑移而影响脚手架的承载性能。因

此，需要保证架体节点连接性能及承载力不能因上述原因而降低。

5）当遇意外作用或偶然超载时，不得发生整体破坏

不得发生整体破坏是指连续倒塌、整体坍塌、坠落破坏。脚手架遭受意外作用和偶然超载都是局部的作用，可能会引起脚手架局部构件损坏，但不应发生连续破坏。

6）脚手架所依附、承受的工程结构不应受到损害

脚手架所依附、承受的工程结构不应受到损害是指脚手架搭设在建筑结构上或附着在建筑结构上时，对工程结构不应造成损害。

2. 脚手架的构造措施

脚手架的构造设计应能保证脚手架结构体系的稳定。脚手架的承力结构件基本上都是长细比较大的杆件，其结构件必须是在组成空间稳定的结构体系时，才能充分发挥作用。只有当架体是由多个相对独立的稳定结构单元体组成时，才可能保证脚手架是稳定结构体系。因此一般来讲，脚手架结构体系是由多个稳定结构单元组成的。

作业脚手架和支撑脚手架都是由连墙件、剪刀撑、斜撑杆等按照计算和构造要求设置的稳定结构单元连接构成的。这些相对独立的稳定结构单元会牢固连接，形成了整个脚手架。

对于支撑脚手架，是由按构造要求设置的竖向（纵、横）和水平剪刀撑、斜撑杆及其他加固件将架体分割成若干个相对独立的稳定结构单元，这些相对独立的稳定结构单元牢固连接组成了支撑脚手架。

在架体的构造设计中，需要满足脚手架设计计算的基本假定条件，即边界条件。作业脚手架需要考虑连墙件、水平杆、剪刀撑（斜撑杆）、扫地杆的设置，而支撑脚手架需要考虑纵向和横向水平杆、竖向（纵、横）剪刀撑、水平剪刀撑、斜撑杆、扫地杆的设置。除此之外，脚手架的设计计算模型应与脚手架的构造相对应，当构造发生变化时，设计计算的技术参数也要随之发生变化。不同构造方式设置的剪刀撑、水平杆、扫地杆、节点连接形式等会影响架体的稳定承载力。

3. 脚手架的安全等级

根据脚手架种类、搭设高度和荷载的不同，在脚手架的结构设计中，应采用不同的安全等级，符合表 6-1 的规定。

需要注意的是，支撑脚手架的搭设高度、荷载中任一项不满足安全等级为 Ⅱ 级的条件时，其安全等级应划为 Ⅰ 级；所有附着式升降脚手架安全等级均为 Ⅰ 级；竹、木脚手架搭设高度在现行行业标准规定的限值内时，其安全等级均为 Ⅱ 级。

对脚手架安全等级的划分主要是基于以下 4 个方面考虑：

1）现行脚手架的稳定承载力计算均是将对脚手架的整体计算转化为步距为 h 的单立杆的稳定承载力计算，无论架体搭设多高，无论荷载多大均采用相同的结构重要性系数和计算方法，这是不合适的。

脚手架安全等级　　　　　　　　　　　表6-1

落地作业脚手架		悬挑脚手架		满堂支撑脚手架		支撑脚手架		安全等级
搭设高度（m）	荷载标准值（kN）	搭设高度（m）	荷载标准值（kN）	搭设高度（m）	荷载标准值（kN）	搭设高度（m）	荷载标准值（kN）	安全等级
≤40	—	≤20	—	≤16	—	<8	≤15kN/m 或 ≤20kN/m 或 ≤7kN/点	Ⅱ
搭设高度（m）	荷载标准值（kN）	搭设高度（m）	荷载标准值（kN）	搭设高度（m）	荷载标准值（kN）	搭设高度（m）	荷载标准值（kN）	安全等级
>40	—	>20	—	>16	—	>8	>15kN/m² 或 >20kN/m 或 >7kN/点	Ⅰ

2）脚手架稳定承载力设计计算参数是通过架体结构试验推导出来的，但试验架体不可能搭设很高，试验架体与实际架体存在一定的差异，试验加荷方法与架体实际受荷也存在一定差异，特别是架体搭设得越高，初始缺陷等不可预见的因素影响越大，理论与实际的差异也越大。

3）在现行脚手架的设计计算公式中，虽然设置了脚手架搭设高度调整系数k，但该系数未充分体现荷载越大、搭设的高度越高，则脚手架的危险性越大的概念。

4）表6-1安全等级的划分界限是在总结我国脚手架应用技术及施工经验的基础上，参考《危险性较大的分部分项工程安全管理办法》的规定划分的。

综上所述，根据脚手架种类、搭设高度、荷载的不同，将脚手架划分为两个安全等级。

当荷载和搭设高度两者均满足安全等级为Ⅱ级的条件时，方可按安全等级为Ⅱ级采用，当荷载或搭设高度两者有任一项不满足安全等级为Ⅱ级的条件时，应按Ⅰ级采用。

4. 脚手架的安全系数

在进行脚手架结构或其构配件抗力设计值时，采用综合安全系数指标来进行不同安全等级的脚手架的设计。

$$\beta = \gamma_0 \cdot \gamma_a \cdot \gamma_m \cdot \gamma'_m \qquad (6-1)$$

强度：　　　　　　　　　　　$\beta \geq 1.0$

稳定：

作业脚手架：　　　　　　　　$\beta \geq 2.0$

支撑脚手架，新研制的脚手架：$\beta \geq 2.2$

式中　β——脚手架结构、构配件综合安全系数；

　　　γ_0——结构重要性系数，对于安全等级为Ⅰ级的脚手架，取为1.1，对于安全等级为Ⅱ级的脚手架，取为1.0；

　　　γ_a——永久荷载和可变荷载分项系数加权平均值，取为1.254（由可变荷载起控制作用的荷载基本组合）、1.363（由永久荷载起控制作用的荷载基本组合）；

γ_m——材料抗力分项系数；对于钢管脚手架应按现行国家标准《冷弯薄壁型钢结构技术规范》GB 50018 的规定取 1.165；

γ'_m——材料强度附加系数；构配件及节点连接强度取 1.05，作业脚手架稳定承载力取 1.40，支撑脚手架稳定承载力及新研制的脚手架稳定承载力取 1.50。

6.2　模板工程及其设计

6.2.1　模板工程基本概念

模板工程是现浇混凝土工程施工的重要部分，通常由面板、支架和连接件三部分组成，简称为"模板"。

面板是直接接触新浇混凝土的承力板，包括拼装的板和加肋楞带板。面板可采用钢、木、胶合板、塑料板等材料。

连接件包括面板与楞梁之间的连接件、面板的拼接件、支架结构自身的连接件，以及连接件用于连接上述构件的零配件，如卡销、螺栓、扣件、卡具和拉杆等。

小梁是直接支撑面板的小型楞梁，也称为次楞或次梁。

主梁是直接支撑小楞的结构构件，也称为主楞，通常采用钢、木梁或钢桁架。

支架立柱是直接支撑主楞的受压结构构件，也称为支撑柱或立柱。

目前，我国现浇混凝土结构模板的材料不仅限于钢材和木材，还有胶合板模板、铝合金模板、塑料模板、玻璃钢模板等各种类型。由于木材供应不足，建议在模板工程中尽量减少或避免使用木材。此外，应尽量使用标准化、定型化和工具化的模板，提高模板的周转率和使用次数，以降低施工成本。

6.2.2　模板设计相关规定

在设计模板及其支架时，应考虑工程的实际结构形式、荷载大小、地基土类别、施工设备和材料可供应的条件，综合全面分析比较，找出最佳的设计方案。

1. 模板及其支架的设计要求

1）具备足够的承载能力、刚度和稳定性，可靠地承受新浇混凝土的自重、侧压力和施工过程中所产生的荷载及风荷载；

2）结构应简单、装拆方便，便于钢筋的绑扎、安装和混凝土的浇筑、养护；

3）混凝土梁的施工应从跨中向两端对称进行分层浇筑，每层厚度不得超过 400mm；

4）验算模板及其支架在自重和风荷载作用下的抗倾覆稳定性时，应符合相应材质结构设计规范的规定。

2. 模板设计的主要内容

模板设计主要包括选型、选材、结构计算、绘制施工图及编写设计说明，具体内容如下：

1）根据混凝土的施工工艺和季节性施工措施，确定其构造和所承受的荷载；

2）绘制配板设计图、支撑设计布置图、细部构造和异形模板大样图；

3）按模板承受荷载的最不利组合对模板进行验算；

4）制定模板安装及拆除的程序和方法；

5）编制模板及配件的规格、数量汇总表和周转使用计划；

6）编制模板施工安全、防火技术措施及设计、施工说明书。

3. 模板构件的设计要求

模板中的钢构件设计应遵守《钢结构设计标准》GB 50017—2017 和《冷弯薄壁型钢结构技术规范》GB 50018—2002 的规定，其截面的塑性发展系数应选取 1.0。

模板中的木构件设计应符合《木结构设计标准》GB 50005—2017 的规定。受压立柱应满足计算要求，并且其梢径应不小于 80mm。在实际工程施工中，各地发生了许多模板倒塌事故，其中约有 2/3 的事故是由于所使用的木立柱直径偏小（大于 50mm），甚至发生了弯曲和扭转；有些在纵横向上未设置水平拉杆，或使用了细小的条状材料或板皮代替拉杆，这样无法起到应有的拉杆作用。因此，除了对水平拉杆有专门的规定外，规范规定木立柱的小头直径应不小于 80mm。

为了避免自重引起过度垂曲（例如桁架的上弦杆或斜杆），同时消除浇筑混凝土时的振动影响，《建筑施工模板安全技术规范》JGJ 162—2008 对受压和受拉杆件的最大长细比作了限制要求。模板结构构件的长细比应符合以下规定：

1）受压构件的长细比：支架立柱和桁架应不大于 150，拉条、缀条、斜撑等连接构件应不大于 200；

2）受拉构件的长细比：钢杆件应不大于 350，木杆件应不大于 250。

4. 支架立柱的设计要求

使用扣件式钢管脚手架作为支架立柱时，需要遵守国家标准《钢管脚手架扣件》GB/T 15831—2023 的规定。连接扣件和钢管立杆底座应符合标准规定。对于承重支架柱，荷载应直接作用于立杆轴线上，严禁承受偏心荷载，并且应按单立杆轴心受压计算。钢管的初始弯曲率不得大于 1/1000，其壁厚应根据实际检查结果计算。在露天支架立柱为群柱架时，高宽比不应大于 5。若高宽比大于 5，则必须添加抛撑或缆风绳以保证宽度方向的稳定。群柱是指由钢管和扣件组合而成，用作模板支柱的格构式柱。如果柱四周只有水平横杆而没有斜杆构成，则此格构式柱是不稳定的，不能承受荷载，因此需要添加抛撑或缆风绳。

使用门式钢管脚手架作为支架立柱时，如果几种门架混合使用，则必须以支承力最小的门架作为设计依据。荷载应直接作用在门架两边立杆的轴线上，如果需要，可以使用横梁将荷载传递到两立杆顶端，并且应按单榀门架进行承力计算。门架结构在相邻的两榀之间应设置工式式交叉支撑。如果门架使用可调支座，调节螺杆的伸出长度不得超过 150mm。在露天门架支架立柱为群柱架时，高宽比不应大于 5。如果高宽比大于 5，则必须使用缆风绳以保证宽度方向的稳定。

当使用门架作为模板支柱时，必须确保水平加固杆和整体剪刀撑按照规范设置。门架与门架之间的剪刀撑应具有一定的刚度。因此，对于使用门架作为模板支柱时，规定了剪刀撑的最小刚度要求。

$$\frac{I_b}{L_b} \geq 0.03\frac{I}{h_0} \tag{6-2}$$

式中　I_b——剪刀撑的截面惯性矩；

　　　L_b——剪刀撑的压曲长度；

　　　I——门架的截面惯性矩；

　　　h_0——门架立杆高度。

5. 现浇混凝土模板计算

现浇混凝土模板计算，主要包括面板计算、支承楞梁计算、对拉螺栓计算、柱箍计算、立柱计算等内容。

1）面板计算。面板计算，包括抗弯强度计算和挠度计算。对于抗弯强度计算，需要控制面板中的弯曲应力值不大于面板的抗弯强度设计值。计算时应按最不利弯矩设计值计算，取均布荷载与集中荷载分别作用时计算结果的最大值；并且对于钢面板，计算时取净截面抵抗矩，对于木面板和胶合板面板，取毛截面抵抗矩。挠度的计算，采用欧拉梁模型直接计算弹性挠度即可。

$$v=\frac{5q_gL^4}{384EL_x} \leq [v] \tag{6-3a}$$

$$v=\frac{5q_gL^4}{384EL_x}+\frac{PL^4}{48EL_x} \leq [v] \tag{6-3b}$$

2）支承楞梁计算。次楞和主楞均需要进行抗弯计算和抗剪计算，并且抗弯计算包括强度计算和挠度计算。

抗弯计算时，次楞通常用于 2 跨及以上的连续楞梁。可以根据《建筑施工模板安全技术规范》JGJ 162—2008 来查找内力和变形系数。当跨度不相等时，应根据不等跨连续楞梁或悬臂楞梁的设计进行计算。主楞可以根据实际情况进行连续梁、简支梁或悬臂梁的设计。计算时，应根据最不利的弯矩设计值进行计算。从均布荷载产生的弯矩设计值 M_1、均布荷载与集中荷载产生的弯矩设计值 M_2 和悬臂端产生的弯矩设计值 M_3 中，选择计算结果较大的值进行计算。

抗剪计算时，对于在主平面内受弯的钢实腹构件，其抗剪强度应按照下述公式计算：

$$\tau=\frac{VS_0}{It_w}\leqslant f_v \tag{6-4}$$

式中　V——计算截面沿腹板平面作用的剪力设计值；

S_0——计算剪力应力处以上毛截面对中和轴的面积矩；

I——毛截面惯性矩；

t_w——腹板厚度；

f_v——钢材的抗剪强度设计值。

在主平面内受弯的木实截面构件，其抗剪强度应按下式计算：

$$\tau=\frac{VS_0}{Ib}\leqslant f_v \tag{6-5}$$

式中　b——构件的截面宽度；

f_v——木材顺纹抗剪强度设计值。

3）对拉螺栓计算。对拉螺栓用于连接内外侧模和保持两者之间的间距，承受混凝土的侧压力和其他荷载。对拉螺栓应确保内、外侧模能满足设计要求的强度、刚度和整体性。对拉螺栓强度应按下列公式计算：

$$N=abF_s \tag{6-6}$$

式中　N——对拉螺栓最大轴力设计值；

a——对拉螺栓横向间距；

b——对拉螺栓竖向间距；

F_s——新浇混凝土作用于模板上的侧压力、振捣混凝土对垂直模板产生的水平荷载或倾倒混凝土时作用于模板上的侧压力设计值，按照《建筑施工模板安全技术规范》JGJ 162—2008 采用。

4）柱箍计算。柱箍应采用扁钢、角钢、槽钢和木楞制成，其受力状态应为拉弯杆件。柱箍计算内容包括间距计算、柱箍强度计算和挠度计算。具体计算公式见《建筑施工模板安全技术规范》JGJ 162—2008。

5）立柱计算。常见的立柱类型包括木立柱、工具式钢管立柱、扣件式钢管立柱、门形钢管立柱。对于不同类型的立柱，均应保证能承受模板结构的垂直荷载，因此需要根据相关规范要求完成强度计算和稳定性计算。另外对于室外露天支模的立柱，还需要完成抗风的验算。

6.2.3　模板构造的要求

1. 模板构造的一般规定

为了保证模板体系的搭设质量和使用安全，除了应当进行前述必要的计算保证之外，还应当满足可靠的构造要求。

模板的安装顺序应按照设计和施工说明书规定的顺序进行，通常是柱墙→梁→板。在一些模板支柱直接支撑在基土上的情况下，也应注意基土情况，以防止下沉现象的发生。

在关于模板的起拱高度方面，应当注意起拱高度未包括设计起拱值，只考虑到模板在荷载作用下的下挠。在使用时，应根据模板情况选择取值，例如钢模板可取偏小值（1/1000~2/1000），木模板可取偏大值（1.5/1000~3/1000）。

在模板安装过程中需要注意以下 9 点：

1）应严格按照设计和施工说明书规定的顺序进行拼装，不能混用木杆、钢管和门架等支架立柱。

2）当竖向模板和支架立柱支撑部分安装在基土上时，应加设垫板，垫板应具有足够的强度和支撑面积，且应该在中心位置承载。基土应该坚实，并应该具有排水措施。对湿陷性黄土需要采取防水措施；对于特别重要的结构工程，可以采用混凝土、打桩等措施防止支架柱下沉。

3）当满堂或共享空间模板支架立柱高度超过 8m 时，若地基土达不到承载要求，无法防止立柱下沉，则应先进行地面下的工程，再分层回填夯实基土，浇筑地面混凝土垫层，达到强度后方可支模。

4）模板及其支架在安装过程中，必须设置有效防倾覆的临时固定设施。

5）现浇钢筋混凝土梁、板，当跨度大于 4m 时，模板应起拱；当设计无具体要求时，起拱高度宜为全跨长度的 1/1000~3/1000。

6）在现浇多层或高层建筑和结构物中，安装上层模板及其支架应符合以下规定：

（1）当采用悬臂吊模板或桁架支模方法时，支撑结构的承载能力和刚度必须符合设计要求。

（2）下层楼板必须有足够的承载能力以承受上层施工荷载，如果没有，则需要添加支撑支架。

（3）上层支架立柱应与下层支架立柱对齐，并且在立柱底部放置垫板。

7）当层间高度大于 5m 时，应使用桁架支模或钢管立柱支模。当层间高度不大于 5m 时，可以使用木立柱支模。

8）除非设计图纸有其他要求，所有垂直支架柱必须垂直。如果支架立柱呈一定角度倾斜，或其支架立柱的顶端表面倾斜，必须采取可靠的措施确保支点稳定，支撑底脚必须可靠地防止滑移。

9）梁和板的立柱之间的纵横间距应保持相等或成为倍数。

在木立柱底部需要设置垫木，顶部应该设置支撑头。钢管立柱底部需要安装垫木和底座，顶部应该设置可调支撑。如果在 U 形支撑和楞梁之间有间隙，必须使用楔子紧固，其螺杆伸出钢管顶部不得超过 200mm，螺杆外径与立柱钢管内径的间隙不得超过 3mm，安装时必须保证上下同心。

在距立柱底 200mm 的高度处，应按纵向下和横向上的程序设置扫地杆。可调支撑底部的立柱顶部应沿纵横向设置一道水平拉杆。在扫地杆和顶部水平拉杆之间的距离应当平均分配，并在每个步距处纵向和横向上各设置一道水平拉杆，以满足模板设计所需的水平拉杆步距。

当层高在 8~20m 时，最顶部步距的两个水平拉杆之间应增加一个水平拉杆；当层高大于 20m 时，最顶部两个步距的水平拉杆之间应分别增加一个水平拉杆。所有水平拉杆的端部都应与周围建筑物配合紧密。如果没有足够的地方，水平拉杆的端部和中部应为竖向设置连续式剪刀撑。

对于木立柱的扫地杆、水平拉杆和剪刀撑，应该使用 40mm×50mm 的木条或 25mm×80mm 的木板条固定在木立柱上。钢管立柱的扫地杆、水平拉杆和剪刀撑应使用 48mm×3.5mm 的钢管，用扣件与钢管立柱连接。木制扫地杆、水平拉杆和剪刀撑应该使用搭接方式，并用铁钉固定。钢管扫地杆、水平拉杆应该使用对接方式，剪刀撑应该使用搭接方式，并且搭接长度不得小于 500mm，使用 2 个旋转扣件在离杆端不小于 100mm 的地方进行固定。

2. 支架立柱的构造要求

1）工具式单立柱支撑

工具式单立柱支撑是指一根钢管柱、组合型钢柱或装配式钢立柱。为了保证安全，工具式钢管单立柱支撑的间距应符合支撑设计规定，立柱不得接长使用，夹具、螺栓、销和其他配件应闭合或拧紧。

2）木立柱支撑

木立柱支撑由于材质原因，在模板高度较大时容易发生安全事故，一般不得接长使用。因此，木立柱宜选用整料。当无法满足长度要求时，立柱的接头不宜超过 1 个，并应使用对接夹板接头方式。立柱底部可采用垫块垫高，但不得使用单个码砖，垫高高度不得超过 300mm。

木立柱底部和垫木之间应设置硬木对角楔进行高度调整，并使用铁钉固定在垫木上。所有单立柱支撑应位于底垫木和梁底模板的中心，并与底部垫木和顶部梁底模板紧密接触，不得承受偏心荷载。当仅为单排立柱时，应每隔 3m 在两侧加设斜支撑，每侧不得少于 2 根，斜支撑与地面的夹角应为 60°。

3）扣件式钢管立柱支撑，每根立柱底部应设置底座和垫板，垫板厚度应不小于 50mm。当立柱底部不在同一高度时，高处的纵向扫地杆应向低处延伸应多于 2 个跨度，高低差不得大于 1m，立柱与边坡上方边缘的距离应不小于 0.5m。

不得搭接钢管立柱，必须采用对接扣件连接。相邻两立柱的对接接头不得在同步内，且沿竖向错开距离不宜少于 500mm，各接头中心距主节点不宜大于步距的 1/3。上段钢管立柱不得与下段钢管立柱错开固定在水平拉杆上。对接式立柱可达到传力明确，无偏心，承载能力大大提高。一个对接扣件的承载能力比搭接的承载能力大 2.14 倍，搭接容易产生偏心荷载，造成事故。

满堂模板和共享空间模板支架立柱，在外侧周圈应设竖向连续式剪刀撑，中间纵横向应每隔约 10m 设竖向连续式剪刀撑，宽度宜为 4~6m。剪刀撑底端应与地面紧贴，夹角宜为 45°~60°。建筑层高在 8~20m 时，应在纵横向相邻的两竖向连续式剪刀撑之间增加之字斜撑，水平剪刀撑处应在每个剪刀撑中间处增加一道水平剪刀撑。建筑层高超过 20m 时，应将所有之字斜撑改为连续式剪刀撑，在上述规定基础上满足设置所有连续式剪刀撑的要求（图 6-1）。

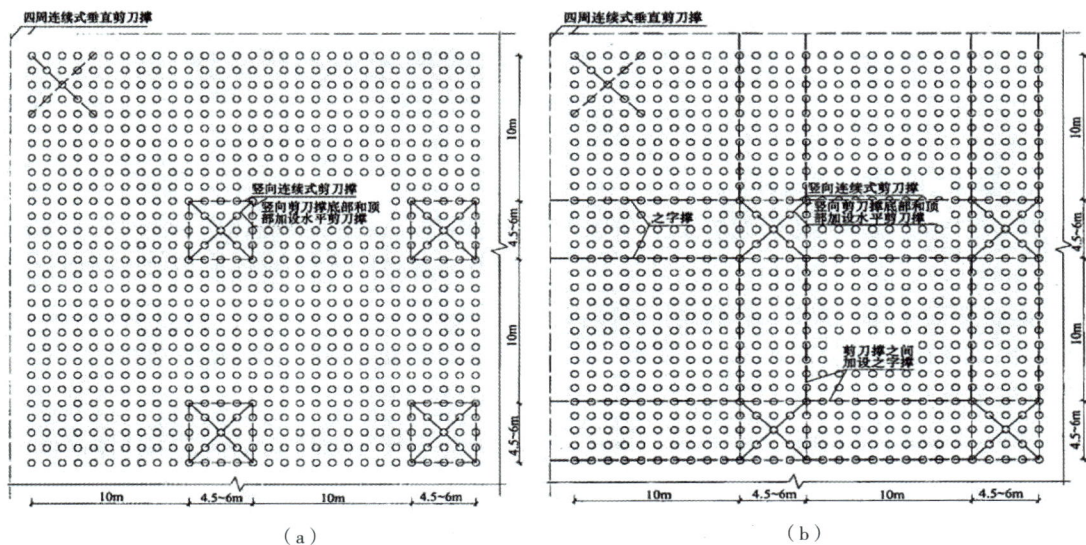

图 6-1 不同情况水平剪刀撑设置
（a）横式剪刀撑；（b）斜式剪刀撑

6.3 脚手架和模板工程数字化设计

随着数字经济的发展，数字化设计在建筑设计中逐步得到应用，以其建筑效果表达立体化、建筑形态新奇多变化、参数设计技术精细化以及项目施工无错准确化的优势影响着建筑行业的发展。相较于传统脚手架和模板工程的施工，以数字化设计的优势解决脚手架及模板工程中图纸复杂、工程交底繁琐以及工程量统计困难的问题，能够极大地节省材料及能源的浪费，提升项目整体质量。

本节以 BIMMAKE 建模软件为基础，针对脚手架工程及模板工程进行数字化设计。

6.3.1 脚手架工程数字化设计

脚手架工程数字化设计可以从脚手架参数设置、脚手架三维架体排布、脚手架材料统计、脚手架施工图出图四个方面进行，下面是进行脚手架工程数字化设计具体操作流程。

1. 脚手架参数设置

在脚手架参数设置中分为架体参数和支撑参数，其中架体参数包括架体基本信息、杆件、剪刀撑、横向斜撑、连墙件和脚手板等，分为扣件式架体配置参数和盘扣式架体配置参数。支撑参数包括支撑方式和规格等，分为落地支撑和主梁悬挑支撑。其设置如图6-2所示。

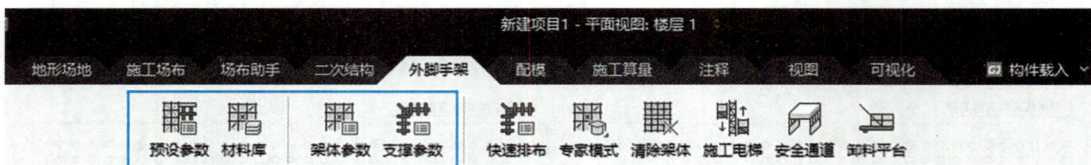

图6-2　脚手架参数设置面板

2. 脚手架三维架体排布

脚手架三维架体排布即对脚手架进行三维模型的建立，在BIMMAKE中针对脚手架架体的排布分为了快速排布和自定义排布。快速排布主要针对工程中里面变化不大的建筑外脚手架的排布，包括了扣式件和盘扣式架体；自定义排布针对工程中复杂造型建筑的脚手架排布，同样包含扣式件和盘扣式架体。以下为快速排布和自定义排布的具体操作。

1）快速排布

快速排布的使用场景主要针对标准层或立面变化不大，如住宅类建筑，具体操作为单击"外脚手架"选项卡→单击"快速排布"→弹出"快速排布设置"对话框→设置参数→单击"排布"，其操作如图6-3所示。

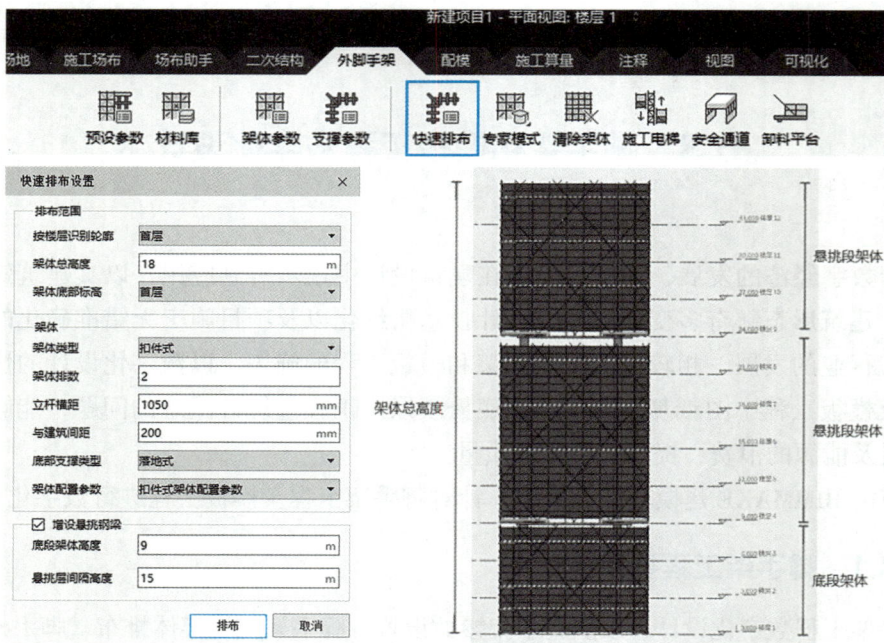

图6-3　脚手架快速排布操作图

2）自定义排布

自定义排布主要针对立面凹凸多变的复杂建筑，如商用类建筑等，其具体操作为单击"外脚手架"选项卡→单击"专家模式"→单击"扣件式"或"盘扣式"→进入"分块编辑"模式→创建分块→单击"√"。其操作如图 6-4（a）所示。

需要注意的是，当显示过滤为按所属楼层显示时，无论是平面视图还是三维视图下，工作楼层和视图深度切换对分块无效；为避免其他楼层分块的干扰，可选择显示过滤方式为按视图范围显示，同时在属性对话框调节楼层的平面视图范围。

而当完成分块创建并点√，若分块存在交错，出现强提示，确定后高亮显示存在交错的分块，需对分块进行修改，如图 6-4（b）所示。

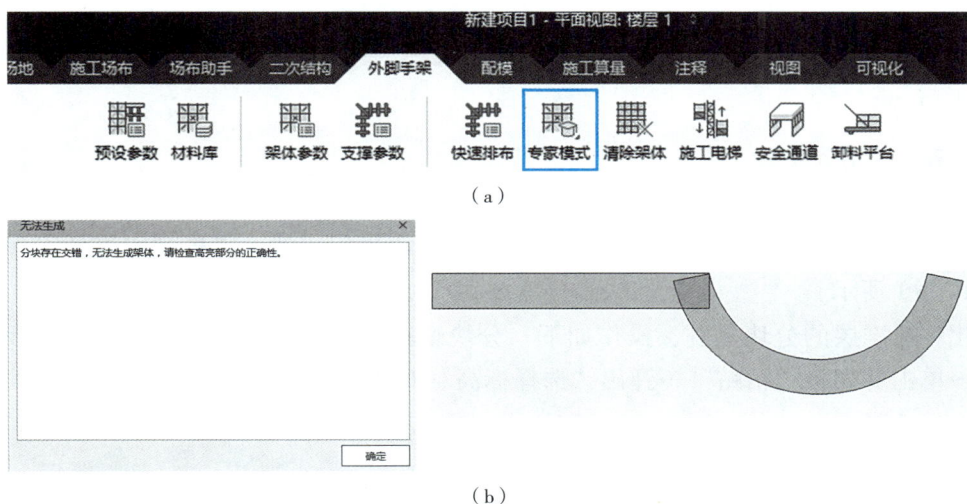

（a）

（b）

图 6-4　脚手架自定义排布操作图

（a）脚手架操作面板；（b）脚手架修改操作图

在自定义排布中，针对分块的创建分为自动创建分块和自定义创建分块，具体操作如下：

（1）自动创建分块

自动创建分块主要针对多楼层的分块创建，具体操作如下。

分块编辑模式→单击"修改"选项卡→单击"自动创建分块"→弹出"创建外架分块"对话框→设置参数→单击"确定"，如图 6-5（a）所示。

需要注意的是，起始楼层以上的楼层分块是本层与下层轮廓的交集生成，自动识别不适用于下小上大的建筑造型，可采用分块绘制进行修改；终止楼层分块默认创建高度为 3000mm；如图 6-5（b）所示。

（2）自定义创建分块

自定义创建分块主要针对自动创建分块所不能解决的场景，在自定义分块创建中又包括分块的创建和分块的修改，具体操作步骤如下。

（a）　　　　　　　　　　　　　　　　　（b）

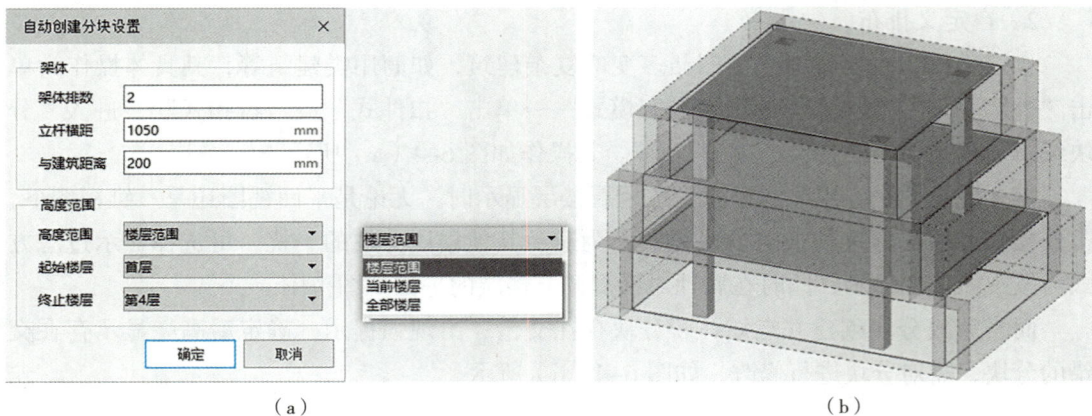

图 6-5　脚手架自动创建分块操作图

（a）分块创建图；（b）分块创建完成图

步骤一：分块创建

分块编辑模式→单击绘制方式→在预设参数对话框中设置"偏移值"→在属性对话框设置参数→单击"应用"→绘制分块，创建时可进行直线、弧形及矩形的操作，如图 6-6（a）所示。

针对标准层的分块复制，操作如下：分块编辑模式→选中分块→单击剪切板"复制"→单击剪切板"粘贴"→弹出"选择标高"对话框→勾选楼层→单击"确定"，如图 6-6（b）所示。

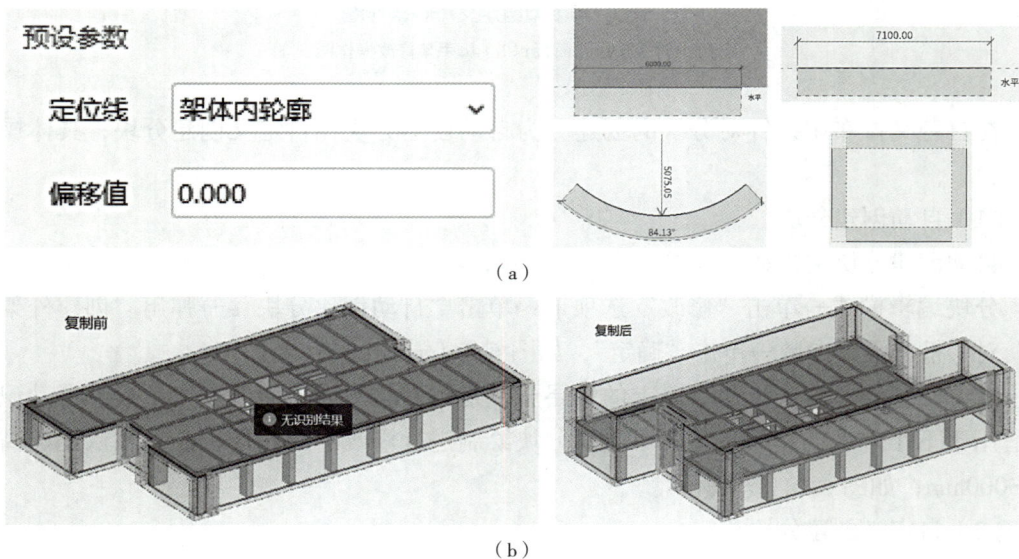

（a）

（b）

图 6-6　脚手架自定义分块创建操作图

（a）自定义分块创建；（b）自定义脚手架创建图

步骤二：分块修改

① 参数修改

分块编辑模式→选中分块→在属性对话框下修改参数→单击"应用"，如图 6-7（a）所示。

分块高度调整有两种方式：底部和顶部标高关联加偏移值；底部标高关联加高度值，此时顶部标高为空。

② 分块延伸

分块编辑模式→单击"延伸"→选择延伸的边界→选择要延伸的分块→完成分块延伸，如图 6-7（b）所示。

③ 分块修角

分块编辑模式→单击"修角"→选择修角的第一条轮廓线→选择修角的第二条轮廓线→完成分块修角，其修角分为内修角和外修角，如图 6-7（c）所示。

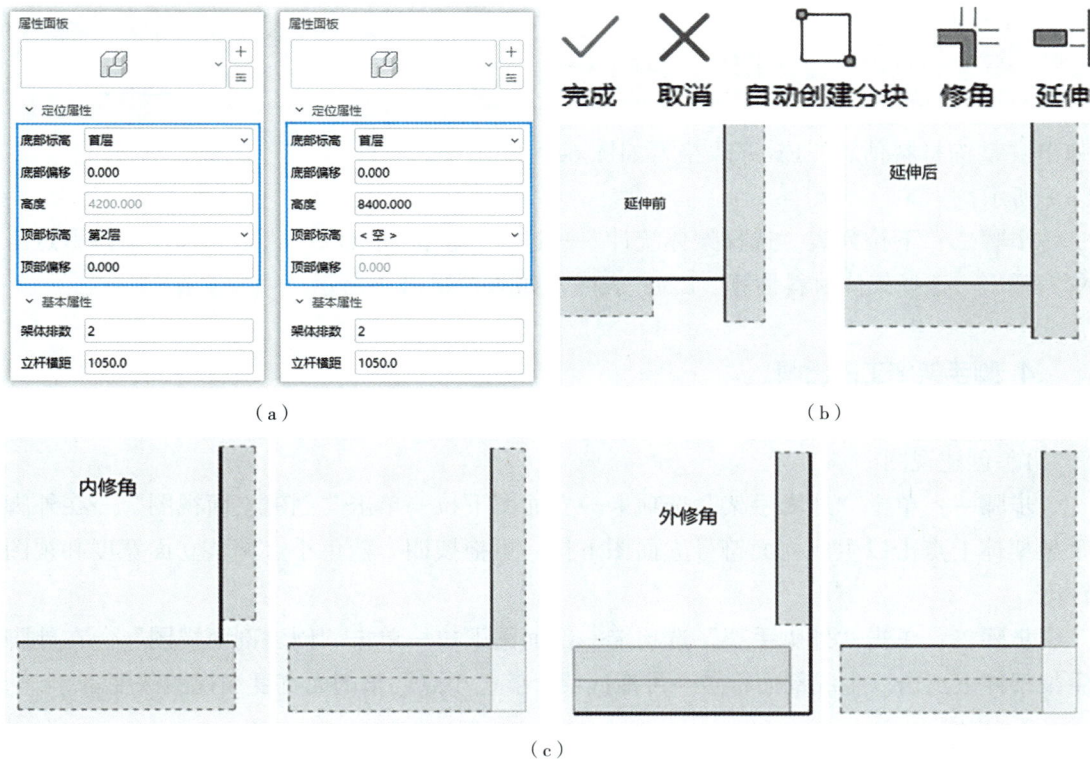

（a）

（b）

（c）

图 6-7　脚手架自定义分块修改操作图

（a）分块修改参数面板；（b）分块延伸；（c）自动以分块修角图

3. 脚手架材料统计

脚手架材料统计可针对材料种类进行配置，进而使用材料统计命令，统计外脚手架工程量，在具体操作时可分为材料配置和材料统计，具体操作步骤如下。

1）材料配置

单击"外脚手架"选项卡→单击"材料配置"→弹出"材料配置"对话框→修改参数后确定（图6-8）。

需要注意的是，最小搭接长度取值范围[1000，1500]，修改后会更新"剪刀撑钢管"的可取尺寸。盘扣式立杆的尺寸规格无法更改，需单击"修改材料"进入材料库，更改后，返回并更新该对话框数据。剪刀撑钢管可选尺寸的确定由两个条件筛选：

（1）材料库已勾选；

（2）数值大于最小搭接长度的两倍，示例：6000，4500，3000，2500>1000×2。

2）材料统计

步骤一：点击"外脚手架"选项卡→单击"材料统计"→下拉列表"整栋统计"→弹出"整栋材料估算"Excel表格，如图6-9（a）所示。

图6-8 脚手架材料配置图

步骤二：下拉列表"选择架体统计"→进入"按范围拾取"状态→选择架体后点击√→弹出"选择架体材料估算"Excel表格，如图6-9（b）所示。

4. 脚手架施工图出图

脚手架施工图出图包括平面图、剖面图、立面图。其操作步骤如下。

1）创建视图

步骤一：单击"外脚手架"选项卡→立面图下拉→单击"创建立面视图"→在外脚手架架体上点击以生成立面符号立面图下拉→可拖拽四个蓝色小点调整立面宽度和视图深度。

步骤二：单击"外脚手架"选项卡→剖面图下拉→单击"创建剖面视图"→在外脚手架架体上点击以生成剖面符号→可拖拽四个蓝色小点调整剖面宽度和视图深度。

2）出图

若视图选择多个楼层，则无图纸预览，直接进入选择保存路径弹框。若未创建立面符号，则弹出无立面图提示框，操作如下：

单击"外脚手架"选项卡→单击"平面图"→弹出"视图选择"对话框→选择要导出的楼层后确定→生成CAD预览图纸→点击"保存"→选择保存路径。导出立面图和剖面图如图6-10所示。

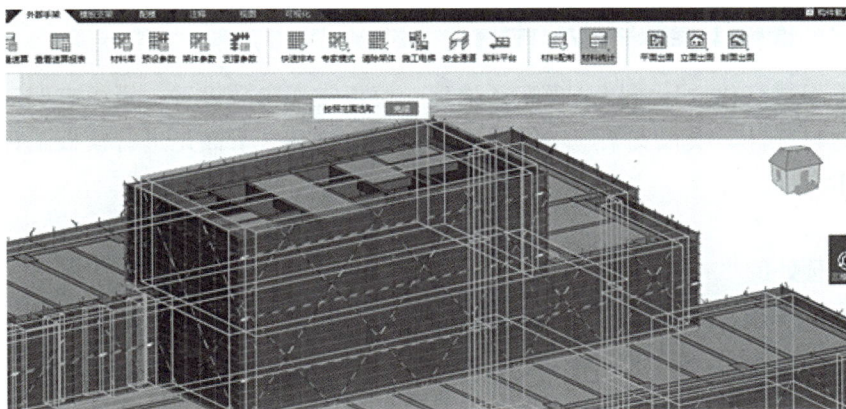

（a）

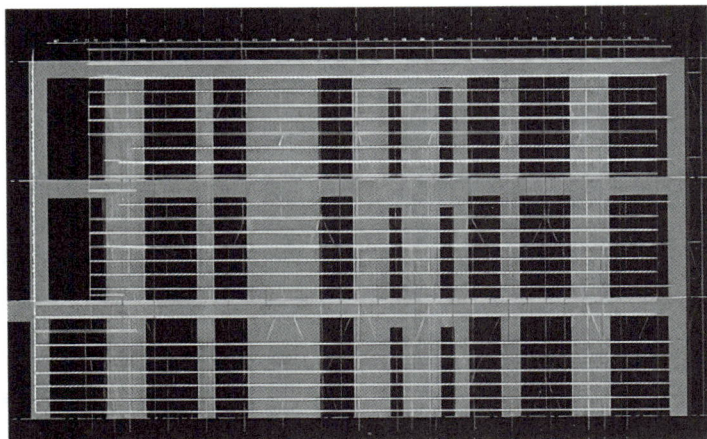

（b）

图 6-9　脚手架材料统计操作图

（a）脚手架材料统计操作面板；（b）脚手架材料统计图

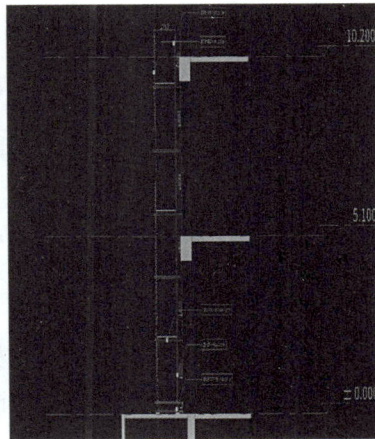

（a）　　　　　　　　　　　　　　　　（b）

图 6-10　脚手架出图操作图

（a）脚手架立面图；（b）脚手架剖面图

6.3.2 模板工程数字化设计

模板工程数字化设计可以从模型预处理、模板支架参数设置、模板支架三维架体排布、模板材料统计、模板支架施工图出图五个方面进行，下面是进行模板工程数字化设计具体操作流程。

1. 模型预处理

步骤一：打开"模板支架"页签，进行模型预处理，可直接点击"确定"。如模型较大，也可分楼层处理，如图6-11（a）所示。

步骤二：异形柱转墙，是可以把所有异形柱转墙，弹出弹框柱切墙界面，界面上会列出所有有实例的异形柱名称，选中所要转的异形柱，视图上会高亮所要选择的异形柱，点击确定之后，就会进入切割过程，如图6-11（b）所示。

（a）

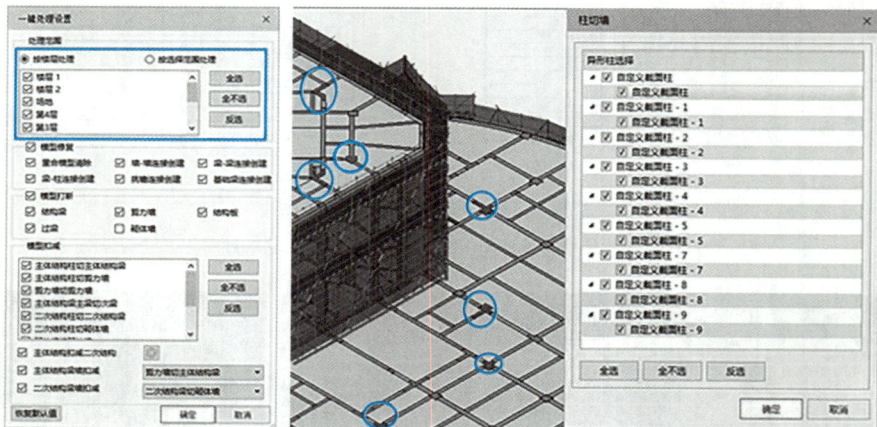

（b）

图6-11　模板模型预处理操作图

（a）模型预处理操作面板；（b）异形柱处理图

2. 模板支架参数设置

在BIMMAKE中，模板支架参数设置包括模板支架材料库、模板支架预设参数、架体设置、模板做法以及剪刀撑设置。

1）模板支架材料库

模板支架材料库的使用场景主要是管理模板支架所有的构配件，影响"构造参数"中做法的构配件可选项，材料统计时杆件拆分的可用长度。

操作步骤："模板支架"页签→单击"模板支架材料库"对话框，如图 6-12 所示。

需注意的是，模板支架材料库包含所有架体类型所需用到的材料，非当前架体类型相关的材料，不会在其他参数对话框中可见。

2）设定构配件是否在项目中使用

步骤一：单击构配件目录的复选框，切换构配件的使用状态；

步骤二：选中特定规格的构配件，修改"尺寸"组内该构配件的哪些尺寸在材料拆分时会使用；

步骤三：单击"全选"/"反选"，快速切换组内所有选项的状态，如图 6-13 所示。

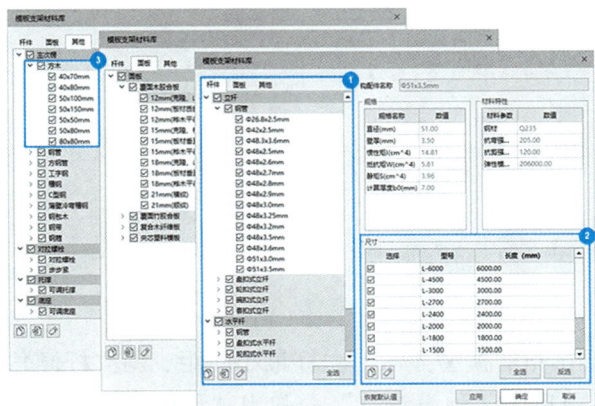

图 6-12　模板支架材料库

图 6-13　模板支架材料库操作图

3）自定义杆件尺寸

步骤一：单击"尺寸"组→选中列表中某行→单击"复制"→复制增添新的尺寸；

步骤二：双击"型号""长度（mm）"，自定义型号名称以及该型号的长度值，如图 6-14 所示。

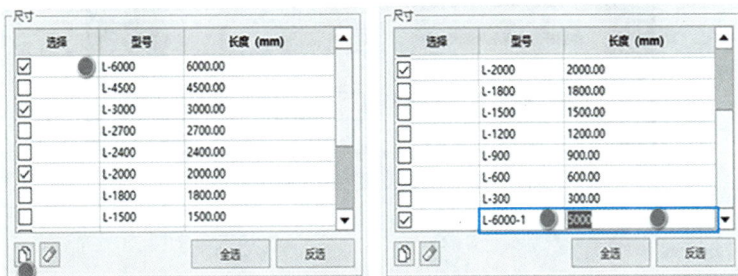

图 6-14　杆件自定义尺寸图

4）自定义主次楞中方木的规格

步骤一："主次楞"的方木类型→选中现有的某个规格→单击"复制"→添加新的规格；

步骤二：选中新增的规格→单击"重命名"，或双击规格名称→修改规格名称；

步骤三：修改该方木规格的尺寸规格、材料特性，如图6-15所示。

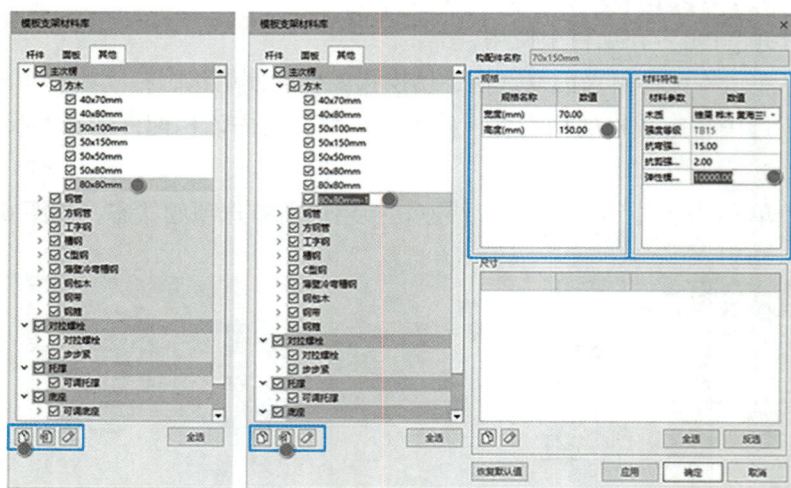

图6-15　自定义主次楞中方木操作图

5）模板支架预设参数

模板支架预设主要用于设置模板支架排布的模型显示，立杆最小间距、斜立杆倾角等场景，具体操作如下："工程设置"组→单击"预设参数"→弹出"预设参数"对话框，如图6-16所示。

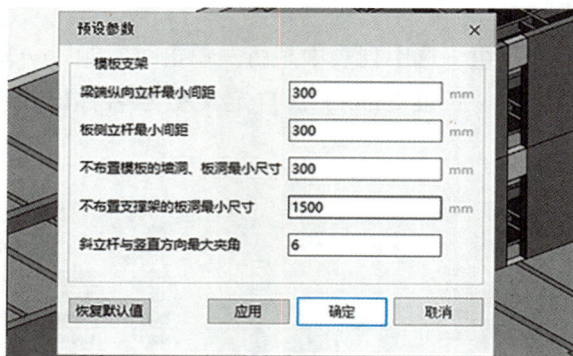

图6-16　模板支架预设参数操作图

参数说明：

（1）梁端纵向立杆最小间距：识别梁端纵向立杆时，最小间距大小设置调节立杆间距；

（2）板侧立杆最小间距：识别侧立杆最小间距大小设置；

（3）不布置模板的墙洞、板洞最小尺寸：布置模板时，墙洞板洞小于多少尺寸不布置架体；

（4）不布置支撑架的板洞最小尺寸：支撑架体最小多少尺寸下不布置架体；

（5）斜立杆与竖直方向最大夹角：布置架体时斜立杆与竖直方向夹角是多少。

6）架体设置

在架体设置中，可以将架体类型（当前的软件中所支持报考表扣件式、盘扣式、碗扣式、轮扣式、套扣式 5 种架体类型）、各支架构造参数、施工习惯、排布规则等进行设置。同时也包括对各种参数的说明，具体操作如下："模板支架"页签→单击"架体设置"→弹出"架体设置"对话框，如图 6-17 所示。

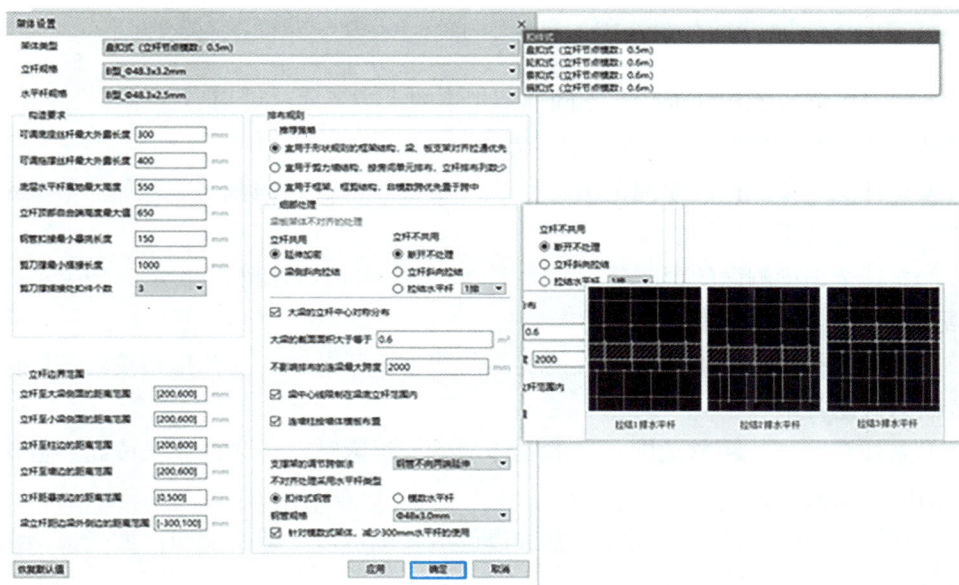

图 6-17　模板架体设置操作图

构造参数说明如图 6-18 所示。

（1）可调底座丝杆最大外露长度：默认值依据当前支撑架类型对应的规范，可自定义；实际排布的可调范围，是此参数与所选可调底座支撑范围的交集；

（2）可调拖撑丝杆最大外露长度：默认值依据当前支撑架类型对应的规范，可自定义；实际排布的可调范围，是此参数与所选可调拖撑支撑范围的交集；

（3）底层水平杆离地最大高度：模数式架体控制底层扫地杆离地高度，默认值依据当前支撑架类型对应的规范，不能自定义；

（4）立杆顶部自由端高度最大值；

（5）钢管扣接最小悬挑长度：调整钢管扣接位置，钢管端部与交点的距离；影响模型三维显示，也影响拼杆；

（6）剪刀撑最小搭接长度：控制钢管剪刀撑搭接时，杆件重合的长度；只影响模型三维显示，拼杆时可重新设置搭接长度；

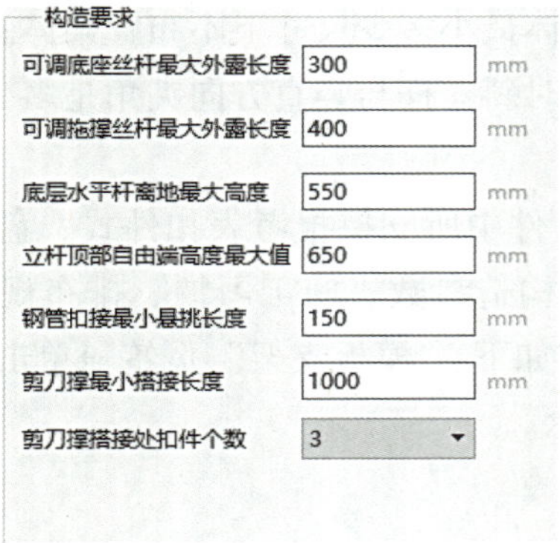
构造要求
可调底座丝杆最大外露长度 300 mm
可调拖撑丝杆最大外露长度 400 mm
底层水平杆离地最大高度 550 mm
立杆顶部自由端高度最大值 650 mm
钢管扣接最小悬挑长度 150 mm
剪刀撑最小搭接长度 1000 mm
剪刀撑搭接处扣件个数 3

图 6-18　构造参数说明图

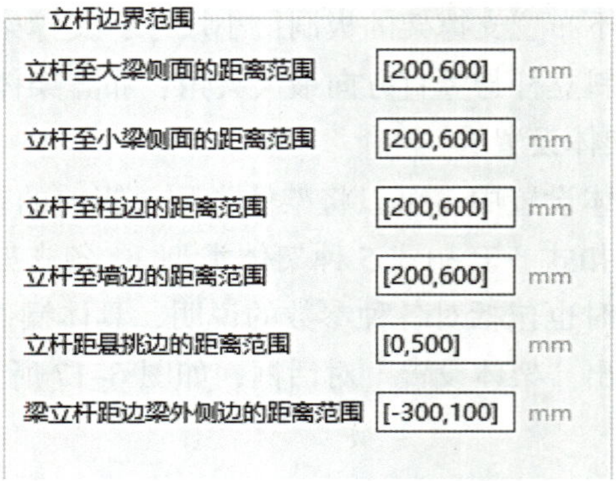
立杆边界范围
立杆至大梁侧面的距离范围 [200,600] mm
立杆至小梁侧面的距离范围 [200,600] mm
立杆至柱边的距离范围 [200,600] mm
立杆至墙边的距离范围 [200,600] mm
立杆距悬挑边的距离范围 [0,500] mm
梁立杆距边梁外侧边的距离范围 [-300,100] mm

图 6-19　立杆边界范围参数说明图

（7）剪刀撑搭接处扣件个数：不同规范规定的个数不同，可切换选择 3 个或 2 个。

立杆边界范围参数说明，如图 6-19 所示。

（1）立杆至大梁侧面的距离范围："大梁" 分类由 "大梁的截面面积" 参数决定，调大距离范围，有助于减少调节跨；

（2）立杆至小梁侧面的距离范围：除了 "大梁" 外的普通梁，都属于 "小梁"，调大距离范围，有助于减少调节跨；

（3）立杆至柱边的距离范围：柱的实体与梁、板紧贴时，立杆排布按此参数保持与柱临接面的避让关系；

（4）立杆至墙边的距离范围：墙的实体与梁、板紧贴时，立杆排布按此参数保持与柱临接面的避让关系；

（5）立杆距悬挑边的距离范围：悬挑边包括悬挑板边、悬挑梁端；大于板洞跨度阈值的板洞边，也作为悬挑板边。

（6）梁立杆距边梁外侧边的距离范围。

排布规则参数说明，如图 6-20 所示。

（1）宜用于形状规则的框架结构，梁、板支架对齐拉通优先：供用户提供一种排布好的方案，方案 1 对齐拉通优先框架结构，梁、板支架等；

（2）宜用于剪力墙结构，按房间单元排布，立杆排布列数少：供用户提供一种排布方案，剪力墙结构，单元排布立杆列数偏少方式；

（3）宜用于框架、框剪结构，非模数跨优先至于跨中：供用户提供一种排布好的方案，在框架，框剪结构里非模数式架体优先至于框中排布。

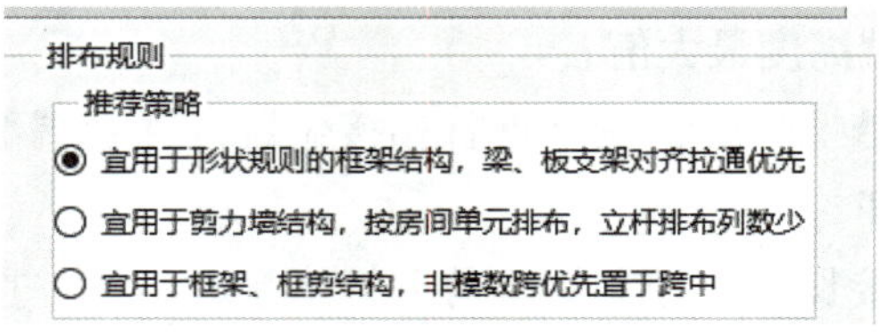
排布规则
推荐策略
宜用于形状规则的框架结构，梁、板支架对齐拉通优先
宜用于剪力墙结构，按房间单元排布，立杆排布列数少
宜用于框架、框剪结构，非模数跨优先置于跨中

图 6-20　排布规则参数说明图

7）模板做法

在模板做法中，可针对柱墙梁板不同构件，针对性地设置立杆、主楞、次楞的材料规格，布置方式等，如图 6-21 所示。

图 6-21 模板做法图

以矩形梁 – 对拉螺栓做法为例进行示意讲解：

（1）面板规格设置，如图 6-22（a）所示。

（2）主次楞材料规格、排布方式设置，如图 6-22（b）所示。

（3）立杆水平杆规格设置。用于切换排布中的立杆和水平杆的规格，此处修改后所有构件使用的立杆水平杆规格都会改变。操作为点击下拉框，选择合适的立杆、水平杆规格，如图 6-22（c）所示。

（4）对拉螺栓材料规格、排布方式设置，如图 6-22（d）所示。

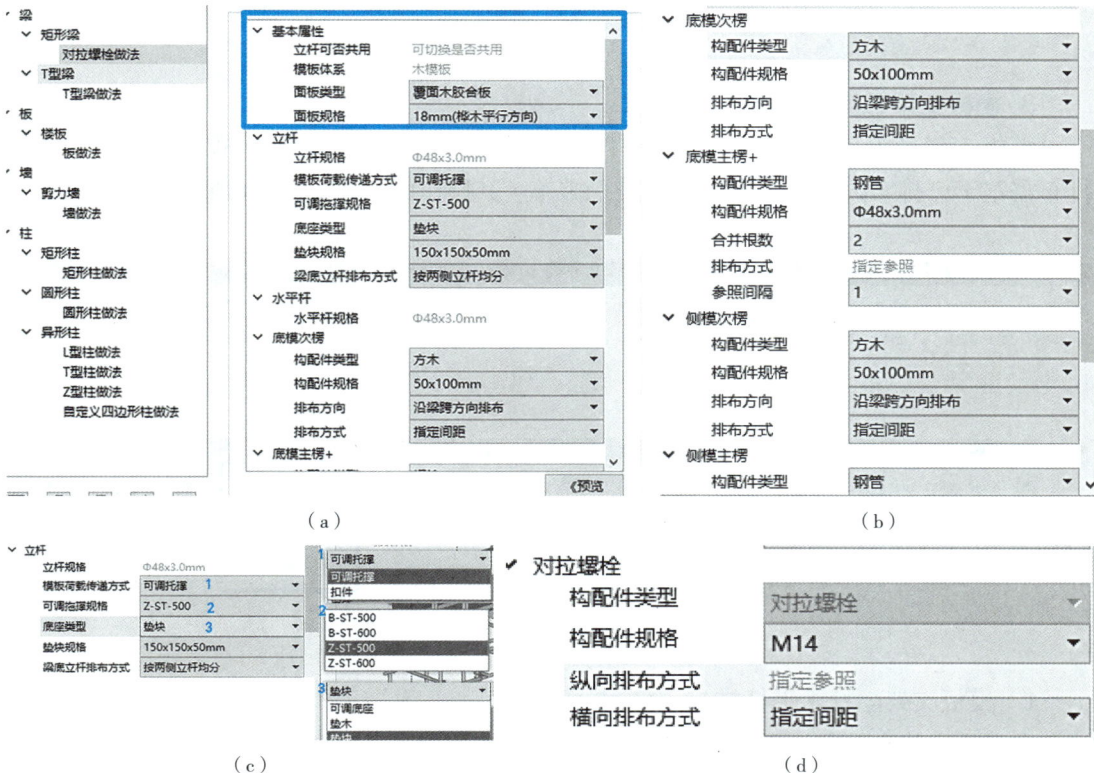

（a）

（b）

（c）

（d）

图 6-22 模板做法操作图

（a）模板做法操作面板；（b）模板做法参数设置；（c）模板做法规格设置；（d）模板做法排布方式设置

8）剪刀撑设置

在剪刀撑设置中，可针对扣件式、盘扣式、碗扣式、轮扣式、套扣式 5 种架体类型，进行竖向剪刀撑、水平剪刀撑的排布方式、材料型号、间距等参数的设置，如图 6-23 所示。

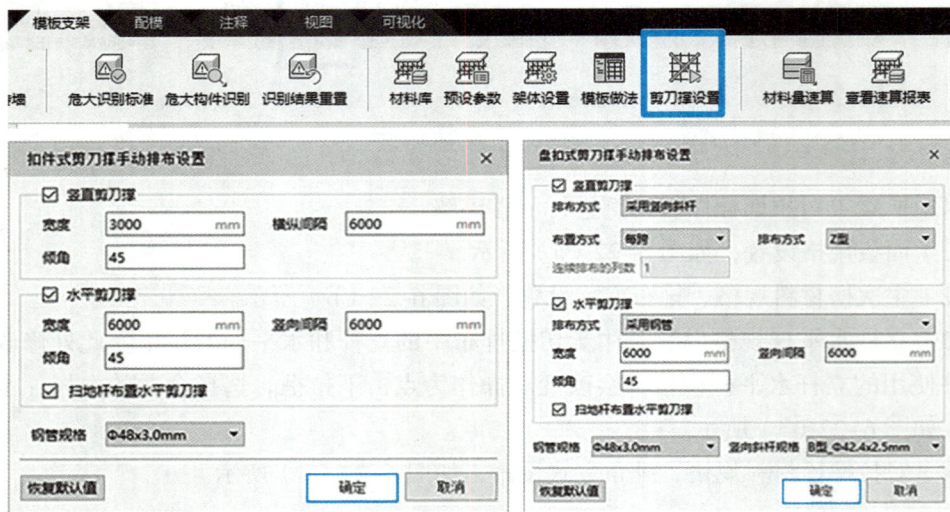

图 6-23　剪刀撑设置操作图

3. 模板支架三维架体排布

模板支架三维深化排布，分为立杆水平杆排布、剪刀撑/斜杆排布。剪刀撑、斜杆排布需基于已排布的立杆水平杆架体进行排布。其操作面板如图 6-24 所示。

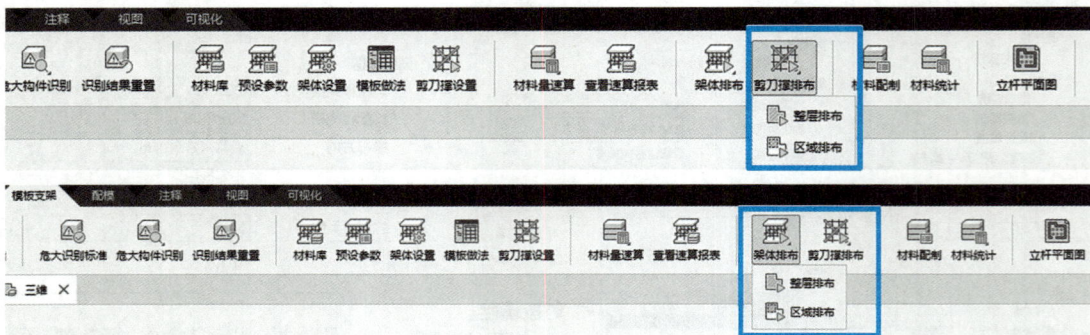

图 6-24　模板支架三维架体排布操作面板

1）模板支架立杆水平杆排布

在模板支架立杆和水平杆排布中分为架体整层排布及区域排布，具体操作步骤如下：

（1）架体整层排布：单击"模板支架"页签→单击"架体排布"→下拉列表"整层排布"→选择要排布的楼层→弹出"修改排布参数"对话框，如图 6-25（a）所示。

（2）区域排布："模板支架排布"页签→单击"架体排布"→弹出下拉菜单→单击下拉菜单中的"区域排布"→进入选择模式→选中内架架体→单击"完成"→弹出模板支架参数设置对话框→单击"确定"，如图 6-25（b）所示。

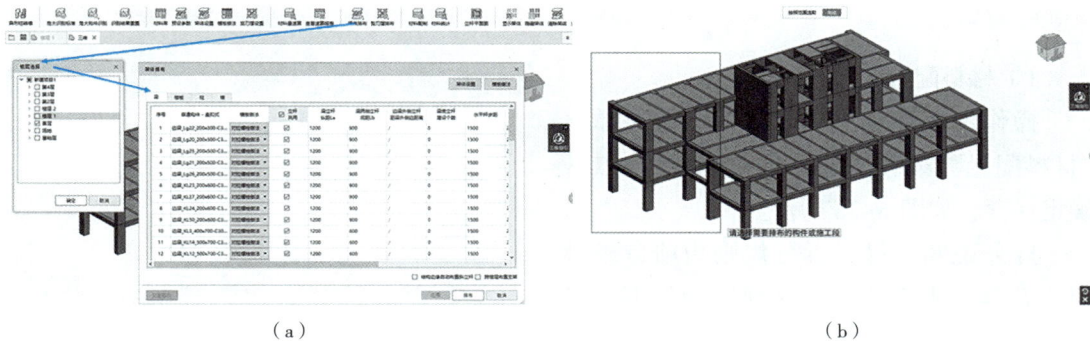

（a）

（b）

图 6-25　模板支架立杆水平杆排布操作图

（a）架体排布做法图；（b）区域排布做法图

2）模板支架剪刀撑 / 斜杆排布

整层排布：单击"模板支架"页签→单击"剪刀撑排布"→下拉列表"整层排布"→选择要排布的楼层→弹出"修改排布参数"对话框→确定后排布，如图 6-26（a）所示。

区域排布：单击"模板支架"页签→单击"剪刀撑排布"→下拉列表"区域排布"→选择要排布的架体→完成→弹出"修改排布参数"对话框→确定后排布，如图 6-26（b）所示。

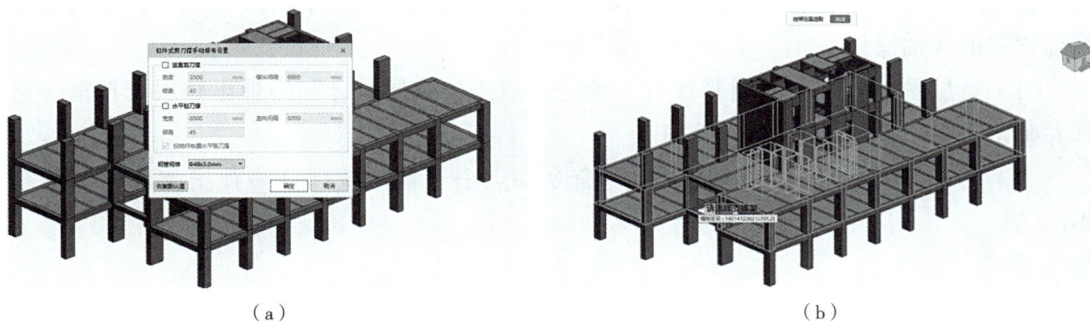

（a）

（b）

图 6-26　模板支架剪刀撑 / 斜杆排布操作图

（a）模板支架整层排布操作图；（b）模板支架区域排布操作图

4. 模板材料统计

在模板支架材料统计中，其分为材料配置和材料统计两部分，如图 6-27 为模板工程材料统计操作面板。

图 6-27　模板工程材料统计操作面板图

1）材料配置

操作说明：点击"配置"按钮→弹出"材料配置"对话框→进行参数设置→点击确定保存，如图 6-28 所示。

拆分说明：材料拆分规则为项目级设定，后续工程量计算以该规则为依据，工程量计算需基于已排布的架体；模板支架的材料拆分涉及立杆、水平杆、剪刀撑。在拆分前，可按工程需要设定拆分规则。目前不拆分主次楞、连墙件。

参数详解：

（1）立杆可调范围默认 [−100，100]，最大可调范围 [−1000，1000]；

（2）水平杆可调范围默认 [0，200]，最大可调范围 [0，2000]；

图 6-28　模板工程材料配置图

（3）剪刀撑最小搭接长度值默认为 1000，修改范围为 [1000，2000]。

2）材料统计

材料统计分为整层统计、整栋统计以及选择架体统计，如图 6-29 所示。以下为各种统计方式的详细操作：

（1）整层统计：下拉"材料统计"命令→点击"整层统计"→弹出楼层选择框→选择并确定→弹出整层材料估算 Excel 表。

（2）整栋统计：下拉"材料统计"命令→点击"整栋统计"→弹出整层材料估算 Excel 表。

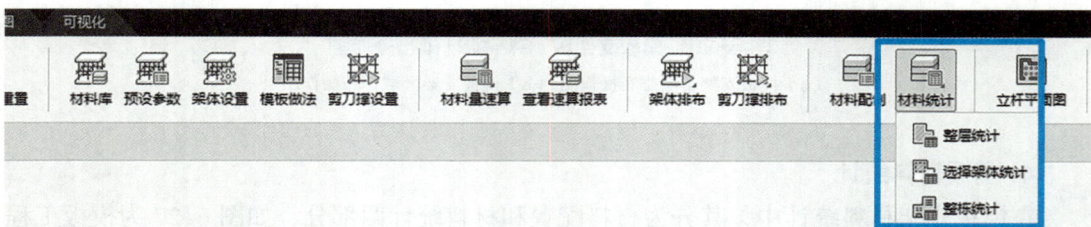

图 6-29　模板工程材料统计操作面板

（3）选择架体统计：下拉"材料统计"命令→点击"选择架体统计"→进入选择模式→点完成→弹出区域材料估算 Excel 表。

5. 模板支架施工图出图

在模板支架出图中主要以立杆平面图为主，如图 6-30 所示，其操作步骤如下：点击"模板支架"页签→立杆平面图→选择要输出平面图的楼层→平面图预览→输出 dwg 文件。

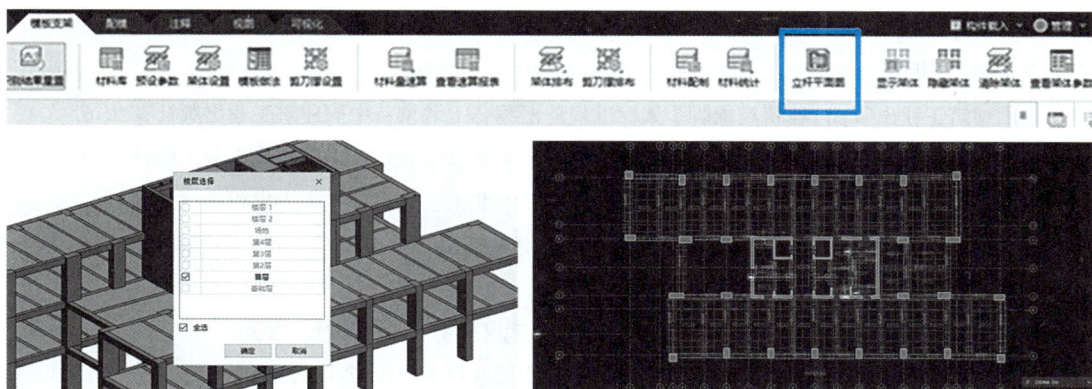

图 6-30　模板支架施工图出图

本章小结

脚手架工程及模板工程作为工程项目建设中重要的施工工序，将数字化技术引入到其设计过程中是尤为重要的。本章节深入探讨了脚手架工程及模板工程的设计内容及相关规范，最后进行脚手架和模板工程的数字化设计，理论与实践相结合，帮助读者更加深入地了解脚手架工程及模板工程的数字化设计。

思考与习题

6-1 简述脚手架工程中作业脚手架与支撑脚手架的主要区别。

6-2 模板设计中，对支架立柱的构造有哪些核心要求？（至少列出 3 点）

6-3 数字化设计在脚手架工程中有哪些显著优势？

6-4 模板工程数字化设计中，如何利用软件实现施工策划优化？

6-5 结合实际工程，谈一谈脚手架和模板工程数字化设计的发展趋势。

二维码 6-2
思考与习题答案

参考文献

[1] 杨国立. 土木工程施工 [M]. 北京：中国电力出版社，2020.

[2] 王建章. 工程建设安全管理 [M]. 北京：中国石化出版社，2020.

[3] 李润求，施式亮. 建筑安全技术与管理 [M]. 徐州：中国矿业大学出版社，2020.

[4] 中国安全生产科学研究院. 2019 年全国中级注册安全工程师职业资格考试辅导教材 中级 安全生产专业实务 建筑施工安全 [M]. 北京：应急管理出版社，2019.

[5] 中国建筑业协会. 建设工程安全生产技术 [M]. 北京：中国建筑工业出版社，2019.

[6] 刘莉，孙丽. 扣件式钢管模板支撑体系 [M]. 北京：中国建筑工业出版社，2016.

[7] 万雷亮. 模板施工新手入门 [M]. 北京：中国电力出版社，2014.

[8] 中国建筑工业出版社. 建筑模板脚手架标准规范汇编 [M]. 北京：中国建筑工业出版社，2016.

[9] 朱海东，汪洋，王云江，等. 市政工程安全管理与实务 [M]. 北京：中国建筑工业出版社，2012.

[10] 徐明霞，刘广文，孙明廷. 混凝土结构工程施工 [M]. 北京：北京理工大学出版社，2012.

[11] 中国建筑工业出版社. 现行建筑施工规范大全 含条文说明 第 5 册 [M]. 北京：中国建筑工业出版社，2014.

[12] 殷为民，杨建中. 土木工程施工 [M]. 2 版. 武汉：武汉理工大学出版社，2020.

[13] 王世富，李雪峰. 建筑安全管理手册 [M]. 北京：中国建材工业出版社，2012.

本章要点 📖

1. 掌握数字化施工策划的基本概念；
2. 了解数字化施工策划的主要优势；
3. 学习数字化施工策划的软件操作。

教学目标 📑

1. 学习和理解数字化施工策划的基本概念；
2. 清楚并了解数字化施工策划的主要优势和不足；
3. 能够熟悉并应用专业软件对建筑工程施工策划进行操作；
4. 培养学生的创新思维和实践操作能力，激发对数字化施工策划的兴趣；
5. 培养学生的批判思维，能够全面评估数字化施工策划的优势和不足，并提出改进建议；
6. 提高学生的分析和解决问题的能力，能够根据建筑施工策划的特点和环境条件进行合理的数字化设计与规划。

案例引入 📄

某高速公路项目采用了数字化施工策划来提高施工效率和质量。该项目为建设一条全长约 100km 的高速公路，涉及路基、桥梁、隧道等多项工程。由于项目规模较大，传统施工策划已经无法满足现代施工需求。因此，项目团队决定尝试数字化施工策划。

数字化施工策划在高速公路项目中发挥了重要作用。首先，在工程管理方面，数字化施工策划通过 BIM（建筑信息模型）技术建立三维模型，使工程项目各参与方能够更加直观地了解工程情况，便于协同管理。同时，数字化施工策划还实现了施工数据的实时采集和分析，为项目决策提供了科学依据。

其次，在质量控制方面，数字化施工策划利用先进的检测设备和传感器，对桥梁、隧道等关键部位进行实时监测。通过数据分析和处理，及时发现并解决存在的质量隐患，避免了质量事故的发生。

最后，在工期控制方面，数字化施工策划通过精细化管理和优化施工组织，实现了资源的合理配置和工序的精准安排。在确保施工质量的前提下，加快了施工进度，最终按期完成了项目。

通过上述对数字化施工策划的描述，其通过利用 BIM 技术、智能化的检测设备和传感器以及数字化技术手段，实现施工进度的精细管理和资源优化配置，大大缩短了工期，提高了施工效率。

思考题：

1. 数字化施工策划如何实现？

2. 数字化施工策划如何应对施工过程中的不确定性因素？

7.1 施工策划概述

7.1.1 施工策划基本内容

建设工程施工策划所包含的内容非常庞杂，从项目的组织策划，到场地管理要素，这些都属于施工策划所需要考虑的内容。

1. 项目技术质量策划

1）施工平面布置

施工平面布置需要合理规划现场的生产、办公和生活区域，包括主要施工道路、施工分区、大型施工机械、材料加工和存储场地等，以保证施工进展有序，符合工程特点、施工图纸和施工管理要求。

2）主要施工方法

主要施工方法需要结合工程特点、工期要求和施工条件，选择经济、合理、最先进的施工工艺以及相关技术措施。常需进行多方案讨论，选出最优方案。

3）专项施工措施

专项施工措施针对一些危险性较大的分部分项工程，工程创优活动和冬雨期施工等项目特性进行施工策划和统筹规划的管理活动。

4）施工质量目标及保障措施

施工质量目标及保障措施需要根据项目特点、施工图纸和各施工阶段制定并实施项目质量方针、质量目标和计划等工作内容，以确保施工质量符合要求。

2. 项目生产经营策划

1）施工进度管理策划

施工进度管理策划是根据工程各阶段的工作内容、时间和作业顺序编制计划，以确保项目按预期目标时间节点完成。通过追踪项目进度与计划对比，分析偏差原因，并制定调整措施或进度计划，直至项目按时完工。

2）施工劳动力管理策划

施工劳动力管理策划包括劳务工人实名制管理和劳动力配置计划管理。劳务工人实名制管理旨在遵守法律法规，规范建筑市场秩序，加强工人管理，降低劳务用工风险。劳动力配置计划管理旨在保证生产任务、合同履约，根据工程质量和工期需要，科学合理地安排劳动力的数量和质量。

3）项目安全管理策划

项目安全管理策划将项目施工要求转化为明确的目标和可操作的活动，通过分析施工过程中可能存在的风险，在实际情况和信息基础上，系统设计安全管理方法、途径和程序，制定合理可行的安全生产管理要求和控制措施，并编写策划书以展示施工现场安全管理和控制内容。

3. 项目商务策划

1）项目成本策划

项目成本策划涉及对成本进行估算、预算和控制的过程，以确保项目在批准的预算范围内完成。成本管理是商务策划中一个重要的环节，其效果直接影响商务策划的降耗增效效果。

2）项目合约管理策划

项目合约管理策划在工程项目交付中起着重要作用，通过界定责任和义务来确保组织间的管理关系。合约策划需考虑合同的种类、形式和条件；项目独立合同的数量和单个合同的工程范围；委托方式和承包方式的选择；各合同的内容、组织、技术和时间协调；重要合同条款的确定；在合同签订和实施过程中需要做出的重大决策。

3）项目物资采购策划

项目物资采购策划包括组织外部采购或获取所需产品、服务或成果的过程。项目采购对项目成本影响较大，顺利完成项目采购管理有助于节约成本，对实现商务策划管理目标至关重要。

本章中，主要着重于采用数字化技术对施工场地进行布置，利用数字化技术的优势，统筹分配施工资源，模拟施工现场的布置情况，充分改善施工过程中所暴露的问题，有效地提高工程项目的现场施工质量。

7.1.2 施工策划基本要求

1. 整体规划

整体规划应根据业主的要求，合理安排施工临建的位置，遵循安全文明施工规定进行布置，并根据施工组织设计分阶段进行规划，确保办公、生活和施工等区域独立且便于管理。

2. 用地规模及范围

在考虑满足施工组织设计要求以及减少运输距离、降低成本、加快施工速度的前提下，紧缩临时用地并合理布置，满足施工期间人员居住、物资存储、加工和调配的需要。

3. 道路布置

施工期间应保证周围道路通畅，道路布置要满足车辆运行要求，避免施工现场平面交通和安装交通运输的干扰。

4. 现场平面布置的时效性

根据工程施工进度调整现场平面布置和安排，符合不同阶段施工的要求，与阶段施工重点相适应。在现场布置时，避免与室外管道等施工位置冲突，必要时拆除临时设施确保室外工程施工顺利进行。

5. 临电、临水

临时用电和供水需要满足相应机械和施工现场的要求，配电线路和电柜等设施符合国家和地方安全规定。供水线路和终端设施满足施工现场和生活需求，消防设施满足防火要求。排水沟保持通畅，以防止雨水积水，设置排污和废弃物处理设施，经处理后的污水流入渗井进行排水。

6. 门卫设置

现场主要出入口处设门卫室。重要材料堆放场地面进行硬化处理特殊材料要入库保存，并做好防腐、防锈等保护措施。

7. 有利于安全文明施工

加强环境保护和文明施工管理。保持现场整洁、卫生、有序合理的状态，使施工现场成为绿色环保工地，注重环保、节能等方面的要求。

7.1.3 施工策划软件简介

施工策划软件是施工过程中数字化设计的重要工具，它通过建模、信息管理、可视化展示、协同合作和数据分析等功能，帮助施工方进行施工策划过程中的数据驱动决策和优化。通过相关软件，施工策划过程中能够直观地展示出施工现场的真实情况，可提前发现在施工场地布置中所存在的问题并对其进行解决，能够提升建筑项目的质量和效益。

施工策划设计的软件有很多，一般来说综合管理类 BIM 软件中均可进行施工策划，本章中选取两款施工策划软件进行详细介绍。

1. 品茗 BIM 施工策划

品茗 BIM 施工策划，主要用于施工过程中的施工策划等应用。使用该软件，用户可以快速将传统的二维平面布置图转化为三维平面布置图，并生成施工模拟动画。该软件操作方式与 CAD 绘图平面布置图类似，内置丰富的临时板房、塔式起重机和施工电梯等组件，同时支持 Revit、3Dmax 等软件导入，极大地提高了绘图效率。此外，用户布置完成后可以对工程量进行准确统计。

同时，该软件可以布置装配式构件，并支持对塔式起重机布置和选型以及施工道路的布置，以布置选型的基本原则为依据、以模型为基础、以数据为根本进行智能分析推荐。支持塔式起重机吊装能力分析、设备型号智能推荐、设备站位智能分析以及道路的过弯、回车、会车分析计算并生成相应的分析报告。

除此之外，品著 BIM 施工策划解决一般 BIM 软件中模型与渲染分离的问题，基于策划软件原有交互，一键实现真实场景渲染，无须通过 Lumion、Fuzor 等第三方引擎中重新拼组渲染；从光线到每个构件均可呈现高清美颜特效，软件支持自由漫游，可直接渲染为真实动态漫游模型，并输出高分辨率的图片成果。

2. 广联达 BIMMAKE

BIMMAKE 是广联达自主知识产权软件，专为 BIM 工程师和技术工程师打造，主要用于施工全过程的 BIM 建模和专业化应用。该软件支持施工模型和深化设计，可以导入 9 种格式和导出 6 种格式，减少了重复建模，并且扩展了模型的应用场景。此外，它可以更快速地识别 CAD 智能翻模，并同时生成结构和钢筋模型，识别准确率高，可自动校核图纸。该软件还具有更多适用于施工的建模功能，易于学习和使用。

在施工策划方面，该软件可以参照 CAD 图纸，创建精细化地形、基坑开挖与回填，创建临建、机械、设施等设备，完成三维现场布置。同时支持基于模型，按楼层、材质、流水段提取混凝土、模板接触面积、临建、机械等工程量表，并对接项目管理平台 BIM5D，方便施工过程成本计划与核算。

以上两款数字化设计软件在施工策划过程中均具有不同的功能和特点，适用于不同类型和规模的建筑项目。设计师可以根据自己的需求和工作流程选择适合的软件，并结合实际项目使用。此外，要确保软件与其他工具和平台的兼容性，以便支持完整的 BIM 工作流程。建议在选择软件之前先了解其功能特点，并进行试用和评估，以确保最佳的软件选择和项目执行效果。

7.2　数字化施工策划

数字化施工策划即采用数字化技术代替传统施工过程中的策划内容。在施工策划过程中，需对项目的组织策划、场地管理要素等进行组织和布置，此内容在 7.1.1 节中进行了详细地介绍。在本节中，采用数字化技术对施工策划中的场地布置和软件的相关操作进行详细地介绍。

1. 施工主、次出入口

场地规划布置首先要确定主大门的位置，这是施工人员及材料主出入口，一般主大门位置与设计主大门位置一致。其次一般工地都要设置次大门，在施工高峰期时避免材料进出场的拥挤，也能疏散作业工人。

2. 施工临时道路

由市政道路接入现场后需设置临时材料运输道路，一般道路都是围绕建筑物环形布置，方便材料运输，道路宽度不少于 6m。

3. 垂直运输机械布置

需根据拟建建筑物尺寸、位置、高度合理布置垂直运输机械，如塔式起重机、吊车，布置时应考虑机械覆盖半径应包括全部建筑物，同时考虑起重荷载。如果需要设置吊车，需考虑吊车的行走路线。

4. 临时用电布置

一般施工单位进场时，建设单位都会提供临时变压器，施工单位需根据变压器位置合理设置现场一二级配电系统，要兼顾生活及施工用电需求。

5. 临时用水布置

根据市政部门提供临时取水点，设置临时用水系统，包括消防、生活及施工用水。

6. 材料堆放位置

施工所需材料种类非常多，有成品、半成品及原材料，需根据不同施工周期合理设置材料堆放位置，如主体施工阶段应考虑各种材料堆放、加工、半成品区域；到装饰装修阶段就应考虑成品堆放区域。总体材料堆放区域布置的原则就是尽量减少材料的二次倒运，方便材料吊装、运输及拆卸。

7. 生活区的布置

应合理布置现场作业工人、管理人员生活区域，保证其吃住方便。

以下是对各布置内容相关的要求和软件操作，其运用的软件是广联达 BIMMAKE。

7.2.1 前期工作准备

1. 工程准备

应用相关 BIM 软件进行施工策划，需准备工程相关资料、理解总平面布置基本原则，掌握项目实际情况，明确平面布置原则与基本流程，并应用 BIM 施工策划软件进行。

2. 定位设置

在工程准备过后，进行轴网和标高的定位是对于 BIM 建模必不可缺的两项定位。轴网决定平面绘图的定位，而标高决定构件所处不同的空间位置。因此首先确定项目的轴网及其位置是非常重要的。

在 BIMMAKE 中，其定位设置功能通过改变场地测绘的大地原点相较于 BIMMAKE 软件原点的空间位置的方式，帮助用户将包含平面测绘坐标的图纸导入 BIMMAKE 后，标注信息能与 CAD 信息保持一致，如图 7-1 所示。

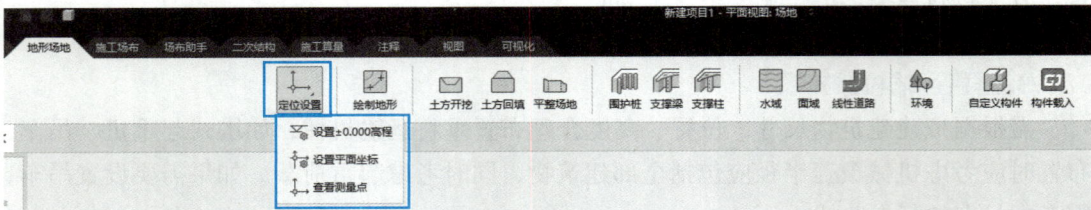

图 7-1　项目定位设置面板

步骤 1：设置 ±0.000 高程

对于包含项目绝对高程信息的图纸，导入 BIMMAKE 后，如果希望标注信息能与 CAD 信息保持一致，可以通过设置项目 ±0.000 高程功能完成，如图 7-2（a）所示。

步骤 2：设置平面坐标

对于包含平面测绘坐标的图纸，导入 BIMMAKE 后，如果希望标注信息能与 CAD 信息保持一致，可以通过设置平面坐标功能完成，如图 7-2（b）所示。

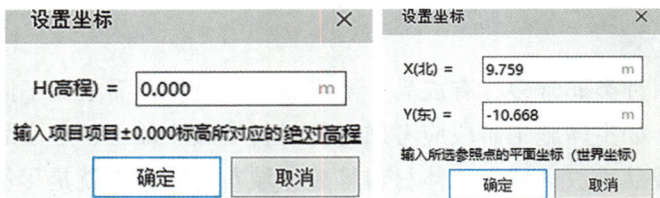

（a）　　　　　　　　　　　（b）

图 7-2　项目定位设置

（a）项目定位设置高程图；（b）项目定位设置平面坐标图

7.2.2　地形及场地布置

1. 地形创建

进行施工策划首先需对其地形进行建模，进行地形建模时其软件支持用户从外部导入 txt 格式的地形数据或者在项目内拾取立体等高线 CAD 来创建平面、曲面地形，如图 7-3 所示。

若用户的 CAD 图纸中包含准确的高程点图块信息，则可以选择通过 CAD 自带的数据提取功能导出点数据 txt 文件，其可直接读取该文件，来获取高程点并生成地形。

图 7-3　地形创建面板

若用户的 CAD 图纸中包含立体的等高线，则可以选择将 CAD 导入 BIMMAKE，同时保留其 Z 轴信息，该操作可拾取导入的立体 CAD 来获取高程点并生成地形。

2. 场地平整

场地平整是指通过挖土填土的方式，将原始地面改造成适合施工的平坦场地。为了进行土方工程量计算、平衡土方调配、选择合适的施工机械和制定施工方案，必须确定场地平整的设计标高作为依据。

步骤一：点击"地形场地"选项卡→点击"平整场地"并选择项目中已有的一个地形，如图 7-4（a）所示。

步骤二：进入"编辑场地轮廓线"界面→在左侧绘制方式中选择绘制方式→在上一步选择的地形上绘制一个或多个独立闭合的场地平整边线，并选择每一根边线→在属性中通过角度或坡度比定义放坡，如图 7-4（b）所示。

步骤三：点击上部工具栏中的"完成"→生成平整场地，如图 7-4（c）所示。

步骤四：选择土方开挖面→通过属性面板的"场地标高"，可改变其场地标高，如图 7-4（d）所示。

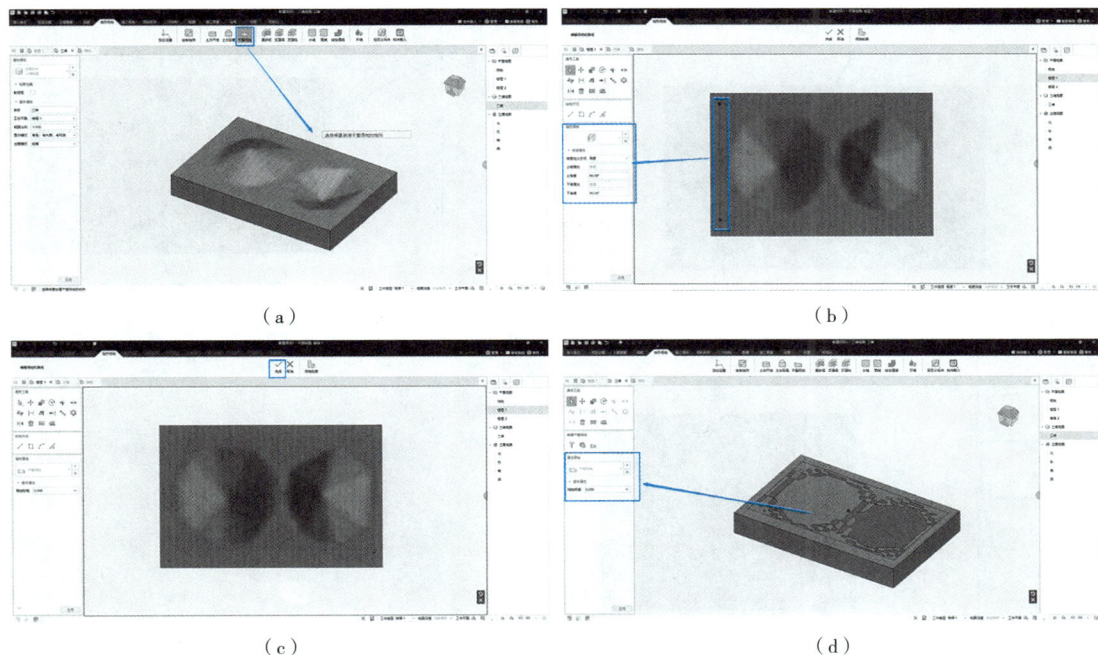

（a）

（b）

（c）

（d）

图 7-4　土方开挖操作图

（a）场地平整图；（b）轮廓线设置；（c）场地平整完成图；（d）场地标高设置图

3. 场地布置

1）土方开挖

土方开挖工程是工程初期至施工过程中的关键步骤，其目的是通过对土地或岩石的松动、破碎、挖掘和运输，为后续施工做好场地准备。根据岩土性质的不同，土石方开挖可以分为土方开挖和石方开挖。

土方开挖工程按施工环境的不同，可以分为露天、地下和水下开挖三类，并分为明挖、洞挖和水下开挖等类型。在水利工程中，土方开挖广泛应用于场地平整、削坡、水工建筑物的地基开挖、地下洞室的挖掘，河道、渠道、港口的开挖和疏浚，填筑材料、建筑石料及混凝土骨料的开采，以及临时建筑物或围堰、砌石、混凝土结构物的拆除等方面。

步骤一：点击"地形场地"选项卡→点击"土方开挖"并选择项目中已有的一个地形，如图 7-5（a）所示。

步骤二：进入"编辑开挖轮廓线"界面→在左侧绘制方式中选择绘制方式→在上一步选择的地形上将开挖一个或多个独立闭合的面下口线绘制完成，如图 7-5（b）所示。

步骤三：左侧属性面板，修改开挖的顶标高和底标高，并选择每一根边线→在属性中通过角度或坡度比定义放坡，如图 7-5（c）所示。

步骤四：点击上部工具栏中的"完成"→生成土方开挖，如图 7-5（d）所示。

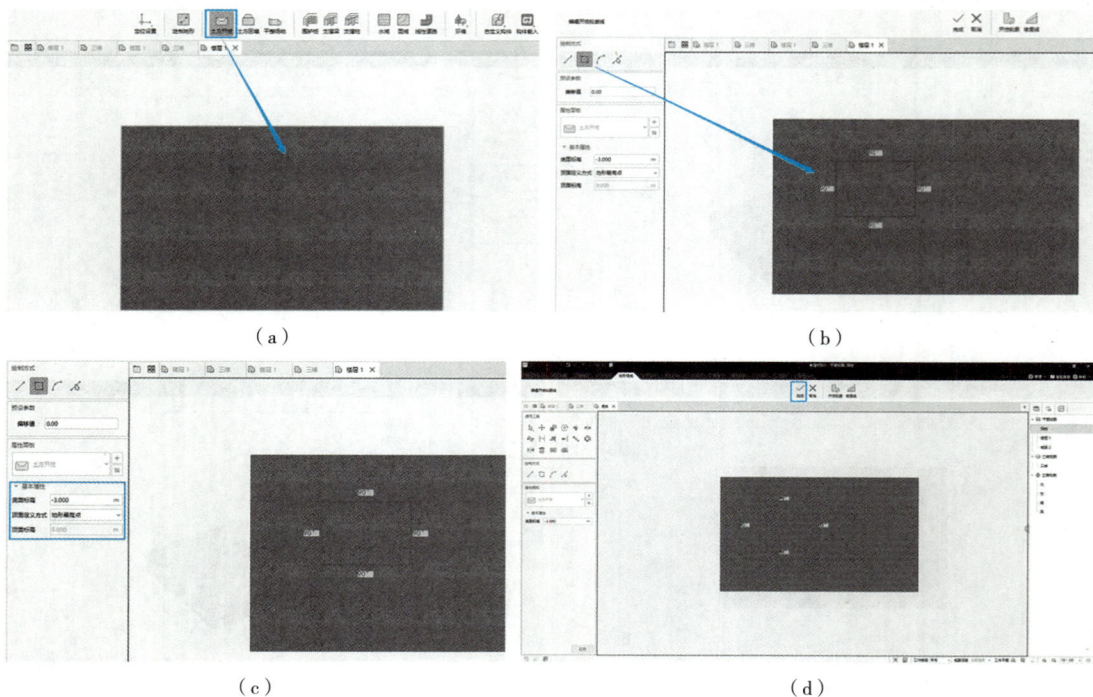

（a）

（b）

（c）

（d）

图 7-5　土方开挖操作图

（a）土方开挖设置面板图；（b）编辑开挖轮廓线；（c）开挖标高设置图；（d）土方开挖完成图

2）土方回填

土方回填是建筑工程中的一项填土工程，主要适用于地基填土、基坑（槽）或管沟回填、室内地坪回填以及室外场地回填平整等情况。需要特别注意的是，在对地下设施工程（如地下结构物、沟渠、管线沟等）的两侧或四周及上部进行回填土之前，必须对地下工程进行全面检查，并完成相应的验收手续。

步骤一：点击"地形场地"选项卡→点击"土方回填"并选择项目中已有的一个地形，如图 7-6（a）所示。

步骤二：进入"编辑回填"界面→在左侧绘制方式中选择绘制方式→在上一步选择的地形上绘制一个或多个独立的回填边线，如图 7-6（b）所示。

步骤三：选择土方回填→通过属性面板的"顶面标高"，可改变其顶面标高，如图 7-6（c）所示。

步骤四：在平面视图中，土方开挖的边坡可显示示坡线，也可以在土方开挖模型的属性上关闭示坡线的显示，示坡线可导出 dwg 图纸，如图 7-6（d）所示。

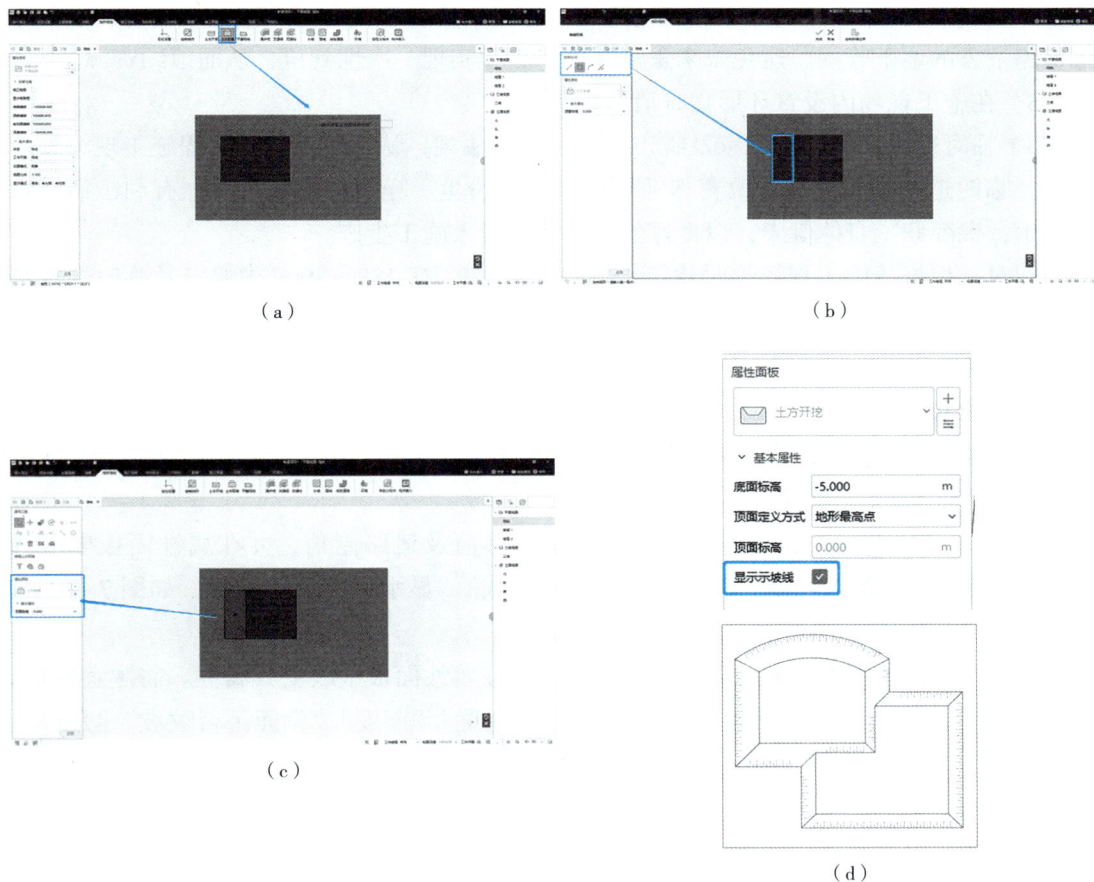

（a）

（b）

（c）

（d）

图 7-6　土方回填操作图

（a）土方回填设置面板；（b）编辑回填边界线；（c）土方回填标高设置；（d）边坡示坡线设置及图纸导出

7.2.3　道路、围挡及出入口布置

施工策划过程中，道路、围挡以及出入口在场地布置中作为最基础的功能设施，其布置应当结合施工现场情况满足施工过程相关要求，例如出入口的设置应满足施工现场与交通的便利性；施工现场临时道路的设置在其宽度、场内便利性以及永久性上应符合规定。因此其布置应满足以下要求：

1）为了确保施工现场的道路畅通，可以优先利用永久性道路或先进行永久性路基的建设，并在施工结束后再铺设永久性路面。

2）临时道路的布置应满足车辆通行的要求，需设立两个以上的进出口，并保留一定的回转余地。可以设计成环形道路，覆盖整个施工区域，以方便各种材料直接运输到材料堆场，减少倒运，从而提高工作效率。主干道可设计为双车道，宽度为 8m，次要道路可设计为单车道，宽度为 4m。

3）根据加工、仓库和施工目标的相对位置，对道路进行整体规划，以保证运输畅通、车辆安全，并在设计过程中节约造价。

4）在规划拟建道路与地下管线的施工顺序时，应合理安排。在修建道路时，需要考虑道路下方的地下管网，避免未来重复开挖，尽量实现一次性到位，从而节约资源。

5）在施工现场内设置环形临时消防车道。

6）临时道路严格执行国家及省市有关法律、法规，认真贯彻建筑工程施工现场管理规定，临时道路设置要做到改善作业环境，防止粉尘、噪声和水源污染，有利于搞好现场卫生，保障职工身体健康，以良好的心态积极投入施工生产。

同时，根据《施工现场临时建筑物技术规范》JGJ/T 188—2009 中要求：临时建筑场地应设有消防车道，且消防车道的宽度不应小于 4.0m，净空高度不应小于 4.0m。

1. 道路布置

步骤一：点击"地形场地"选项卡→点击"线性道路"并点击"地形场地"选项卡→点击"线性道路"，如图 7-7（a）所示。

步骤二：在左侧工具栏预设参数中修改偏移值及道路倒角，并在属性面板中可修改"路面材质""宽度""厚度""是否显示中心线""显示示坡线"属性，如图 7-7（b）所示。

步骤三：绘制线性道路，选中道路/路口→在属性面板中改变其属性。需注意的是，选中道路后，属性面板中可修改"路面材质""宽度""厚度""侧面是否放坡""是否显示中心线""显示示坡线"属性及"定位表面""起点偏移""终点偏移"属性，如图 7-7（c）所示。

步骤四：对道路进行修角/延伸操作，如图 7-7（d）所示。

步骤五：在基坑内创建出入道路时，也支持从属性面板中修改侧面放坡角度，如图 7-7（e）所示。

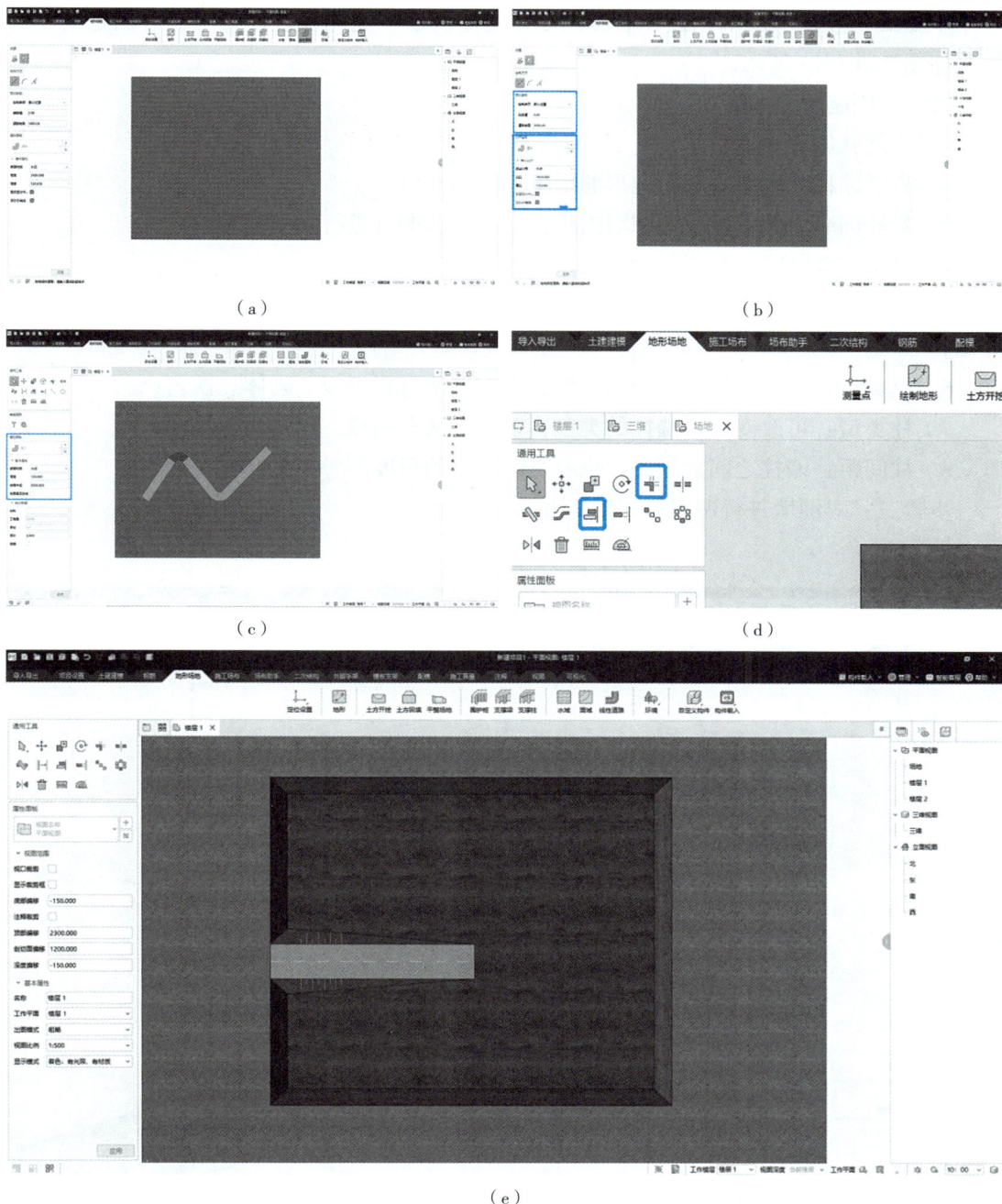

（a）

（b）

（c）

（d）

（e）

图 7-7　道路设置操作图

（a）道路布置设置面板；（b）道路设置属性面板；（c）道路设置属性修改；（d）道路设置边角设置；（e）道路放坡设置

2. 围墙布置

步骤一：点击上部快捷栏"施工场布"的"围墙"命令，进入"围墙创建"窗口，在左侧可改变绘制围墙迹线的编辑方式，如图 7-8（a）所示。

步骤二：点击"围墙创建"右侧的√，选中围墙，左侧属性面板中，可调整围墙属性，如图7-8（b）所示。

其中，围墙属性如下：

1）高度：围墙高度；

2）高度偏移：围墙底部距地形的距离；

3）翻转围墙内外：可改变围墙内外方向，勾选即可进行围墙翻转；

4）显示围墙贴图：是否显示；

5）编辑围墙贴图：当显示围墙贴图时，此参数出现，可导入多张贴图，按顺序循环贴；

6）墙类型：可改变围墙墙身的类型，现在默认有彩钢板、砌体、铁艺；

7）柱类型：可改变围墙墙柱的类型，现在默认有斜撑、砌体、带灯柱；

8）柱间距：墙柱之间的距离，也就是每面墙的长度。

步骤三：对围墙进行贴图，如图7-8（c）所示。

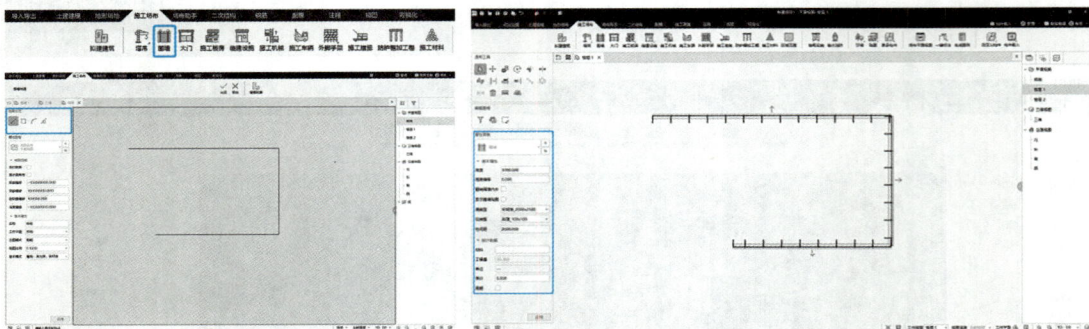

（a）　　　　　　　　　　　　　　　（b）

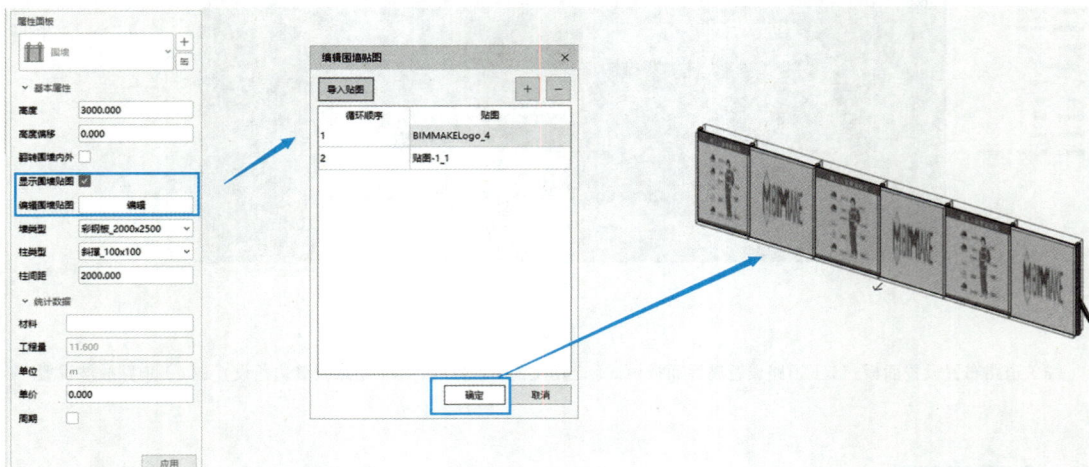

（c）

图 7-8　围墙布置操作图

（a）围墙轨迹线创建；（b）围墙属性面板图；（c）围墙贴图设置图

3. 出入口布置

步骤一：点击上部快捷栏"施工场布"的"大门"，在属性面板中调整大门类型及其属性，如图 7-9（a）所示。

步骤二：在弹窗"大门创建设置"中，可让构件在放置后旋转，调整其面向，放置过程中，点击空格键切换大门的方向，点击鼠标左键，放置大门，选中大门，在左侧属性面板及齿轮中可调整大门参数化属性，如图 7-9（b）所示。

步骤三：点击属性面板中的 +，可增加大门的类型，如图 7-9（c）所示。

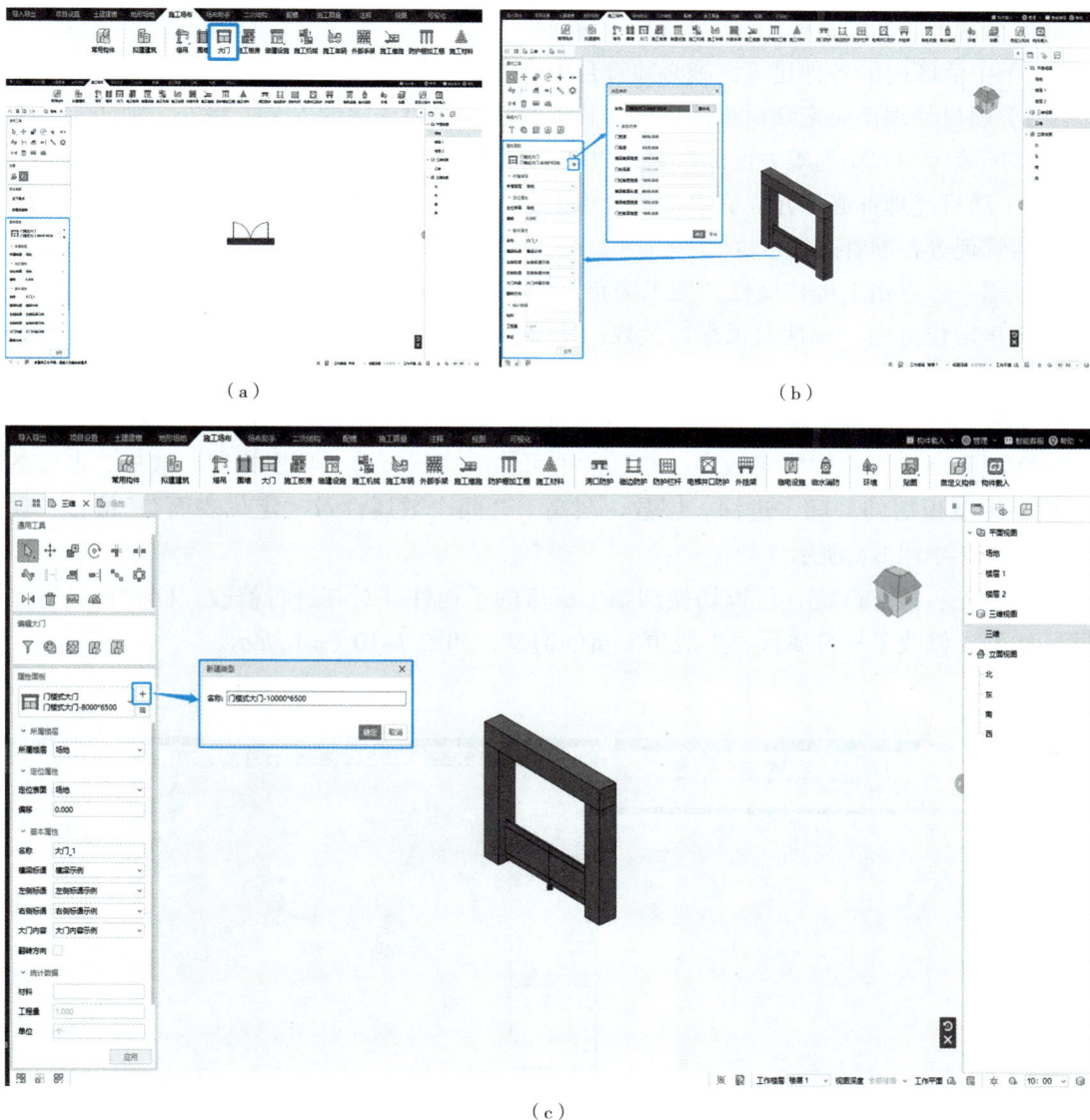

（a）

（b）

（c）

图 7-9　出入口设置操作图

（a）出入口设置属性面板图；（b）出入口属性修改图；（c）添加出入口操作图

7.2.4 生活区、堆场及加工厂布置

1. 生活区布置

生活区作为施工现场办公及工人居住的场所，其布置应满足以下要求：

1）生活区和施工区域必须进行严格划分，并使用专用金属定形材料或砌块进行围挡，围挡的高度不能低于 2.5m。

2）生活区必须进行全面规划，合理布局，以满足安全、消防、卫生防疫、环境保护、防汛和防洪等方面的要求。

3）生活区的建筑必须安全、牢固和美观，严禁使用水泥板房。板房的材料必须符合消防安全规范，并禁止使用易燃材料进行搭建。

4）生活区内的各种建筑设施必须符合国家和地方相关的安全防范要求。

5）项目经理部应定期对生活区的居住人员进行法律法规的安全、治安、消防、卫生防疫、环境保护和交通等方面的教育，以增强其法治观念。

6）项目经理部必须建立完善的安全保卫、卫生防疫、消防、生活设施的使用、维修和生活管理等各项管理制度。

步骤一：点击上部快捷栏"施工场布"的"施工板房"，在平面视图中，两点确定一字形板房定位方向，属性面板预设参数，修改板房的开间个数、层数等信息，如图 7-10（a）所示。

步骤二：选中施工板房整体，在属性面板继续调整施工板房参数。

在项目环境下选中施工板房，在属性中可修改底层板房、顶层板房、楼梯、走廊的类型，施工板房的开间、进深、层数、层高、开间个数属性及"定位表面""偏移"属性，如图 7-10（b）所示。

步骤三：按 Tab 键，可以切换到施工板房的子构件并对其进行修改，同时也可以删除子构件，修改子构件属性，形成更丰富的造型，如图 7-10（c）所示。

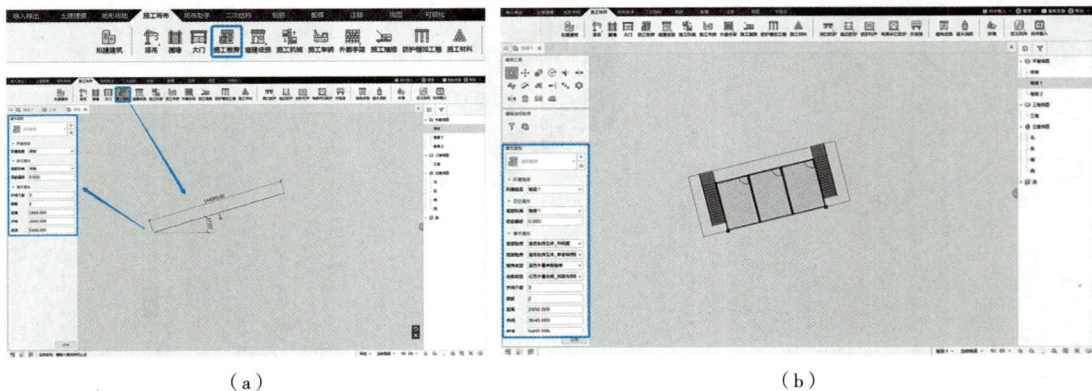

（a）　　　　　　　　　　　（b）

图 7-10　生活区设置操作图

（a）施工板房设置面板；（b）施工板房属性面板

（c）

图 7-10 生活区设置操作图（续图）

（c）施工板房属性修改

2. 堆场及加工厂布置

堆场及加工厂一般指钢筋材料堆场及加工场、木工材料堆场及加工场、机电材料堆场及加工场、装饰装修材料堆场及加工场、预制构件及钢结构材料堆场等场所，其用于存放材料和材料加工的场所，其布置应满足以下要求：

1）为了方便运输、位置适中、运距短且安全防火，需要根据不同的材料、设备和运输方式进行仓库和材料堆场布置的区分设置。

2）在布置各种加工厂时，要考虑使用的便利性、安全防火、运输成本最低和不影响工程施工的正常进行为原则。

3）一般来说，应将加工厂集中布置在同一个地区，并多处于工地边缘。

4）各种加工厂应与相应的仓库或材料堆场布置在同一地区。

在采用 BIMMAKE 对其进行布置时，其软件内部用区域表示具体场地，并对该区域进行属性赋予，具体操作如下：

步骤一：单击"场布助手"选项卡→单击"堆场及加工场"进入绘制页面，并在绘制窗口绘制堆场及加工场的外轮廓，如图 7-11（a）所示。

步骤二：单击"完成"，完成绘制。选中堆场及加工场，可在属性面板修改名称、单次最大吊重量、吊具重量等信息，如图 7-11（b）所示。

7.2.5 垂直运输机械布置

垂直运输机械在工程施工过程中扮演着重要的角色，从工程开始到结束均发挥着重要作用。工程中垂直运输机械分为塔式起重机和施工升降机，以下是对塔式起重机和施工升降机的具体介绍。

1）塔式起重机：旋转方式可以分为上旋转式和下旋转式。在上旋转式中，塔身不会转动，而动臂、平衡臂等都会通过回转机构绕塔身的中心线作全回转。而在下旋转式中，回转支承安装在底座和转台之间，除行走机构外，其他工作机构都布置在转台上一起回转。表 7-1 为塔式起重机的主要分类和特点。

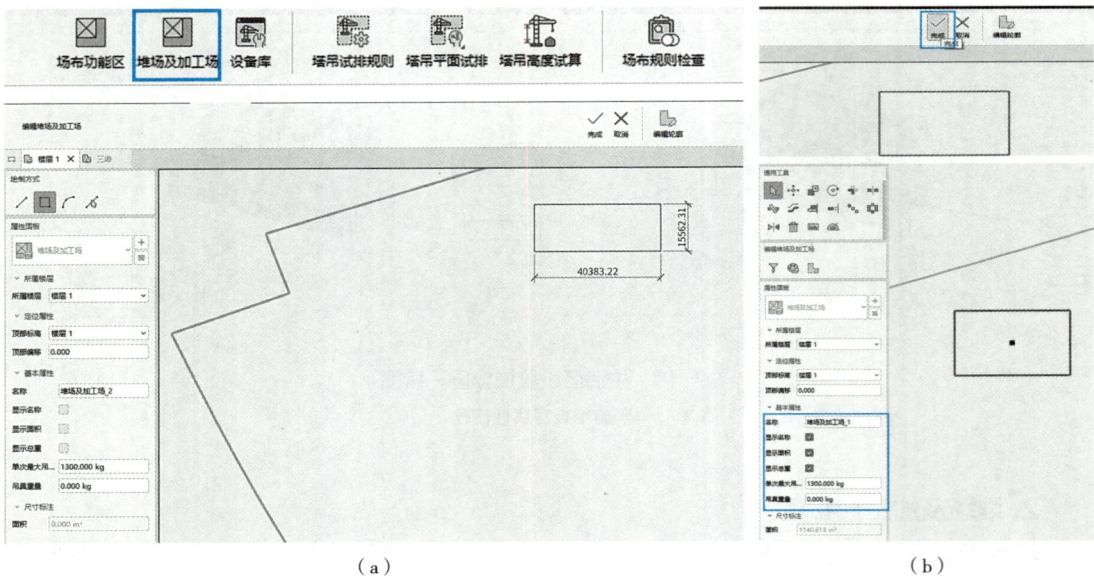

（a）   （b）

图 7-11　堆场及加工厂设置操作图

（a）堆场及加工场设置面板及轮廓线绘制；（b）堆场及加工场属性修改

塔式起重机的主要分类和特点　　　　　　　　　　　　　　　表 7-1

分类		主要特点
上旋转式	运行式	可沿轨道运行，工作范围大，机动性高，宜用于多层建筑施工
	固定式	底座固定在轨道上或将塔身直接固定在基础上，其动臂较长，使用广泛
	附着式	塔身上每隔一定高度用附着杆与建筑物相连，它采用塔身接高装置，使起重机上部回转部分可随建筑物增高而相应增高，用于高层建筑施工
	内爬式	将起重机安设在电梯井等井筒或连通的孔洞内，利用液压缸使起重机根据施工进程沿井筒向上爬升者称为内爬式塔式起重机，它节省了部分塔身、服务范围大、不占用施工场地，但对建筑物的结构有一定要求
下旋转式		除行走机构外，其他工作机构都布置在转台上一起回转，以轨道、轮胎、履带等为行走装置，宜用于多层施工建筑

　　2）施工升降机：通常称为施工电梯，是一种广义的设备，包括施工平台在内。施工电梯主要由轿厢、驱动机构、标准节、附墙、底盘、围栏和电气系统等部分组成。它是一种常用的载人载货施工机械，由于其特殊的箱体结构，乘坐起来既舒适又安全。在施工现场，施工电梯通常与塔式起重机配合使用。其载重量一般在 0.3~3.6t 之间，运行速度范围为 1~96m/min 不等。

　　在施工策划过程中，垂直运输机械的布置必须符合以下规定：

　　1）塔式起重机的安全距离应符合《塔式起重机安全规程》GB 5144—2006 的规定；

　　2）塔式起重机与周围建筑物及其外围施工设施之间的安全距离应不小于 0.6m；

　　3）如果有架空输电线，则塔式起重机的任何部位与输电线的安全距离必须符合

表 7-2 中的规定。如果条件无法满足表 7-2 中的安全距离要求，则需与有关部门协商，并采取安全防护措施后才能架设。

塔式起重机与输电线的安全距离
表 7-2

安全距离（m）	电压（kV）				
	< 1	1~15	20~40	60~110	220
沿垂直方向	1.5	3.0	4.0	5.0	6.0
沿水平方向	1.0	1.5	2.0	4.0	6.0

4）两台塔式起重机之间的最小架设距离应确保低位塔式起重机的起重臂端部与另一台塔式起重机的塔身之间至少有 2m 的间隔。同时，高位塔式起重机的最低部件（例如吊钩升至最高点或平衡重的最低部位）与低位塔式起重机中处于最高位置的部件之间的垂直间距不应小于 2m。

施工升降机的布置必须符合《施工现场机械设备检查技术规范》JGJ 160—2016 的规定，具体包括以下内容：

1）升降机必须设置高度不低于 1.8m 的地面防护围栏，并且围栏门应该安装机电连锁装置。

2）施工升降机的运动部件与建筑物、固定施工设备之间的距离应不小于 0.25m。

在利用 BIMMAKE 对其进行布置时，可将其分为塔式起重机绘制、塔式起重机附墙件、塔式起重机基础以及塔式起重机标记，具体操作如下。

1. 塔式起重机绘制操作步骤

步骤一：点击上部快捷栏"施工场布"的"塔式起重机"——点击"绘制"，在属性面板中调整塔式起重机类型及其属性，如图 7-12（a）所示。

步骤二：在弹窗"塔式起重机创建设置"中，可让构件在放置后旋转，调整其面向，如图 7-12（b）所示。

步骤三：选中塔式起重机，可修改"起重臂底部高度""起重最大幅度""起重臂回转角度""吊钩水平位移""吊钩离地距离"等属性及"定位表面""偏移"等属性，如图 7-12（c）所示。

步骤四：点击属性面板中的 +，可增加塔式起重机的类型，如图 7-12（d）所示。

2. 塔式起重机附墙件绘制操作步骤

步骤一：点击上部快捷栏"施工场布"的"塔式起重机"——点击"塔式起重机附墙件"，如图 7-13（a）所示。

步骤二：拾取一个塔式起重机，左侧属性面板中，可设置附墙件类型、附着道数及距地距离，如图 7-13（b）所示。

（a）

（b）

（c）

（d）

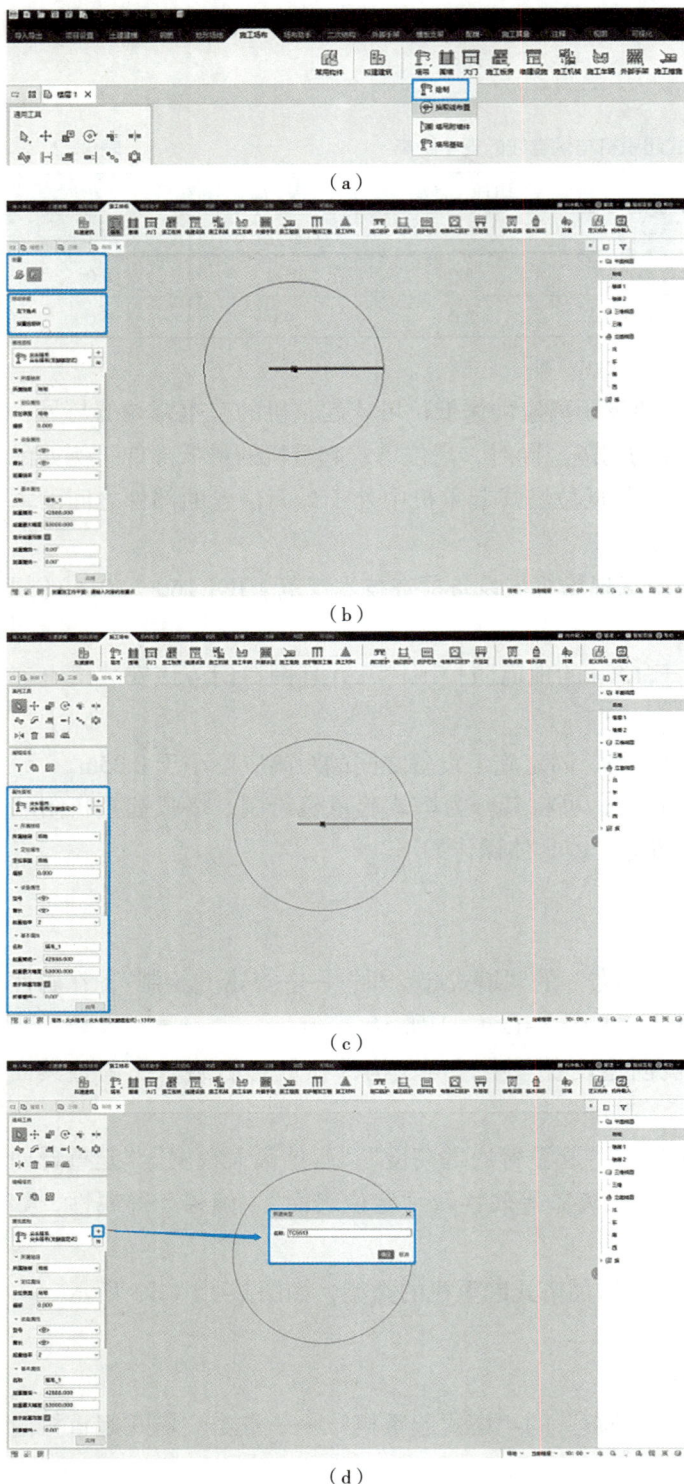

图 7-12　塔式起重机设置操作图

（a）塔式起重机绘制操作面板；（b）塔式起重机设置属性面板；
（c）塔式起重机设置属性修改；（d）塔式起重机类型增加操作图

步骤三：点击附着道数及距地距离属性右侧的"编辑"，可增减附着道数并设置每道附着的距地距离，如图 7-13（c）所示。

步骤四：按键盘上的空格键，调整塔式起重机附墙件对应的方向，也就是黄色线的方向，如图 7-13（d）所示。

步骤五：点击附着点，生成生成塔式起重机附墙件，如图 7-13（e）所示。

步骤六：可选中附墙件整体进行属性修改，也可按 Tab 键单独选中某一附墙件进行修改，如图 7-13（f）所示。

3. 塔式起重机基础绘制操作步骤

步骤一：点击上部快捷栏"施工场布"的"塔式起重机"→点击"塔式起重机基础"，点击上部快捷栏"施工场布"的"塔式起重机"→点击"塔式起重机基础"，如图 7-14（a）所示。

步骤二：选中塔式起重机基础，可以修改塔式起重机基础类型，如图 7-14（b）所示。

步骤三：选中塔式起重机基础，可以修改塔式起重机基础类型属性，如图 7-14（c）所示。

（a）

（b）

（c）

（d）

（e）

（f）

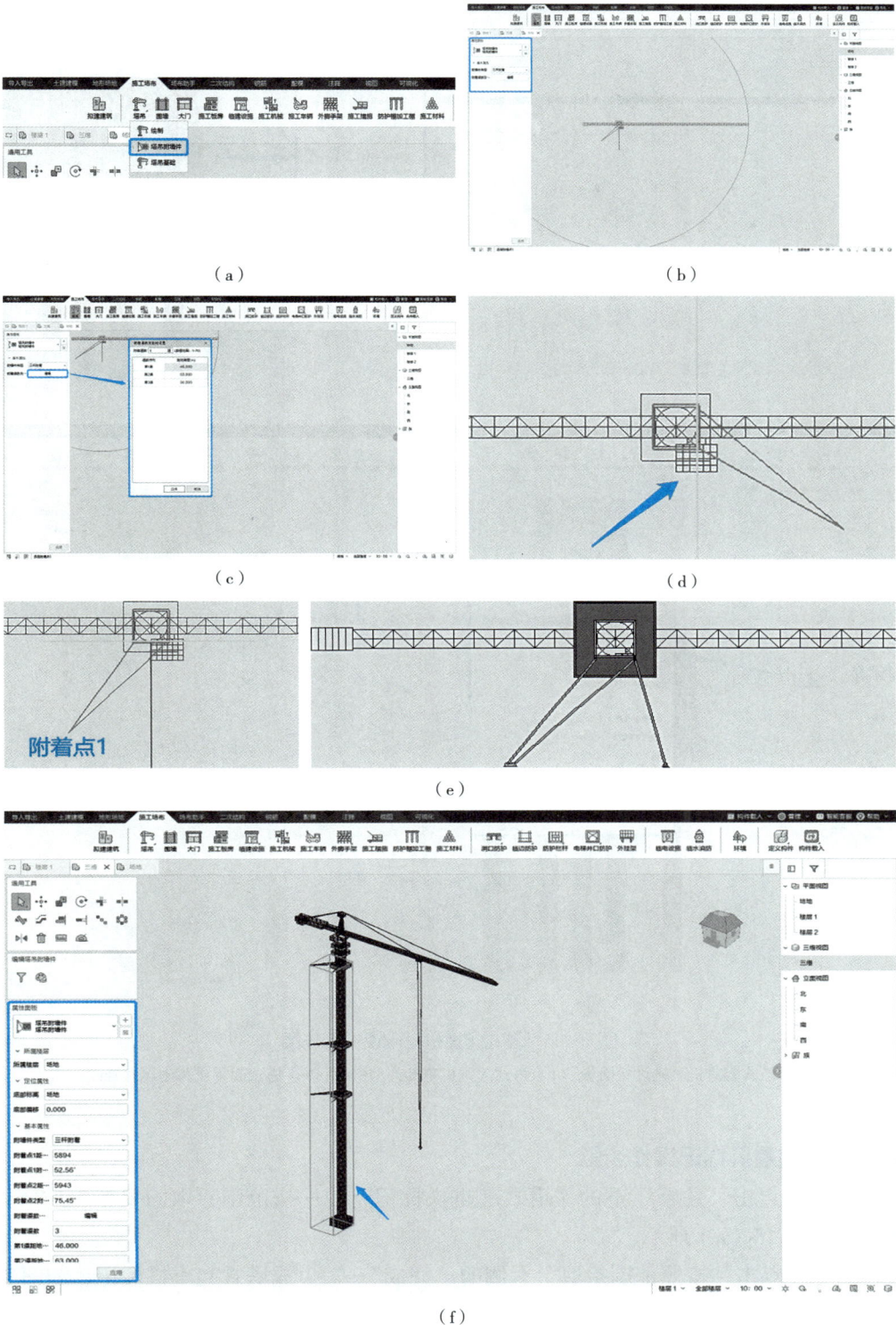

图 7-13　塔式起重机附墙件设置操作图

（a）塔式起重机附墙件操作面板；（b）塔式起重机附墙件属性面板；（c）塔式起重机附墙件属性修改；
（d）塔式起重机附墙件方向修改；（e）塔式起重机附墙件生成图；（f）塔式起重机附墙件属性修改

（a）

（b）

（c）

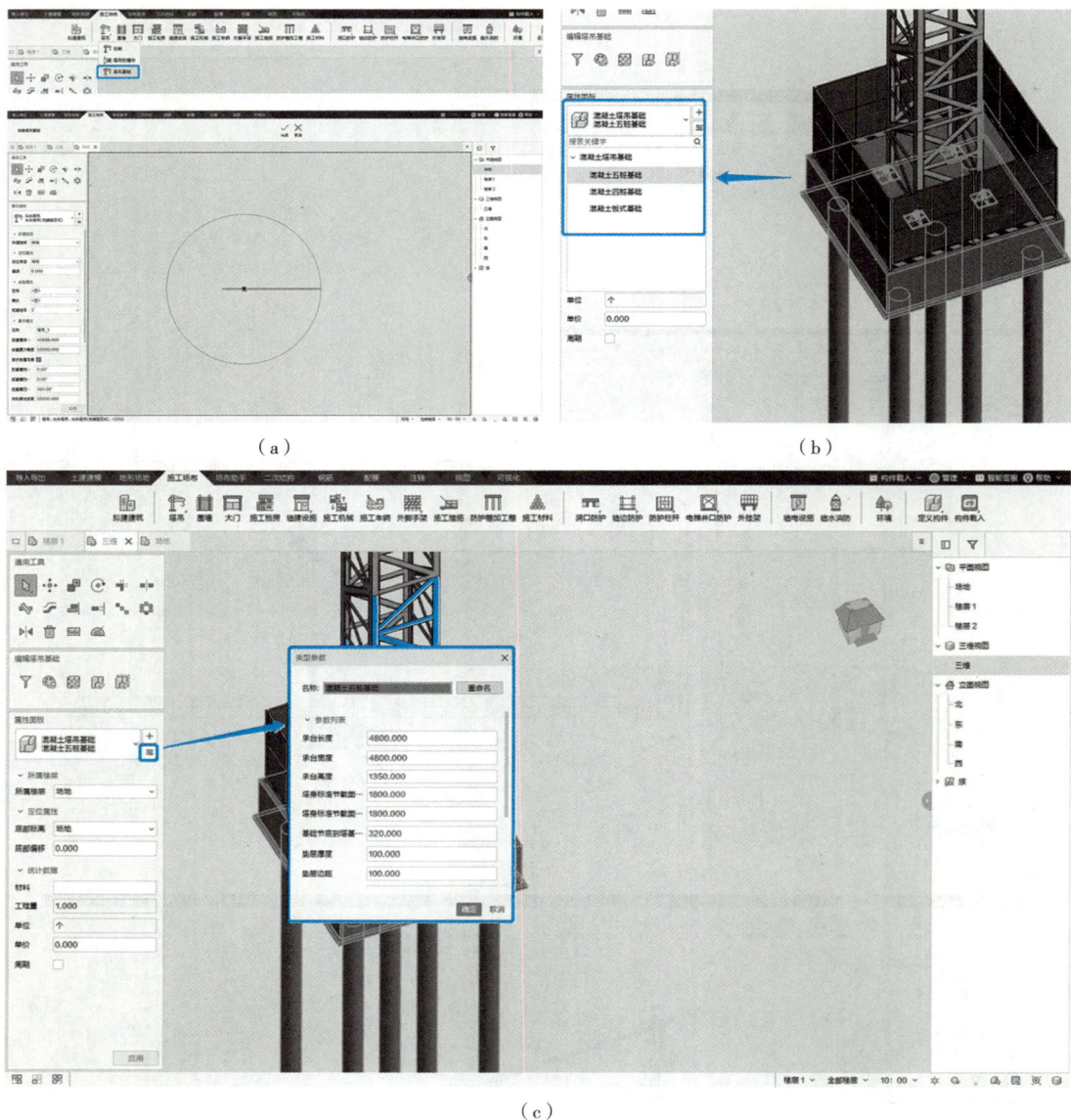

图 7-14　塔式起重机基础设置操作图

（a）塔式起重机基础设置面板；（b）塔式起重机基础类型修改；（c）塔式起重机基础属性修改

4. 塔式起重机标记操作步骤

步骤一：点击"注释"下的"塔式起重机标记"——按范围拾取需要标记的塔式起重机，如图 7-15（a）所示。

步骤二：点击"按照范围拾取"右侧的"完成"——生成塔式起重机标记，如图 7-15（b）所示。

需要注意的是：需将场布平面视图中的视图比例调整为 1 ∶ 1000，否则文字会比较小。因为场布出图比例大多为 1 ∶ 1000。此处塔式起重机标记的方向及位置会随着塔式

（a）

（b）

（c）

（d）

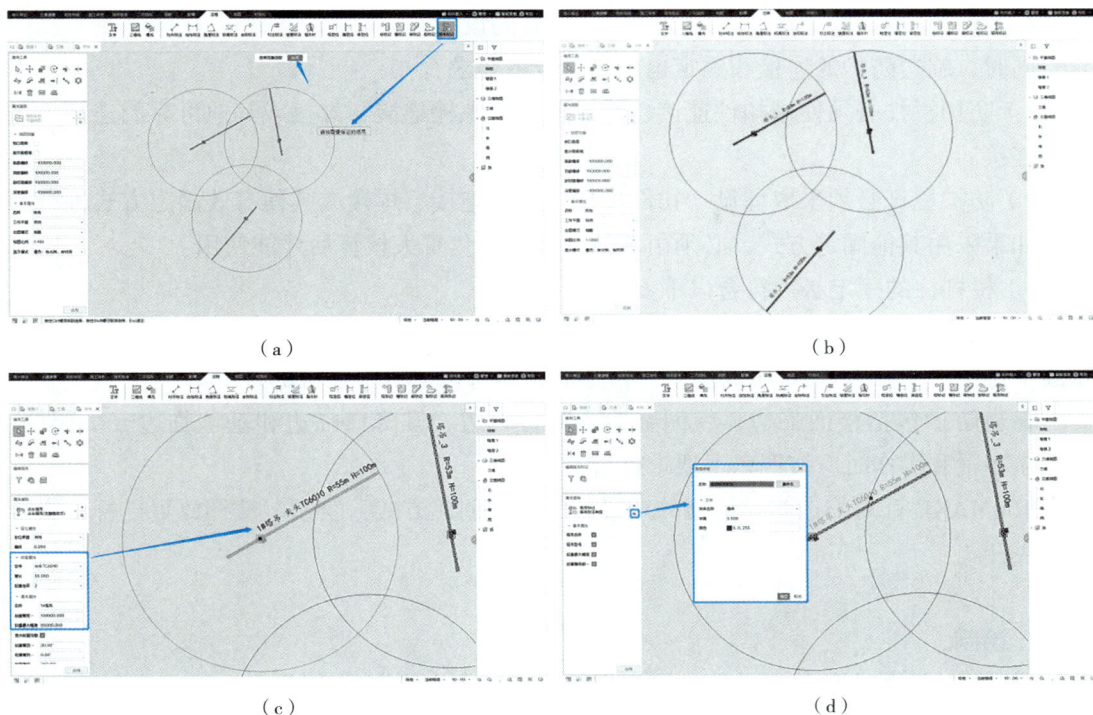

图 7-15　塔式起重机标记设置操作图

（a）塔式起重机标记设置面板；（b）塔式起重机标记生成图；（c）塔式起重机标记文字标注；（d）塔式起重机标记文字属性修改

起重机属性中的"起重臂回转角度"的改变而改变。

步骤三：调整塔式起重机属性后，塔式起重机标记联动改变文字内容，如图 7-15（c）所示。

步骤四：点击塔式起重机标注类型右侧的标志，可以调整类型属性。类型属性中可调整塔式起重机标记文字的字体名称、字高及颜色，如图 7-15（d）所示。

7.2.6　临边防护布置

在施工过程中，临边防护为了保障施工人员的生命安全，更安全地进行施工而设置的工地保护措施，是施工过程中必不可少的。进行临边防护的布置时，应满足以下要求：

1）当高处作业面的边缘没有围护或围护设施的高度低于 800mm 时，必须按规定设置连续的临边防护设施。

2）如果采用防护栏杆作为围护设施，上杆距离地面高度必须为 1.0~1.2m，下杆距离地面高度必须为 0.5~0.6m，横杆长度大于 2m 并应加设栏杆立柱。防护栏杆应能够承受任何方向上 1kN 的外力。

3）防护栏杆的立面可以采用网板或密目式安全网封闭，并且必须设置高度不低于 180mm 的挡脚板。

4）临边防护设施应该采用定型化、工具式的设备。

同时，临边防护的连接和固定也应满足以下要求：

1）防护栏杆必须使用扣件连接、丝扣连接、螺栓连接、焊接或其他可靠的连接方式进行连接。

2）防护栏杆必须采取埋设、扣件连接、螺栓连接、焊接或其他有效固定方式进行固定。如果采用其他固定方式，必须由单位工程技术负责人核算后才能使用。

3）栏杆柱的固定必须符合以下要求：

当固定在基坑周围时，可以使用钢管并将其打入地面50~70cm深。钢管距离边界的距离不得小于50cm。当基坑周围采用板桩时，钢管可以打在板桩的外侧。

临边防护包括楼面临边、屋面临边、阳台临边、升降口临边和基坑临边五个部位，在具体布置和操作时应按照以下要求进行。

BIMMAKE针对临边防护措施的布置分为三种创建方式：绘制、楼梯放置栏杆、梯梁放置栏杆。

1. 绘制

通过临边防护中的绘制功能，可根据结构轮廓自由绘制临边防护。

操作步骤：选择"临边防护"＞绘制，进入草图模式绘制迹线，完成编辑，生成临边防护，也可以通过双击临边防护进入临边防护迹线编辑模式，如图7-16（a）所示。

属性：选中临边防护构件，可修改临边防护的类型以及其他属性参数。

1）临边防护类型：属性面板中，点击构件名称后的下拉三角，可选择临边防护类型。

2）其他属性：在属性面板中可修改临边防护所属楼层、基本信息及定位属性，与洞口防护类似，如图7-16（b）所示。

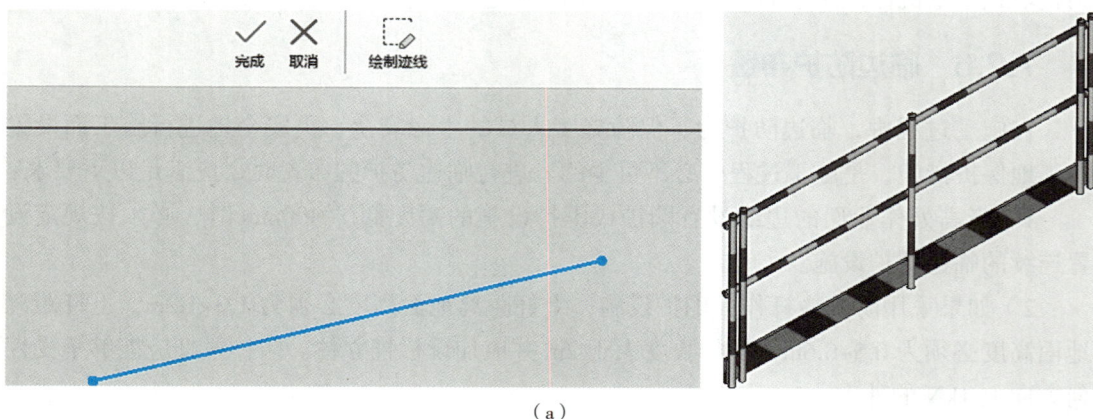

（a）

图7-16 临边防护设置操作图

（a）临边防护措施轮廓绘制图

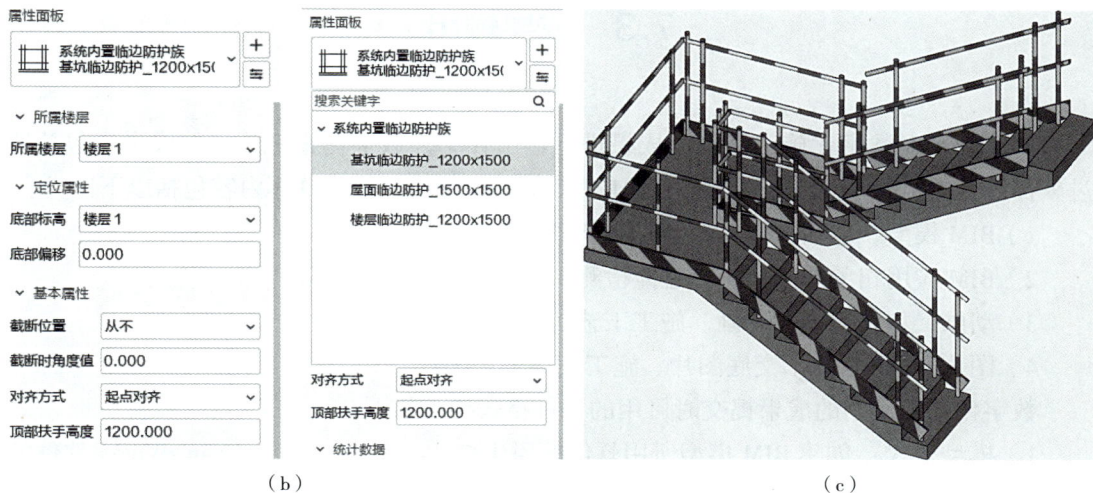

（b）

（c）

图 7-16　临边防护设置操作图（续图）

（b）临边防护措施属性面板；（c）临边防护措施生成图

2. 放置

通过临边防护中的放置工具，可在楼梯以及梯梁边缘放置临边防护。

操作步骤：选择"临边防护"＞楼梯放置栏杆，或梯梁放置栏杆，单击需要放置临边防护的：整体浇筑式楼梯、装配式楼梯，即可完成放置，如图 7-16（c）所示。

属性：点击选中放置在楼梯或者梯梁上的临边防护，即可在属性面板进行属性的调整，与临边防护"绘制"中的调整方法相同。

7.2.7　临水及临电布置

在施工策划中，临水和临电是施工正常运行的重要保证。其中临水包括施工现场用水和生活用水；临电包括施工现场用电和生活用电。在进行施工策划阶段的临水和临电的布置时应满足以下要求。

临水布置要求及相关规范：

1）根据业主在施工场地提供的施工用水接驳点，选择合适直径的供水管道进行铺设，然后再进行临水管线的布置。

2）给水系统包括现场生活用水和消防用水。

3）消防用水管道沿着施工道路铺设，每隔 30~45m 设置一个消火栓，并配备相应的消防水管。

临电的布置要求及相关规范：

施工用电必须采用电源中性点直接接地的 220/380V 三相五线制低压电力系统：

1）采用三级配电系统；

2）配置二级漏电保护系统；

3）应用 TN-S 接零保护系统。

进行临水临电布置时将相应构件按图按位置进行放置即可。

7.3 成果输出

本节中针对数字化施工策划的成果进行输出介绍，数字化施工策划的成果应包括通过软件创建的 BIM 模型，以及应用 BIM 模型的其他生成物。其具体内容包括以下四类：

1）BIM 模型，包括单体模型和整合模型。

2）BIM 应用相关的文档，如碰撞检测报告、工程量统计表等。

3）动画，如施工模拟动画、施工工艺仿真动画等。

4）图片，如 3D 技术交底图片、施工现场采集图片等。

数字化施工策划的成果提交时可用的文件格式要求如下：

1）模型格式：创建 BIM 模型所用软件的原生格式，如 rvt、dwg、NavisWorks 软件的 nwd 格式。

2）文档格式：doc、xls、pdf、ppt。

3）动画格式：wma、avi。原始分辨率不小于 800×600，帧频不小于 15 帧 /s。

4）图片格式：jpg、tiff。分辨率不小于 300 DPI。

以 BIMMAKE 为操作软件进行施工策划的成果输出，其包含场布平面视图、工程量清单、图像及动画。

1. 场布平面视图

步骤一：点击 ribbon 页签下施工场布 > 场布平面视图，如图 7-17（a）所示。

步骤二：弹窗"场布视图设置"，设置相关参数，可以设置工作平面、视图比例和显示模式，如图 7-17（b）所示。

步骤三：在平面视图节点下新增场布平面图，同时此视图的对象样式也进行了调整以更贴近出图所见的样式，如图 7-17（c）所示。

图 7-17 场布平面视图创建图

（a）平面视图创建面板；（b）平面视图属性设置；（c）平面视图生成图

2. 导出 CAD/DXF 图纸

步骤一：单击"导入导出"→"导出"→"CAD"或"DXF"按钮，如图 7-18（a）所示。

步骤二：弹出导出设置对话框，可设置导出的图层及导出的范围，同时可以将多个视图合并导出到一个图纸文件中，设置完成后点击"下一步"，如图 7-18（b）所示。

步骤三：合并导出，选择＜任务中的视图＞，多选视图，勾选"合并导出"，点击"合并"，出现弹窗，输入合并后的图纸名称，确定后，点击右下角"下一步"即可，如图 7-18（c）所示。

（a）

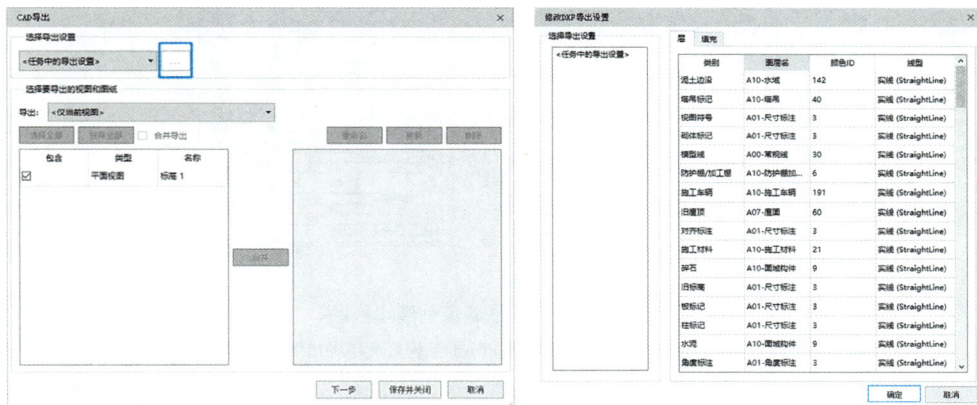

（b）

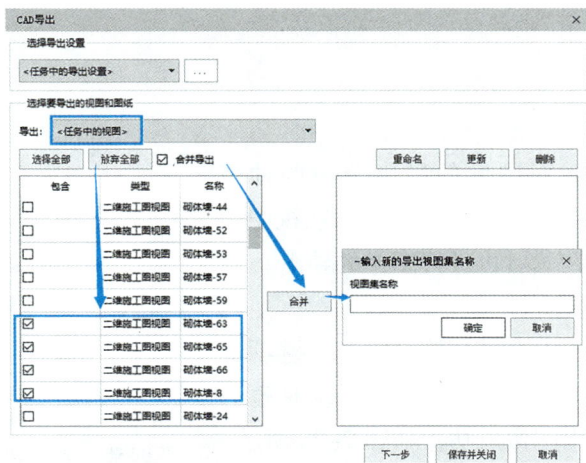

（c）

图 7-18　导出 CAD/DXF 操作图

（a）图纸导出设置面板；（b）图纸导出属性设置；（c）图纸导出图

步骤四：弹出选择文件夹对话框，选择好要保存的路径后点击确定，即可将 dwg 或 dxf 文件导出到对应路径下，可用 CAD 软件打开查看和编辑。

3. 工程量清单

步骤一：单击"自定义明细表"，弹出"明细表设置"对话框，在其中可以设置要统计的构件类别、要统计的构件属性字段以及要统计的模型范围，如图 7-19（a）所示。

步骤二：点击"确定"，弹出明细表对话框，点击该对话框中的"设置"按钮可以返回到明细表设置界面进行设置修改，如图 7-19（b）所示。

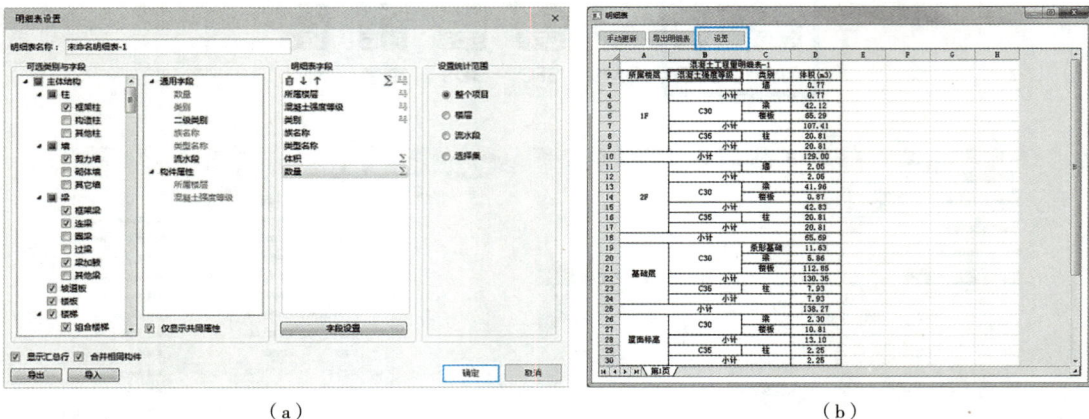

（a）　　　　　　　　　　　　　　（b）

图 7-19　工程量清单创建操作图

（a）工程量清单设置图；（b）工程量清单导出图

步骤三：点击"导出明细表"按钮，可以将明细表以 xls 格式保存到本地，用表格工具打开。

4. 图像

在 BIMMAKE 中针对图像的导出分为两种情况：一是可直接对视图进行导出；二是可在视图中对当前视图进行渲染，然后再进行图像的导出。

1）图纸的直接导出

在 BIMMAKE 软件中点击"管理工具"选项卡→点击"图像"按钮→弹出"导出图像"对话框→设置参数后确定→导出图像成功，如图 7-20 所示。

2）渲染导出

进行渲染导出需要安装插件 FalconV，利用 FalconV 可以进行渲染预览和对模型效果进行深化

图 7-20　图像导出操作图

调整，并可以对 BIMMAKE 和 FalconV 中模型的同步联动进行设置。

在进行导出时可进行单张或批量导出，以下步骤为批量导出。

步骤一：点击"批量导出"，会弹出导出面板，点击"批量导出"，会弹出导出面板，如图 7-21（a）所示。

步骤二：选择导出路径导出即可，其导出的图像如图 7-21（b）所示。

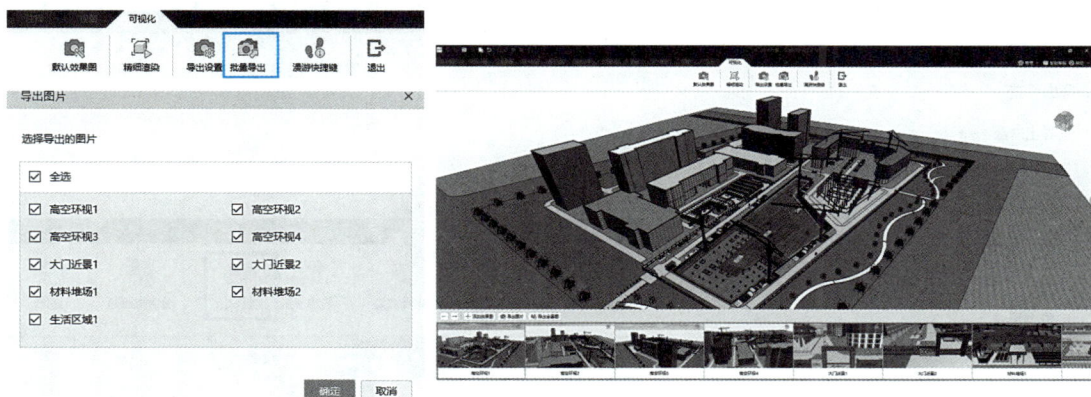

（a）   （b）

图 7-21 渲染图像导出操作图

（a）图片渲染设置；（b）图片渲染图

5. 动画

步骤一：默认漫游

单击"动画"可以打开动画模式，可以点击"默认漫游"，默认创建出高空视角和行人视角的动画；可以提高创建效率，如果有不满意的地方可以调整角度更新或增删关键帧即可，如图 7-22（a）所示。

步骤二：路径动画

点击"可视化"→"路径动画"，自动切换到俯视图，进入路径编辑界面，鼠标左键（或鼠标右键确定）点击绘制路径，鼠标右键取消或 esc 结束绘制，点击"绘制路径"可继续绘制路径，鼠标左键（或鼠标右键确定）点击绘制路径，鼠标右键取消或 esc 结束绘制，点击"绘制路径"可继续绘制路径，如图 7-22（b）所示。

步骤三：导出设置

可以选择渲染引擎，导出范围和尺寸，导出画质及帧率，如图 7-22（c）所示。

步骤四：导出动画

可以将制作好的漫游动画和路径动画导出，支持单个导出和多个批量导出，如图 7-22（d）所示。

（a）

（b）

（c）

（d）

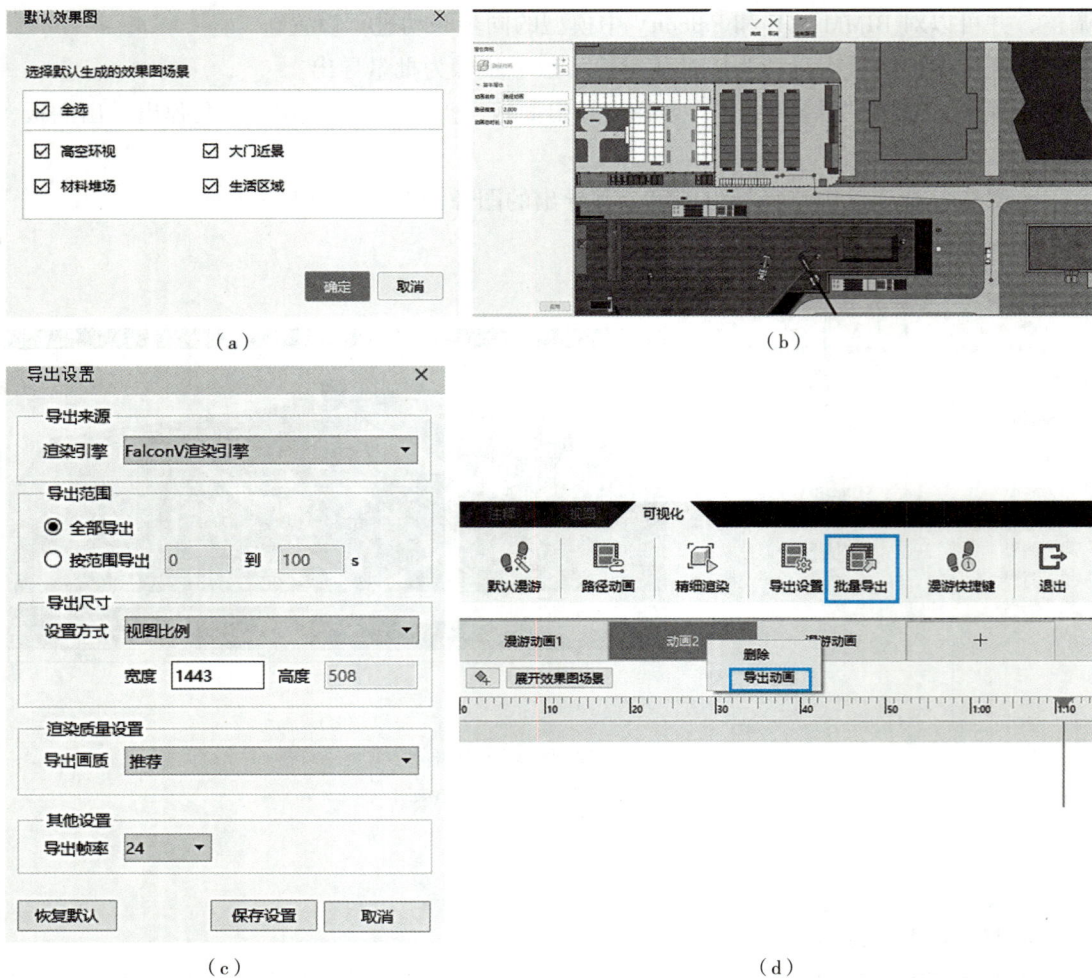

图 7-22　动画导出操作图

（a）默认漫游设置图；（b）路径动画设置图；（c）导出设置面板；（d）导出设置

本章小结

随着建筑工程领域的快速发展，数字化已经成为现代建筑的重要工具。本章深入探讨了数字化施工策划的各个方面，从施工策划的内容到数字化施工策划的具体软件操作，让读者更加深入地了解数字化施工策划。

7.1 节通过对施工策划的内容、基本要求以及施工策划软件的简介，为读者奠定了数字化施工策划的基础知识。7.2 节重点讲述了数字化施工策划的实际策划内容和软件的实际操作，让读者对数字化施工策划具有更加深入地了解以及培养读者动手操作的能力。7.3 节讲解对数字化施工策划的结果进行成果输出，帮助读者了解数字化施工策划应有哪些成果，输出的成果形式是怎样的。

思考与习题

7-1 根据你的理解，分析施工策划对整体施工项目有哪些影响？

7-2 在数字化、工业化发展的趋势下，数字化施工策划有哪些优势以及可能存在的问题是什么？

7-3 请充分思考施工策划所包含哪些内容，并利用现有软件对该内容进行数字化施工策划。

二维码 7-2
思考与习题答案

参考文献

[1] 高向豪，曹娜．基于 BIM 的施工工程前期策划研究 [J]．科学技术创新，2019（26）：125-126.

[2] 中华人民共和国住房和城乡建设部．建筑施工组织设计规范：GB/T 50502—2009[S]．北京：中国建筑工业出版社，2008.

[3] 伍劲华．住宅工程创优施工策划与实施例析 [J]．建筑，2014（11）：65-66.